Voelpel / Lanwehr
Management für die Champions League

Sven Voelpel

ist Gründer und Direktor der internationalen Forschungsgruppe WISE (Weisheit-Innovation-Strategie-Energie) und Professor für Business Administration am Jacobs Center on Lifelong Learning and Institutional Development an der Jacobs University Bremen, Adjunct Professor für Strategie, Führung und Innovation an der European Business School (EBS), International University Schloss Reichartshausen, sowie Gastprofessor an der Universität St. Gallen.

Er ist Autor und Koautor zahlreicher Publikationen, etwa den im gleichen Verlag publizierten Büchern „Strategic Management in the Innovation Economy" (mit Thomas Davenport und Marius Leibold, 2006) und „Herausforderung 50 plus: Konzepte zum Management der Aging Workforce: Die Antwort auf das demographische Dilemma" (mit Marius Leibold und Jan-Dirk Früchtenicht, 2007). Er forschte und lehrte mit Professuren an weltweit führenden Universitäten in vier Kontinenten und als Visiting Fellow an der Harvard University.

Ralf Lanwehr

ist Professor für Betriebswirtschaftslehre an der Internationalen Fachhochschule Bad Honnef und lehrt Sportmanagement an der Universität Jena. Parallel arbeitet er als Organisations- und Strategieberater in der europäischen Privatwirtschaft sowie für supranationale Institutionen der internationalen Zusammenarbeit. Er verfügt über umfangreiche Beratungs-, Lehr- und Forschungserfahrungen in Deutsch, Englisch und Portugiesisch und veröffentlichte zahlreiche Beiträge insbesondere zu seinen Spezialgebieten Unternehmensführung, Innovationsmanagement und Balance Management.

Obwohl er schon vor langer Zeit schmerzhaft erfahren musste, dass sein fußballerisches Talent begrenzt ist, hält er sich auch heute noch in der Kreisliga fit und hofft auf einen Anruf des Bundestrainers. Bei der WM 2010 in Südafrika könnte er zumindest grobe Ortskenntnis vorweisen, denn von 2000 bis 2001 kickte er in der dritten mosambikanischen Liga.

Jörg Wontorra (Interviews mit den Bundesliga-Managern)

ist einer der bekanntesten deutschen Sportjournalisten, Fernsehmoderator und Fernsehproduzent. Von 2003 bis 2006 war er für Sat.1 als Kommentator der Champions League im Einsatz. Er moderiert außerdem seit dem 7. März 2004 die DSF-Unterhaltungssendung Doppelpass.

Management für die Champions League

Was wir vom Profifußball lernen können

Von Sven Voelpel und Ralf Lanwehr
Mit Interviews von Jörg Wontorra

PUBLICIS

Bibliografische Information Der Deutschen Nationalbibliothek
Die Deutsche Nationalbibliothek verzeichnet diese Publikation in der Deutschen Nationalbibliografie; detaillierte bibliografische Daten sind im Internet über http://dnb.d-nb.de abrufbar.

Dieses Buch resultiert aus eigener Forschung sowie Informationen aus Hunderten Quellen, aus der Tagespresse und Fußball-Fachzeitschriften. Auf die in der Wissenschaft und in Fachbüchern üblichen Quellenangaben haben die Autoren unter der Maßgabe einer guten Lesbarkeit verzichtet. Entsprechend fehlt auch ein allgemeines Literaturverzeichnis am Ende des Buchs. Stattdessen zitieren die Autoren einige für den Inhalt wesentliche wissenschaftliche Fachbeiträge und sie empfehlen ein paar populärwissenschaftliche Arbeiten, die in ähnlichem Stil wie das vorliegende Buch verfasst sind und auf die im Text explizit hingewiesen wird.

An vielen Stellen interpretieren die Autoren außerdem Handlungen oder Verhaltensweisen bekannter Personen. Alle diese Personen haben persönlich und aufgrund ihrer Arbeit höchsten Respekt verdient. Sollte dennoch unbeabsichtigt jemand in irgendeiner Weise negativ dargestellt sein, so bitten wir, Autoren und Verlag, dies zu entschuldigen.

Alle Bilder von Spielern, Trainern und Fans in den Kapiteln 1 bis 3 stammen von der motivio Bildagentur, Leipzig.
Titelbildfoto: Frank Deinhardt/fotolia

www.publicis.de/books

Lektorat:
Dr. Gerhard Seitfudem, Publicis Publishing, Erlangen
gerhard.seitfudem@publicis.de

ISBN 978-3-89578-290-9

Verlag: Publicis Publishing, Erlangen

Printed in Germany

Geleitwort

Konsequent: der Blick durch die Fußballbrille

Wenn Sie in Ihrer heimischen Buchhandlung einmal einen Blick in das Regal für Managementliteratur werfen, könnte Ihnen leicht der Gedanke kommen, dass Sie sich in der Abteilung geirrt haben. Schließlich springen Ihnen an prominenter Stelle eine ganze Reihe von Titeln ins Auge, die in dieser Form nicht unbedingt zu erwarten wären und die sich ebenso in der Ecke für Zoologen finden könnten: die Strategien von Delphinen, Mäusen und neuerdings auch Bären werden dort ebenso präsentiert wie Prinzipien von Pinguinen oder Motivationsmodelle von Fischen. Gemein ist all diesen Ansätzen, dass Anthropomorphismen aus der Tierwelt mehr oder minder gewaltsam darauf getrimmt werden, dem modernen Manager bestimmte Verhaltensstrategien zu erläutern.

Nun sind Fabeln zwar schon seit den Sumerern eine beliebte literarische Technik, um anspruchsvolle Sachverhalte greifbar zu machen. Es drängt sich jedoch die Frage auf, ob mit solcherlei Stilmitteln auch die Anforderungen an das heutige Management erstens korrekt und zweitens in der erforderlichen Komplexität erfasst sowie im Anschluss adäquat in konkretes Verhalten umgesetzt werden können. Zumindest leise Zweifel sind diesbezüglich wohl angebracht. Es stellt sich zugleich die Frage, wie und weshalb die erwähnten Werke in der Managementliteratur so stark an Popularität gewinnen konnten. Dafür gibt es zwei Gründe.

Die erste Antwort darauf findet sich in der suggestiven Kraft, die Analogien bisweilen entfalten können. Es ist anhand von vertrauten Begrifflichkeiten leichter und anschaulicher, komplizierte Sachverhalte auf die eigene Situation zu übertragen. Folgt man diesem Gedankengang, ist es naheliegend, das Thema von Führungs- und Managementstrategien nach den vielfältigen Expeditionen ins Tierreich auch mit einer Fußballbrille zu betrachten. Schließlich ist Fußball der mit Abstand beliebteste Volkssport und eine Nation mit bekanntermaßen 80 Millionen Bundestrainern beinhaltet eben auch die Zielgruppe der Manager und Entscheidungsträger. Außerdem entstand im Zuge der WM 2006 immer wieder eine Diskussion über die Übertragbarkeit des als modern empfundenen Führungs- und Managementverständnisses von Jürgen Klinsmann auf die Wirtschaft. Insofern ist das Verfassen des vorliegenden Buches nur folgerichtig.

Die Autoren mögen mir dennoch verzeihen, wenn ich dem Ergebnis zunächst mit einer gewissen Skepsis gegenüberstand. Schließlich dräute vor dem Lesen dieses Buches eine weitere Delphin-Mäuse-Bären-Pinguin-Fisch-Management-Publikation. Dieser Befürchtung waren ähnlich gelagerte Werke aus der Vergangenheit zuträglich.

Zweitens klafft eine erhebliche Anspruchslücke zwischen den häufig beeindruckend langatmigen Lehrbüchern für Betriebswirtschaft und den oftmals unterhaltsameren, dafür aber auch weniger fundierten populärwissenschaftlichen Werken. Es drängt sich besonders in der deutschsprachigen Managementliteratur die Frage auf, ob die diskutierten Konzepte zwangsläufig entweder dröge oder fachlich wackelig kolportiert werden müssen.

Sie werden sich nun sicherlich fragen, weshalb ich angesichts all dieser Vorbehalte dennoch ein Vorwort zum vorliegenden Buch beisteuere. Die einfache Antwort lautet, dass meine Skepsis nicht nur verflogen, sondern sogar einer gewissen Begeisterung für die dargestellten Inhalte gewichen ist.

Die Autoren beschränken sich nämlich keineswegs darauf, episodische Parallelitäten voller Banalität zwischen Management- und Führungstechniken auf der einen und Fußballbeispielen auf der anderen Seite aufzuzeigen. Auch begnügen sie sich nicht mit einer launigen Zitatesammlung, welche dem Leser zwar einige vergnügliche Stunden beschert, aber gleichwohl nach der Lektüre in der Bedeutungslosigkeit verhallt. Das Gegenteil ist der Fall.

Die große Stärke des Buches ist zuallererst das äußerst solide fachliche Fundament. Den Autoren gelingt es, aktuelle betriebswirtschaftliche Fragestellungen mit Prozessen aus dem Profifußball auf sehr anschauliche Weise in Verbindung zu bringen. Der Bezug zwischen Wirtschaft und Fußball ist dabei keinesfalls willkürlich, sondern folgt in allen Kapiteln konsequent dem als zentrale Parallele identifizierten Thema des Buches: dem Balance Management.

Auf der Basis einer intensiven, vergleichenden Literaturrecherche der Fachzeitschriften aus Sport und Wissenschaft, Dutzenden Interviews mit Fachleuten aus Profisport und Wirtschaft sowie einer breiten empirischen Befragung von Bundesligamanagern werden auf vergnügliche Art Parallelen aufgezeigt, Unterschiede diskutiert und konkrete Handlungsempfehlungen ausgesprochen. Dabei kommen auch Trainer und Manager aus der Bundesliga zu Wort. Durch sein solides fachliches Fundament, seine ausgesprochen hohe Aktualität sowie seine breite empirische Basis hebt sich das Buch wohltuend von vergleichbaren Werken ab.

Das Ergebnis, das Sie nun in den Händen halten, entspricht in hohem Maß dem idealtypischen Anspruch der Autoren: einerseits fachlich ebenso fundiert wie relevant, andererseits aber zu jeder Zeit höchst vergnüglich und spannend. Bei der Lektüre wünsche ich Ihnen viel Spaß!

Prof. Dr. h. c. Roland Berger
Gründer und Vorsitzender des Aufsichtsrats
von Roland Berger Strategy Consultants

Inhalt

Danksagung

Mehr als 11 Spieler

Dieses Buch ist das Ergebnis vieler Ideen, umfassender Forschung und des intensiven Austauschs unter einer ganzen Reihe von Personen. Darunter sind neben Managern, Trainern und Spielern der Bundesliga auch Sportjournalisten, Manager und Führungskräfte vieler Unternehmen, Kollegen unserer Forschungs- und Lehrinstitutionen sowie unsere Studenten, Doktoranden und Forschungspartner.

Wir sind außerordentlich dankbar, dass wir zu diesem spannenden Thema arbeiten und forschen durften. Der Dank gilt diesbezüglich insbesondere dem Jacobs Center for Lifelong Learning and Institutional Development (JCLL), der Jacobs University Bremen, und der Internationalen Fachhochschule Bad Honnef-Bonn (IUBH). Speziell möchten wir Dr. Christian Jacobs als Vorstandsvorsitzendem der Jacobs Stiftung für die Förderung von Forschung sowie Dr. Florian Schütz als Vorstandsvorsitzendem der IUBH für die gewährten Freiräume danken, in deren Rahmen Forschung auf höchstem Niveau ermöglicht wird.

Professor Marius Leibold, Ph.D. und Robert Eckhoff danken wir für den Austausch der ersten Ideen über den Zusammenhang zwischen Führung in Fußball und Wirtschaftsorganisationen. Professor Dr. Eric Kearney für sein inhaltliches Feedback insbesondere zur Erklärung des Scheiterns von Jürgen Klinsmann beim FC Bayern München. Professor Dr. Diether Gebert für seinen Input zu Führungs- und Kulturtheorien. Dr. Matthias Müller-Lindenberg für seine Vorschläge zum Konzept von Hoffnung auf Erfolg. Professor Dr. Joachim Sandt für seine Kommentare bei der Durchsicht des Gesamtmanuskripts. Professor Dr. Julius Kuhl für Ergänzungen zur PSI-Theorie. Professor Julian Birkinshaw, Ph.D. für die Überlassung der quantitativen Fragebögen an die Manager der Fußballvereine. Bei Letzteren bedanken wir uns für die Teilnahme an der Befragung.

Claudia Licklederer, Olivier Maugain, Anja Müller, Dr. Michael Rueß, Stefan Schaffer und Katharina Speckmann danken wir für das Feedback beim Korrekturlesen des Rohmanuskripts, Mario Müller für die tatkräftige Unterstützung auf diversen Gebieten: Er hat entscheidend zur Fertigstellung des Buches beigetragen, indem er die quantitative Befragung der Bundesligamanager sowie die Entwicklung der Selbsttests umsetzte, Abbildungen überarbeitete und die Photoauswahl organisierte; schließlich gebührt ihm großer Dank für das Lesen und Durcharbeiten von mehr als 500 Ausgaben des Kicker auf der theoriegeleiteten Suche nach Beispielen und Zitaten.

Von buw danken wir Jens und Tim Bormann sowie Karina Eggers für den Input zum Fallbeispiel F.C. Real und damit für die Möglichkeit, Fußballkultur auch in der Praxis gelebt zu zeigen. An dieser Stelle soll auch Alois Fetsch erwähnt werden, der durch die Herstellung des Kontaktes zu buw für die gemeinsame Zusammenarbeit gesorgt hat. Jens und Tim Bormann danken wir zudem für die Einladungen zu den GOFUS Turnieren, die es ermöglichten, unsere Ergebnisse mit Fußballlegenden wie Uwe Seeler und Olaf Thon zu diskutieren. Bei diesen und allen weiteren Gesprächspartnern bedanken wir uns für inspirierende und tiefe Einblicke in das Thema Führungskompetenz im Fußball.

Stefan Ruetz (Carte Blanche Design Studio) und Ricarda Ruetz sind wir bzgl. der Grafiken der Selbsttests zu Dank verpflichtet, Doris Gunsch für viele Diskussionen und sehr wertvollen fachlichen Input zu psychologischen Ansätzen im Profifußball, Christian Güttler für Einsichten in den Footbonaut, Daniel Neubauer für seinen Input zum Thema Corporate Governance in deutschen Fußballvereinen, Stefan Ludwig und Christian P. Schneider von Deloitte für Einblicke in die Finanzstruktur von Europäischen Fußballvereinen sowie Arnd Hovemann von Ernst & Young für seinen Beitrag zu Competitive Balance.

Jörg Wontorra danken wir herzlich für die Durchführung der Interviews mit den Topmanagern der Deutschen Fußballvereine und den Fußballmanagern selbst für die Teilnahme an den Interviews.

Riesiger Dank gilt auch unseren Familien und Freunden, die sich wegen dieses Buchprojektes in großer Nachsicht und Geduld übten und uns phantastisch unterstützten.

Zuletzt geht ein spezieller Dank an unseren Verleger, Dr. Gerhard Seitfudem, für seine Motivation, Unterstützung und die professionelle redaktionelle Beratung.

Sven Voelpel und Ralf Lanwehr

Einleitung

Zusammenspiel von Theorie und Praxis

Ein Buch über die Zusammenhänge von Fußball und Management wäre vor zehn Jahren noch allseitig mit Kopfschütteln und Unverständnis aufgenommen worden. Mittlerweile hat sich diese Situation fundamental verändert. Nicht erst, aber besonders seit der WM 2006 erlebt Fußball in der öffentlichen Wahrnehmung eine Renaissance. Speziell durch die Arbeit von Jürgen Klinsmann als Bundestrainer wurde das Augenmerk dabei immer wieder auf als fortschrittlich wahrgenommene Führungs- und Managementtechniken gelenkt.

Doch worum handelt es sich bei diesen Führungs- und Managementtechniken genau? Was ist daran so fortschrittlich? Darüber hinaus: Wenn die Konzepte aus dem Fußball so wunderbar funktionieren, ist dann nicht eventuell auch ein Transfer in die Unternehmenswirklichkeit denkbar?

Diesen Fragen widmet sich das vorliegende Buch und es fasst die Erkenntnisse eines umfangreichen Forschungsprojekts zusammen. Wir wollten wissen, welche Führungs- und Managementtechniken im Profifußball denn nun eigentlich besonders erfolgreich sind und sich zudem auf Unternehmen übertragen lassen. Unseren Erkenntnissen liegen vier verschiedene Informationsquellen zugrunde:

1. Eine systematische Analyse der „Fachliteratur“, also Kicker und 11 Freunde, der letzten 5 Jahre
2. Tiefeninterviews mit Topmanagern der Bundesliga
3. Ein Abgleich der im Fußball angewandten Konzepte mit aktuellen betriebswirtschaftlichen Theorien
4. Eine umfassende, schriftliche Befragung der Bundesligamanager

Das Ergebnis unserer Bemühungen lässt sich im Kern auf folgende Aussage reduzieren:

Im Profifußball haben die Verantwortlichen auf allen Ebenen gelernt, Gegensätze und Widersprüche zu balancieren. Die zu diesem Zweck eingesetzten Strategien sind dabei nicht nur in hohem Maße für Unternehmen relevant, sondern entsprechen auch auf frappierende Weise hochaktuellen Konzepten, die in einem bislang vornehmlich theoretischen Rahmen in der betriebswirtschaftlichen Forschung diskutiert werden.

Das Ziel des Buches besteht nun darin, die Erfolgsstrategien anhand von Beispielen aus dem Profifußball aufzuzeigen, die Verbindung zu den theoretischen Konzepten der Betriebswirtschaft herzustellen und die für den Unternehmenskontext zentralen Schlussfolgerungen konkret und anwendungsnah herzuleiten.

Das Thema des Umgangs mit Widersprüchen und Gegensätzen zieht sich durch weite Teile des Profifußballs und ist vielfach natürlicher Bestandteil der Überlegungen von Trainern und Managern. Diese Überlegungen machen wir mit glasklaren Beispielen konkret greifbar. So muss sich der Trainer einer Profimannschaft beispielsweise zwangsläufig damit beschäftigen, wie der Mannschaft moderne taktische Prinzipien vermittelt werden können:

Fußballer müssen etwas wagen, vertikal spielen, in Dribblings die Eins-zu-Eins-Situationen suchen und die gegnerische Verteidigung aufreiben. Gleichzeitig müssen sie jedoch die taktische Grundordnung wahren, Ballverluste in der Vorwärtsbewegung vermeiden und Fehler minimieren. Wie kann nun ein Trainer insbesondere einem jungen Spieler beibringen, wann er welche Risiken eingehen soll, ohne gleichzeitig Fehler zu machen, die womöglich zu Gegentoren führen?

Jeder Trainer im Profifußball muss sich mit diesen Abwägungen zwangsläufig auseinandersetzen. Ein weiterer Aspekt, welcher die Balance von Widersprüchen und Gegensätzen notwendig macht, ist die strategische Ausrichtung des Vereins:

Einerseits ist Fußball natürlich ein enorm kurzfristiges Geschäft. Trainer werden bereits nach vergleichsweise kurzen Phasen von Erfolglosigkeit entlassen. Spätestens am Saisonende, also einmal pro Jahr, wird eine Generalabrechnung vorgenommen, welche keinerlei Rücksicht auf Leistungen der Vergangenheit nimmt. Parallel sind die Vereine jedoch zu langfristigen Planungen, etwa bei der Refinanzierung von Stadionneubauten, gezwungen. Viele Vereine stellen zunehmend Trainer ein, welche bestimmte Spiel- oder Taktikphilosophien über eine längere Zeit entwickeln und ausbauen. Die Förderung der eigenen Jugend in speziell eingerichteten Ausbildungszentren soll sich langfristig in reduzierten Transferausgaben oder idealerweise sogar in Transfer- und Punktgewinnen niederschlagen.

Das parallele Streben nach kurz- und langfristigen Zielen ist im Profifußball also ein zentrales, häufig enorm schwieriges und bisweilen schlicht brutales Unterfangen. Damit aber erschöpft sich auch noch nicht die Notwendigkeit der Balance von Widersprüchen und Gegensätzen. Neben den Aspekten der Kommunikation nach innen sowie einer gelungenen strategischen Ausrichtung muss das Management im Profifußball auch in der Kommunikation nach außen eine prekäre Balance wahren:

Das Marketing und die Öffentlichkeitsarbeit von Vereinen sind zwar für die Außendarstellung eines Vereins extrem wichtig, aber eine zu große Durchlässigkeit lenkt die Mannschaft und den Trainer von den eigentlichen Aufgaben ab. Die Abschottung in Trainingslagern, Geheimtrainings und das Prinzip, Interna auch wirklich intern zu diskutieren, mögen aus Sicht von Trainer und Mannschaft nachvollziehbar sein, kollidieren allerdings frontal mit dem wachsenden öffentlichen Interesse und einer zunehmenden Kommerzialisierung des Sports. Die Vereine müssen also Fans und Medien einerseits einbinden, andererseits gleichzeitig auch Abstand halten. Außenwirkung ist durch Abschottung nicht in der gewünschten Weise zu erzielen. Der öffentlich noch auf dem Platz nach dem verlorenen EM-Finale 2008 zwischen Michael Ballack und Oliver Bierhoff ausgetragene Streit ist Ausdruck dieser widerstreitenden und in diesem Fall nach Ansicht Ballacks offenbar schlecht ausbalancierten Interessen.

Auch die verschiedenen Kundensegmente müssen unter einen Hut gebracht werden. Die Fans in der Kurve mögen vielleicht das Rückgrat des Vereins bilden und unerlässlich für die gute Stimmung bei Heimspielen sein. Vom Stadioneintritt, dem Bierverkauf und ein paar Bratwürstchen alleine lassen sich aber keine hinreichenden Einnahmen erwirtschaften. Andererseits sorgen zwar Sponsoren und Premiumkundschaft für klingelnde Kassen, aber die Luxusfans beanspruchen dafür auch die besten Plätze im Stadion, schüren damit Neid unter den Fans und untergraben durch weniger Enthusiasmus und Anfeuerung die Stimmung und ein Gefühl von Ursprünglichkeit im Stadion.

In einem herkömmlichen Wirtschaftsunternehmen wäre es vermutlich kaum vorstellbar, dass sich der Geschäftsführer gegenüber weiten Teilen der Kundschaft so äußert wie Uli Hoeneß, Manager des FC Bayern München, auf der Mitgliederversammlung 2007: „Was glaubt Ihr, wer Euch finanziert? Die Leute aus den Logen, denen wir das Geld aus der Tasche ziehen." Das Zitat zeigt eindringlich, dass die Balance aus Tradition und Moderne sowie Ursprünglichkeit und Kommerzialisierung offenkundig auch einen der anerkanntesten Manager des Profifußballs umtreibt, wenngleich in diesem Fall sicherlich eine etwas sensiblere Ansprache angemessen gewesen wäre.

Die Führung eines Teams ist ein weiterer Punkt, an dem sich eine ganze Reihe von aufzulösenden Konflikten offenbaren:

Die Mannschaft soll als homogenes Team auftreten und einen starken Teamgeist entwickeln, gleichzeitig werden jedoch oftmals Starspielern Sonderrechte eingeräumt. Fragen Sie beispielsweise mal Werder Bremens Manager Klaus

Allofs, wie genau er diesen Ausspruch meinte: „Diego erfährt keine Sonderbehandlung, ist aber auch nicht gerade die Nummer 20 im Kader." Die Mannschaft soll über einen längeren Zeitraum natürliche Hierarchien herausbilden, sich finden und an die Laufwege und Eigenarten der jeweils anderen Spieler gewöhnen, andererseits werden jedoch bestehende Strukturen in hoher Taktung durch die halbjährlichen Transfers, kurzfristige Leistungsexplosionen und -einbrüche sowie Verletzungs- und Rehapausen immer wieder verändert. Auch die Balance aus erfahrenen älteren Spielern und jungen, erfolgshungrigen Spielern macht immer wieder schwierig auszutarierende Balanceakte aufseiten des Trainers notwendig.

Auf der Basis unserer gesammelten Interviews, Analysen, Beobachtungen und Zitate entwickeln wir konkrete Handlungsvorschläge, welche wir einerseits mit den Erforderlichkeiten moderner Unternehmen und andererseits mit den theoretischen Erkenntnissen der Fachliteratur abgleichen. Das parallele Balancieren von Sicherheit und Risiko, das Fordern und Fördern von Mitarbeitern, Aufmerksamkeit nach innen und Orientierung an der Konkurrenz, zeitgleiche Flexibilität und Stabilität oder auch das Ausschöpfen aktueller und das parallele Entwickeln neuer Strategien sind jene entscheidenden Lektionen für Unternehmen, welche anhand des Profifußballs übertragbar und dadurch nachvollziehbar werden. Unternehmen tun sich traditionell sehr schwer mit diesen vermeintlichen Widersprüchen und Gegensätzen, weil es bislang entweder an griffigen Konzepten mangelt oder diese Konzepte nur unzureichend aus dem Elfenbeinturm der Wissenschaft nach außen dringen. Das soll sich nun mit diesem Buch und seinem Fußballbezug ändern.

In den Kapiteln des Buches brechen wir die Balancestrategien auf vier Ebenen herunter und widmen diesen jeweils ein eigenes Kapitel: Führung, Management, Struktur und Kultur. Am Ende jedes Kapitels findet sich ein kurzer Test, in dem sich der Leser selbst testen und mit interessanten Stichproben vergleichen kann: zum einen mit Trainern und Managern der Bundesligavereine und zum anderen mit erfolgreichen Topmanagern aus der Wirtschaft.

Außerdem ist unser Anspruch an das Buch zwar selbstverständlich, die diskutierten Konzepte unverfälscht und korrekt zu präsentieren. Allerdings legen wir auch Wert auf eine lockere Sprache, unterstützendes Photomaterial und nachvollziehbare Beispiele. Es handelt sich hier also nicht um ein Lehrbuch der Betriebswirtschaftslehre, sondern eher um einen anekdotischen Ratgeber, der mit unverbrauchten, fundierten und vor allem nachweislich funktionierenden Ideen für Manager und Führungskräfte aufwartet. Gerade die Nachweisbarkeit der Ideen ist uns dabei sehr wichtig, denn der Markt an Managementliteratur ist für unser Empfinden momentan gesättigt mit zotigen Reißern, die lediglich die Meinung und den begrenzten Erfahrungshintergrund des jeweiligen Autors reflektieren.

Wir beginnen das erste Kapitel direkt mit dem Bereich der Führung und stützen uns dabei auf das populäre Modell der transaktionalen und transformationalen Führung. Die transaktionale Führung bezieht ihren Namen aus dem Austausch zwischen der Leistung eines Mitarbeiters und der daraus resultierenden Belohnung (z.B. Geld, Weiterbildung oder Beförderung). Sie umfasst etwa den Gedanken, dass klare Ziele Handlungssicherheit bieten und eine Führungskraft erst dann eingreifen sollte, wenn Standards nicht erreicht werden. Eine Führung nach den Prinzipien der transaktionalen Führung funktioniert alleinig zwar bereits recht gut, ist aber für exzellente Ergebnisse nicht ausreichend. Neben den eher klassischen Führungstechniken der transaktionalen Führung zeigen die Erkenntnisse der letzten zwanzig Jahre in überwältigender Weise, dass zusätzlich auch die Gefühle der Geführten angesprochen und gebahnt werden müssen.

Und genau das leistet die transformationale Führung. Es geht dabei im Wesentlichen darum, den Mitarbeitern Orientierung zu geben, sie intellektuell herauszufordern und emotional einzubinden. Die Kombination aus Elementen der transaktionalen und der transformationalen Führung ist insbesondere deshalb so wirksam, weil sich beide Komponenten hervorragend ergänzen: Hunderte von Untersuchungen zeigen, dass sich die Effekte von transaktionaler und transformationaler Führung gegenseitig addieren.

Gerade im Fußball wird dieses Führungsmodell in beeindruckender Weise gelebt. Ein Jürgen Klinsmann beispielsweise hielt sich im Rahmen der Vorbereitungen zur WM 2006 geradezu minutiös an die entsprechenden theoretischen Vorgaben. Wir werden das entsprechend nachzeichnen und erläutern. Aber auch viele andere Trainer, z.B. Thomas Schaaf, Jürgen Klopp oder auch Hans Meyer, richten sich wissentlich oder unwissentlich sehr stark nach der parallelen Umsetzung transaktionaler und transformationaler Elemente der Teamführung.

An die Ausführungen zum Thema Führung schließt sich das zweite Kapitel an, welches das Management im Profifußball einer näheren Betrachtung unterzieht. Während wir uns im Führungsteil noch vornehmlich damit beschäftigen, WIE Mitarbeiter angesprochen werden sollten, geht es im Managementteil um die Frage, WAS Führungskräfte denn nun konkret zu tun haben, oder besser: welche Rollen sie ausfüllen.

Wir orientieren uns dabei am sogenannten Competing Values Framework und erläutern die Rollen eines Managers einzeln und anhand von konkreten Beispielen aus dem Fußball. Die auszufüllenden Rollen stehen dabei teilweise zueinander im Widerspruch. Diese Widersprüche dürfen aber theoriegemäß nicht einfach aufgelöst oder verschwiegen werden, sondern müssen zugleich gelebt und umgesetzt werden.

Beispiele sind etwa die Rollen des Mentors und des Producers. Manager in der Rolle des Mentors müssen sich individueller Bedürfnisse bewusst sein, aktiv zuhören, fair bleiben, legitime Wünsche unterstützen und die persönliche Entwicklung des einzelnen begleiten. Der Producer hingegen ist aufgabenorientiert und arbeitsfokussiert. Er ringt um Ergebnisse und motiviert gezielt Verhalten, welches sich direkt in Arbeitsergebnissen des Teams niederschlägt. Das beinhaltet natürlich auch, dass der Manager den Angestellten beizeiten auch mal gehörig in den Hintern tritt und somit in Konflikt mit der Rolle des Mentors gerät.

Eine Überschrift des Kicker des Jahres 2008 lautete: „Klopp – knallharter Kumpel." Jürgen Klopp von Borussia Dortmund wird in diesem Leitartikel minutiös beobachtet. Es wird konzediert, dass eine der entscheidenden Stärken von Klopp darin besteht, dass er die richtige Balance gefunden hat, seinen Profis einerseits kräftig einzuheizen (Producer), andererseits aber auch glaubhaft Aufbauhilfe leisten kann, wenn Unsicherheiten bestehen oder neue Spieler bzw. Systeme integriert werden müssen (Mentor).

Nach Betrachtungen von Führung und Management wenden wir uns im dritten Kapitel den Strukturen des Profifußballs zu. Wir diskutieren Möglichkeiten, wie aktuell gute Ergebnisse erzielt werden können (im Fußball die funktionierende Profimannschaft) oder Produkte voll auszuschöpfen sind (im Unternehmen die Cash Cows), parallel jedoch zukünftige Produkte (im Fußball z.B. neue Sponsorenverträge, Nachwuchsstrategien oder Stadionumbauten, in Unternehmen neuartige Produkte im engeren Sinne) entwickelt werden können.

Die Ausschöpfung des Bestehenden wird dabei gerne mit dem Begriff der Exploitation bezeichnet, die Entwicklung neuer Produkte hingegen als Exploration. Auch hier gibt es also wie in den vorangegangenen Kapiteln einen Widerspruch, dessen gegengesetzte Aspekte es parallel zu meistern gilt. Die Fähigkeit einer Organisation (also eines Profivereines oder eines Unternehmens) zur gleichzeitigen Umsetzung von Exploitation und Exploration wird dabei zumeist „Beidhändigkeit" genannt. Diese Bezeichnung kommt nicht von ungefähr aus dem Sport, denn in vielen Sportarten ist Beidhändigkeit oder Beidfüßigkeit ein klarer Vorteil. Im Fußball wird nicht nur das jeweilige Schussbein, sondern auch ganz gezielt bereits in der Jugend der andere Fuß trainiert. Profis wie der ehemalige Herthaner Pantelic, der sich seit Jahren beharrlich weigert, auch mal mit dem linken Fuß den Abschluss zu suchen, sind extrem selten. Aber nicht nur im Fußball, sondern auch in anderen Sportarten werden oftmals gezielt beide Arme oder Beine trainiert, um sich einen strategischen Vorteil zu verschaffen.

Es ist für viele überraschend und bislang noch unzureichend in die Praxis durchgesickert, dass sich alle führenden Ökonomen darin einig sind, dass Unternehmen im Zuge der Globalisierung ebenfalls ihre Beidhändigkeit trainieren sollten. Die entsprechenden Studien sind derart zahlreich und überzeugend, dass kein Zweifel daran aufkommen kann, dass für die Balance der gegengerichteten Ziele von Exploration und Exploitation ein umsetzbares Konzept vorliegen muss.

Einerseits müssen Unternehmen nämlich anpassungsfähig sein. Sie müssen imstande sein, sich bietende Gelegenheiten schnell zu ergreifen und sich umgehend an veränderte Situationen anzupassen. Sie müssen Stillstand und Selbstgefälligkeit unbedingt vermeiden. Ein anpassungsfähiges Unternehmen ist demnach schlagfertig, innovativ und proaktiv. Auf der anderen Seite muss sich ein Unternehmen nicht nur ständig neuen Marktsituationen anpassen, sondern es muss auch das Maximale aus der aktuellen Situation herausholen. Innovativität und Anpassungsfähigkeit sind nämlich tolle Schlagworte für den Markt der Zukunft, aber das Geld wird immer noch mit dem Tagesgeschäft verdient und darf zu keiner Zeit aus den Augen verloren werden.

Die Anpassung an den Markt ist diesbezüglich entscheidend und drückt sich aus durch das Umsetzen momentaner Wettbewerbsvorteile in operative Gewinne, den Rollout erfolgreicher Geschäftsmodelle und die Kostenreduktion existierender Strukturen. Die Fähigkeit, Anpassung und Anpassungsfähigkeit zugleich zu balancieren, wird entsprechend Beidhändigkeit genannt und im dritten Kapitel diskutiert.

Das vierte Kapitel schließlich diskutiert die bisherigen Themen vor dem übergeordneten Konzept der Kultur. Im Unterschied zu den vorhergehenden Kapiteln können Unternehmen hier bislang noch kaum etwas vom Profifußball lernen. Das Thema der Vereinskultur wird, obwohl für jeden Proficlub reichhaltige und enorm interessante wirtschaftliche Optionen bestünden, momentan noch vollkommen unzureichend ausgereizt. Dass sich beispielsweise der VfL Bochum im Jahr 2008 als einer der wenigen Profivereine mit seinem Leitbild auseinandersetzte und dafür in der Presse auch noch breit verspottet wurde, ist in dieser Hinsicht bezeichnend. Nun hätten sich die Bochumer vielleicht in diesem Fall in der Tat strategisch ein wenig geschickter anstellen können. Es wird sehr schnell klar, dass Unternehmen auf diesem Gebiet ganz erheblich viel mehr zu bieten haben.

Dennoch gibt es auch im Bereich der Unternehmenskultur im Hinblick auf die beiden großen Leitlinien dieses Buches, das Balancieren von Widersprüchen und Gegensätzen einerseits sowie die Übertragbarkeit fußballerischer Konzepte und Inhalte auf Unternehmen andererseits, noch eine Menge zu entdecken.

Einleitend beschäftigen wir uns im vierten Kapitel mit einem Modell der Unternehmenskultur, welches sich ganz der Balance widersprüchlicher Muster verschrieben hat: die Theorie offener und geschlossener Unternehmen. Die Theorie beschreibt Unternehmen als Mischungen von offenen und geschlossenen Elementen und zeigt auf, zu welchen positiven und negativen Konsequenzen die jeweiligen Elemente führen. So kann man beispielsweise im Sinne einer Öffnung eines Unternehmens stark die Handlungsoptionen des Einzelnen betonen und den Mitarbeitern viel Entscheidungsautonomie und Spielraum für Individualität gewähren. Als Resultate werden sich dann zwar die entsprechenden positiven Effekte zeigen: höhere Innovativität sowie niedrigere Fehlzeiten und Fluktuation. Dummerweise werden aber parallel Egoismen und Unkoordiniertheit zunehmen und sich in einer reduzierten organisationalen Effizienz widerspiegeln. Schraubt man, um bei diesem Beispiel zu bleiben, die Bedeutung des Individuums im Unternehmen zugunsten einer stärkeren Betonung des Kollektivs zurück, so wird sich das zwar in einer größeren Stabilität und Zuverlässigkeit der Ergebnisse niederschlagen, jedoch parallel über den von den Mitarbeitern wahrgenommenen Zwang und die Einengung die entsprechenden negativen Konsequenzen mit sich bringen.

Da wir alle Kapitel anhand praktischer Beispiele aus dem Fußball begleiten, stellen wir im vierten Kapitel über Kultur ein Unternehmen vor, welches als Role Model gelten kann. Das Osnabrücker Call Center buw hat für seine Unternehmenskultur bereits viele Preise eingeheimst und stellt das Thema Fußball innerhalb der gelebten Kultur in den Mittelpunkt. Wir stellen die Entwicklung und momentane Umsetzung des Themas Fußball im Rahmen der Unternehmenskultur von buw als Best Practice ausführlich vor und thematisieren die bisherigen Inhalte des Buches abschließend anhand dieses Beispiels aus der Praxis.

Und nun wünschen wir Ihnen viel Spaß beim Lesen!

Kapitel 1

Führung

„In keinem anderen Bereich laufen auf so kleinem Raum mit so einfachen Mitteln so elementare und zugleich hochdifferenzierte Prozesse ab. Fußball ist das Theater der Welt." (Horst Bredekamp, Kunsthistoriker)

Erfolgreiche Führung muss eine Vielzahl von Herausforderungen meistern. Und die Tendenz ist steigend: Im Laufe der letzten Jahre und Jahrzehnte hat sich nämlich das Repertoire verschiedener Verhaltensweisen, über das erfolgreiche Führungskräfte verfügen sollten, insbesondere durch den steigenden (internationalen) Wettbewerbsdruck und die zunehmende Bedeutung von Teamarbeit ganz fundamental erweitert. In der betriebswirtschaftlichen Literatur findet sich eine unüberschaubare Vielzahl entsprechender Artikel samt empirischen Belegen aus einer noch größeren Anzahl an Firmen. Dennoch ist festzustellen, dass sich die gewonnenen Erkenntnisse nur sehr langsam in der Praxis durchsetzen.

Das liegt einerseits oftmals gar nicht daran, dass Manager sich nicht verändern wollen. Vielfach hegen Führungskräfte jedoch ein völlig unrealistisches Selbstbild, welches ein Überdenken des eigenen Führungshandelns nicht notwendig erscheinen lässt. Fragt man beispielsweise Chefs, ob sie sich für mitarbeiterorientierte Führungskräfte halten, so bejaht eine große Mehrheit diese Frage. Beobachtet man diese Chefs jedoch im Arbeitsalltag oder befragt Mitarbeiter nach deren Vorgesetztenverhalten, so ergibt sich ein vollkommen anderes Bild: Eine etwaige Mitarbeiterorientierung wird der Produktorientierung klar untergeordnet oder ist kaum erkennbar.

Andererseits ist die betriebswirtschaftliche Fachliteratur ohne einen enormen zeitlichen Aufwand kaum noch lesbar, und interessierte Führungskräfte haben oftmals einfach nicht die Zeit, sich tief in spezialisierte Artikel einzugraben. Stattdessen müssen sie sich entsprechend leichter zugänglichen, aber weniger fundierten Quellen zuwenden. Wenn man sich in einem beliebigen Buchladen die Ecke mit Literatur für Führungskräfte anschaut, drängt sich dieser Eindruck jedenfalls geradezu auf. Es finden sich dort Bücher über Delphintechniken, Motivationsmythen und eine kaum überschaubare Vielfalt weiterer Werke, denen vor allem eines gemein zu sein scheint: die Beschränkung auf den im Vergleich zur empirischen Forschung äußerst beschränkten und episodenhaften Erfahrungshorizont von Managementgurus mit ausgeprägtem Talent für PR in eigener Sache. Bücher hingegen, welche den aktuellen Stand der Literatur spiegeln und zudem in hohem Maße Lesbarkeit versprechen, sind absolute Mangelware.

Insofern liegt es nahe, den Vorwurf weiterzuleiten. Wenn nämlich Manager moderne Führungskonzepte der betriebswirtschaftlichen Forschung nur unzureichend umsetzen, kann das auch an denjenigen liegen, die ebendiese betriebswirtschaftliche Forschung maßgeblich prägen und vermitteln sollen: Professoren. Und da dieser Vorwurf nicht ganz unberechtigt ist, unternehmen wir hiermit zumindest für den Bereich der Führung einen Besserungsversuch.

Doch zurück zu denjenigen Facetten, welche eine Erweiterung des Führungsrepertoires notwendig machen: Wettbewerbsdruck und Teamarbeit. Die Parallelen zum Fußball werden sofort offenkundig. Schließlich internationalisiert sich das Fußballgeschäft seit vielen Jahren und ein Verein wie beispielsweise Bayern München konkurriert schon lange nicht mehr vornehmlich mit anderen Bundesligavereinen um die begehrtesten Spieler, sondern muss sich inzwischen an den führenden Vereinen der europäischen Topligen orientieren.[1] Zugleich und parallel rekrutieren die kleineren Bundesligavereine den Nachwuchs und Verstärkungen nicht mehr bei deutschen Regionalligisten, sondern in ausländischen Ligen mit niedrigerem Gehaltsniveau. So hat beispielsweise Energie Cottbus offensichtlich gute Verbindungen nach Südosteuropa, wie ein Blick in die Zugänge für die Saison 2008/2009 zeigt:

Çağdaş Atan (Trabzonspor, ablösefrei)
Alexander Bittroff (FC Energie Cottbus II)
Danny Galm (Eintracht Frankfurt (U23), Ablöse unbekannt)
Ivica Iliev (PAOK Saloniki, ablösefrei)
Emil Jula (Otelul Galati, 700.000 Euro)
Marco Kurth (FC Erzgebirge Aue, ablösefrei)
Savo Pavićević (FK Vojvodina Novi Sad, 300.000 Euro)
Philipp Pentke (FC Augsburg, Ablöse unbekannt)
Dimitar Rangelow (Racing Straßburg, 650.000 Euro, war ausgeliehen)
Mark Zimmermann (U 19 Energie Cottbus)

Vergleicht man nun zusätzlich die Spielzeiten dieser Profis, so fällt auf, dass zwar alle der oben genannten ausländischen Neuzugänge regelmäßige Einsatzzeiten erhalten, jedoch mit Ausnahme des Routiniers Marco Kurth in der Saison 2008/2009 kein einziger der deutschen Akteure auch nur eine einzige Minute Spielpraxis sammeln konnte. Der Umstand, dass Energie Cottbus die neuen deutschen Spieler offenbar lediglich zur Auffüllung des Kaders benötigt, mag der Tatsache geschuldet sein, dass in jedem Profiteam mindestens

[1] Wir werden die finanzielle Entwicklung der maßgeblichen Kennziffern europäischer Spitzenvereine in Kapitel 3 noch ausführlicher beleuchten.

12 Spieler mit deutscher Staatsangehörigkeit gemeldet sein müssen. Diese Neuerung, in Kombination mit sich seit Jahren verschärfenden Klauseln für Nachwuchsförderung, führt im Profifußball dazu, dass sich nicht nur international der Wettkampf um gute Spieler verschärft, sondern dass zusätzlich auch deutsche Talente ganz erheblich an Attraktivität gewinnen. Insofern besteht in der Bundesliga seit Jahren und in hohem Ausmaß ein sowohl national als auch international zunehmender Wettbewerbsdruck.

Die Teamarbeit erfährt ebenfalls seit Jahrzehnten im Fußball naturgemäß sehr viel Zuspruch. Legendär wurde Berti Vogts, sonst eigentlich nicht unbedingt erster Anwärter auf die Einführung von Innovationen im Fußball, mit seinem Sinnspruch nach der gewonnenen Europameisterschaft 1996: „Der Star ist die Mannschaft." Er hatte aus einer Gruppe von Individualisten ein Kollektiv geformt, welches mehr als die Summe der Einzelspieler zu leisten imstande war. Ein Team. Und auch wenn Berti Vogts aus der Perspektive der aktuellen Führungsliteratur sicherlich noch erheblichen Trainings- und Entwicklungsbedarf hätte, so verstand er den Grundsatz der Teamarbeit doch offensichtlich sehr gut und setzte sein Wissen höchst erfolgreich um.

Betrachtet man analog heutige Unternehmen vor dem Hintergrund von zunehmender Wettbewerbs- und Teamorientierung, dringen wir schnell zum Kern des Problems vor. Um nämlich angesichts der fortschreitenden Globalisierung gegen internationale Konkurrenz bestehen zu können, müssen sich Unternehmen kontinuierlich verbessern. Von vielen Managern wird daher die Innovativität vollkommen zu Recht als Schlüsselvariable zur Steigerung der Wettbewerbsfähigkeit angesehen. Fortschritte sind jedoch schwer zu erzielen, da das Wissen in den meisten Fachgebieten bereits so anspruchsvoll ist, dass nur noch hochgradige Spezialisierung und interdisziplinäre Zusammenarbeit echten Wissenszuwachs ermöglichen. Entsprechend steigt beispielsweise die Anzahl der Teammitglieder, die bei der Erstellung von Patenten mitwirken, seit Jahren kontinuierlich. In der Schlussfolgerung wird deshalb die Teamarbeit als zentral für die Erhaltung der Wettbewerbsfähigkeit angesehen. Erfolgreiche Teamarbeit ergibt sich jedoch nicht automatisch aus einem aus kompetenten Experten verschiedener Fachrichtungen zusammengesetzten Team, sondern bedarf einer aktiven Steuerung: der Führung.

Mit dieser Erkenntnis sowohl aus dem Fußball als auch aus der Unternehmensrealität ist einem Manager aber leider noch längst nicht gedient. Viel wichtiger ist, was denn nun aus diesen Überlegungen resultiert, oder noch besser: Was ist konkret zu tun?

Eine Antwort auf diese Frage leistet die Führungsforschung. Dabei übernehmen wir zum Verständnis von Führung das in den USA übliche, weit reichende Verständnis von Führung. Wir beschränken diesen Begriff also nicht nur auf Personen, die als formale Vorgesetzte anderen Anweisungen erteilen dürfen.

Vielmehr betrachten wir Führung als einen Prozess, der durchdachte und auf positive Ziele hin ausgerichtete Eigeninitiative zum Ausdruck bringt. Führung muss demzufolge nicht zwangsläufig von denjenigen Personen ausgehen, die aufgrund ihrer Position in der Hierarchie (etwa durch die Rolle des Vorgesetzten) „Macht" über andere haben. Vielmehr kann jede Person – unabhängig von ihrer Funktion – Führungsaufgaben übernehmen.

Gerade in Fußballteams kommt es häufig vor, dass es „heimliche Chefs" gibt – also Spieler, die weder Mannschaftskapitän, Spielmacher noch die besten Einzelspieler sein müssen, aufgrund ihrer Ausstrahlung und ihres Einsatzes jedoch alle anderen mitreißen. Dies sind jene Führungsspieler, auf die alle schauen, wenn es mal schlecht läuft, und die in entscheidender Weise die „Moral" und Stimmung im Team prägen. Ohne solche Charaktere werden selbst Ansammlungen von begnadeten Einzelspielern kaum Erfolg haben. Gerade bei einem großen Fußballturnier können diese „Führungspersonen" sogar Ersatzspieler sein – z.B. wenn sie mehr als alle anderen für gute Stimmung und einen positiven „Team Spirit" sorgen.

Das Verständnis, dass Führung weniger von der Position, sondern vielmehr vom Verhalten abhängt, entwickelt sich immer mehr auch in Deutschland. Die Menschen wünschen sich Führungspersönlichkeiten, die mit Problemen konstruktiv umgehen, aktiv nach Lösungen suchen und großen Einsatz dabei zeigen, gemeinsame Ziele zu erreichen. Vor allem wünschen sie sich aber auch Führungspersönlichkeiten, die ehrlich und integer sind, die Interessen ihrer Geführten nach außen sichtbar vertreten und dabei Optimismus und eine von Begeisterung für eine gemeinsame Vision getragene Stimmung verbreiten. In einem solchen Arbeitsklima macht alles mehr Spaß und die Mitarbeiter sind zufriedener. Darüber hinaus können unter solchen Bedingungen oftmals Leistungen erzielt werden, die kaum jemand vorher erwartet hätte – wie im Falle der deutschen Fußballnationalmannschaft bei der Weltmeisterschaft 2006. Doch dazu später. Wenden wir uns zunächst wieder der Führungstheorie zu.

Bereits seit Mitte der 80er Jahre erfreut sich das Konzept der sogenannten transaktionalen und transformationalen Führung zunehmender Beliebtheit. Es beschreibt konkrete Verhaltensstrategien, welche eine Führungskraft vor dem Hintergrund sich ständig wandelnder Herausforderungen gewinnbringend einsetzen kann. Es integriert bisherige Ansätze und erweitert diese um Aspekte, welche den veränderten Rahmenbedingungen Berücksichtigung schenken. Konkurrierten Anfang der 80er Jahre noch viele verschiedene Führungsansätze mit einem ähnlichen Anspruch, ist die Gültigkeit und Wirksamkeit der transaktionalen und transformationalen Führung mittlerweile nahezu unangefochten, denn die Beweislast der Erkenntnisse aus unzähligen Unternehmen in mittlerweile über 1000 (!) Studien ist eindeutig und erdrückend. Doch worum handelt es sich bei transaktionaler und transformationaler Führung genau?

Zur Klärung dieser Frage stürzen wir uns kurz in die Theorie und widmen uns im Anschluss ein paar Trainern aus dem Profifußball, welche die jeweiligen Inhalte besonders eindrucksvoll verinnerlicht und umgesetzt haben.

Transaktionale und transformationale Führung sind zwei Strategien, welche unabhängig voneinander erfolgreiche Ergebnisse hervorbringen und sich gegenseitig hervorragend ergänzen. Die Verbindung der beiden Strategien wird deshalb in der Literatur oft auch als Full-Range-Leadership bezeichnet. Das soll ausdrücken, dass mit der parallelen Anwendung von transaktionaler und transformationaler Führung das gesamte Potential erfolgreicher Führung ausgeschöpft wird. Während die transaktionale Führung dabei eher klassische Vorstellungen von leistungsorientierter Belohnung beinhaltet, umfasst die transformationale Führung Komponenten, welche Mitarbeiter emotional und intellektuell inspirieren und über sich selbst hinauswachsen lassen.[1]

Prinzip „Leistung und Belohnung"

Transaktionale Führung

Befassen wir uns zunächst mit der transaktionalen Führung, deren Name der Annahme entstammt, dass zwischen der Leistung und der Belohnung von Mitarbeitern eine Austauschbeziehung, eine Transaktion, bestehen sollte. Dieser Denkweise liegen insbesondere drei Annahmen zugrunde:

1. Menschen können durch die Prinzipien der Belohnung und Bestrafung zu mehr Leistung inspiriert werden.
2. Soziale Systeme funktionieren am besten mit einer klaren Hierarchie.
3. Der Output (also beispielsweise das Gehalt und weitere Anreize) eines Mitarbeiters sollte möglichst dem geleisteten Input (der Arbeitsleistung) entsprechen.

[1] Von diesen beiden Konzepten wird üblicherweise noch die sogenannte Laissez-faire-Führung abgegrenzt. Diese kennzeichnet die Nicht-Wahrnehmung der Führungsaufgaben und ist im engeren Sinne eigentlich keine Führungsstrategie, sondern die Abwesenheit von Führung. Wenig überraschend führt ein Laissez-faire-Stil zu desaströsen Ergebnissen.

Ein transaktional Führender arbeitet also mit klaren Strukturen und Ansagen an die Mitarbeiter und weist Belohnungen für erfüllte Aufgaben zu. Bestrafungen müssen nicht ständig erwähnt werden. Die Mitarbeiter nehmen sie aber als Teil des disziplinarischen Arbeitsprozesses wahr.

Transaktionale Führung beginnt mit der Verhandlung eines Arbeitsvertrages, in deren Verlauf nicht nur die Bezüge, sondern auch die Position innerhalb der Firma samt der Befugnisse der Vorgesetzten festgelegt werden. Wenn dem Mitarbeiter eine Arbeit zugewiesen wird, ist er verantwortlich für Durchführung und Ergebnis. Im Erfolgsfall wird der Mitarbeiter belohnt. Sollte hingegen etwas schiefgehen, ist das Scheitern ebenso dem Mitarbeiter anzurechnen, der dies entsprechend zu verantworten hat.

Transaktionale Führung beinhaltet also Maßnahmen, welche durch Anreizsysteme die Geführten dazu anhalten, in ihrem eigenen Interesse Leistung zu bringen. Das funktioniert so ein bisschen nach dem Prinzip von Zuckerbrot und Peitsche, indem erst klare Zielvereinbarungen getroffen werden und im Anschluss die Zielerreichung überprüft wird. Die Macht eines transaktional Führenden resultiert dabei vornehmlich aus der formalen Autorität innerhalb des jeweiligen Unternehmens – also dem hierarchischen Status im Vergleich zu den Mitarbeitern – sowie aus der vorhandenen Verfügbarkeit an erwünschten Ressourcen, die der Vorgesetzte den Mitarbeitern zuteilen kann. Eine Führungskraft verlässt sich dabei insbesondere auf die klassischen Managementtechniken von Kontrolle, Organisation und kurzfristiger Planung. Insbesondere gibt es Folgendes zu beachten:

- **Aktives und passives Beobachten**

  Die Führungskraft beobachtet das Geschehen und greift ein, wenn Standards nicht erreicht oder Ziele verfehlt werden bzw. verfehlt zu werden drohen. Bisweilen wartet sie auch, bis der Mitarbeiter von sich aus auf Missstände hinweist und um Hilfe bittet. Als Reaktion unternimmt die Führungskraft für sinnvoll erachtete Korrekturen und ahndet Fehlverhalten mit Strafmaßnahmen.

- **Bedingte Belohnung**

  Die Führungskraft vergibt leistungsabhängige Belohnungen. Sie erteilt Belohnungen bei Zielerreichung, verdeutlicht Erwartungen, stellt beidseitig zufriedenstellende Arbeitsbedingungen her und lobt Mitarbeiter für erfolgreiche Leistungen. Führungsmuster der bedingten Belohnung beinhalten sehr oft kurzfristige Ziele und deutliche positive Resultate.

Diese Komponenten transaktionaler Führung sind dabei unterschiedlich effektiv und effizient. Effektiv transaktional Führende stellen sich vor allem die folgenden Fragen:

- Was ist zu tun? Welche Aktivitäten sind erfolgversprechend?
- Was dient dem Unternehmen?
- Welche Verantwortlichkeiten habe ich?

Die zentrale Annahme transaktionaler Führung besteht in der Vorstellung, dass sich Menschen rational verhalten und sich menschliches Verhalten demzufolge insbesondere durch einfache Belohnungsmechanismen wie Gehalt und Anreize beeinflussen lässt. Grundlage dieser Vermutungen ist übrigens der sogenannte Behaviorismus, der sich auf relativ simple Zusammenhänge von Reiz und Reaktion gründet und auf die behavioristischen Urväter Pawlow und Skinner zurückgeht. Die entsprechenden Überlegungen beziehen sich dabei hauptsächlich auf Laborexperimente an Versuchstieren, ignorieren jedoch emotionale Faktoren und soziale Werte. Auf der Basis heutiger Erkenntnisse lässt sich zwar zweifelsfrei festhalten, dass die Grundlagen des Behaviorismus auf den Menschen genügend übertragbar sind, um transaktionalen Führungsstrategien Erfolge zu bescheiden; jedoch ist es genau jene mangelnde Berücksichtigung von Emotionen und sozialen Werten, welche der transaktionalen Führung fehlt und welche durch die transformationale Führung ergänzend abgedeckt wird.

Doch widmen wir uns den Komponenten der transaktionalen Führung mal ein wenig genauer und stellen jeweils Bezüge zum Fußball her.

Die Idee rechtzeitiger Korrektur

Aktives und passives Beobachten

Beim aktiven und passiven Beobachten greift die Führungskraft ein, wenn Standards oder Ziele nicht erreicht werden, oder wartet, bis der Mitarbeiter von sich aus auf Missstände hinweist und um Hilfe bittet. Auch hält sie das Geschehen so im Blick, dass sie eingreifen kann, bevor Ziele in Bedrohung geraten. Als Reaktion unternimmt die Führungskraft dann für sinnvoll gehaltene Korrekturen und ahndet Fehlverhalten mit Strafmaßnahmen. Die gute Nachricht lautet dabei: Aktives und passives Beobachten funktionieren als Führungstechnik und zeigen positive Effekte. Dass eine Reaktion auf die vermurkste Arbeitsleistung eines Mitarbeiters notwendig und sinnvoll ist, leuchtet ja auch schnell ein. Schließlich muss den Mitarbeitern klargemacht werden, was erwünschtes und was unerwünschtes Verhalten ist.

Allerdings resultiert aus der Strategie aktiven und passiven Beobachtens ein großes Problem, welches nicht auf den ersten Blick ersichtlich ist: die mittel- und langfristige Beschädigung des Selbstvertrauens der Mitarbeiter.

Wenn eine Führungskraft bei Nichterreichen von Zielen einschreitet, geschieht dies üblicherweise durch das Verhängen von Strafmaßnahmen, die von der Schwere der Verfehlung abhängen. Üblich sind informale Maßregelungen und Zurechtweisungen, formale (üblicherweise schriftliche) Tadel, Demotionen (also rangmäßige Rückstufungen), Versetzungen oder gar Kündigungen. Und diese Führungsstrategie verfehlt nicht ihre Wirkung. Bereits oben wurde auf Herrn Skinner verwiesen, von dem wir wissen, dass Bestrafung ein wirksames Lernprinzip ist. Die simple Erkenntnis lautet: Ein Verhalten, das bestraft wird, tritt seltener auf. Das ist in diesem Zusammenhang schön und gut, denn genau das will die Führungskraft ja erreichen.

Aktives Beobachten – Armin Veh agiert an der Seitenlinie.

Armin Veh beispielsweise gilt als eifriger Perfektionist. Angesprochen auf dessen besonders ausgeprägte Wesenszüge antwortet sein langjähriger Co-Trainer aus Fürth und Reutlingen, Reiner Geyer, dass Veh sich vor allem durch seinen „Perfektionsfanatismus" auszeichne, und führt wörtlich weiter aus:

„Wenn etwas nicht läuft, kann er ungehalten werden.“ Veh selbst hält aktives und passives Beobachten ebenfalls für wesentliche Führungstechniken, und zwar gerade dann, wenn es gut läuft im Team. In einem Interview kurz vor dem Start der auf die Meisterschaft der Stuttgarter im Jahr 2007 folgenden Saison äußerte er sich speziell zu diesem Thema. Obwohl er dabei seine Spieler direkt im Vorsatz als enorm leistungsbereit und ehrgeizig charakterisierte, stellt er dennoch die in seinen Augen enorme Bedeutung des „Agierens“ (aktives Beobachten) und „Reagierens“ (passives Beobachten) als zentrales Element seiner Trainertätigkeit heraus. Veh scheint davon auszugehen, dass ein guter Trainer bzw. eine gute Führungskraft beginnende Selbstzufriedenheit im Keim ersticken muss.

Damit liegt er ganz auf der Linie von Huub Stevens, der sicherlich als Klassiker unter den transaktional Führenden gelten kann und während seiner Zeit beim HSV bei den Spielern aufgrund seiner verbalen Frotzeleien ebenso gefürchtet war wie wegen seiner direkten Strafen und Null-Toleranz-Politik bei einem Nichtbefolgen von Regeln.

Vor Huub Stevens sind alle Spieler gleich – Starallüren werden nicht geduldet!

Eine häufige Rückmeldung von Spielern, wenn sie auf Stevens angesprochen werden, besteht in der ausdrücklichen Betonung der Konsequenz, mit der Stevens vorgeht. Unter ihm gelten für alle die gleichen Regeln; das erkennen und wertschätzen die Spieler. So verbannte Stevens den damalig zu dieser Zeit mit Abstand besten Torschützen des HSV, Danijel Ljuboja, wegen Unpünktlichkeit bei Reha-Terminen trotz wiederhergestellter Einsatzbereitschaft und trotz eines wichtigen, anstehenden Spiels zu den Amateuren und tat das, obwohl Boubacar Sanogo seinerzeit vollkommen außer Form und auch Ivica Olić als einzig verbleibende Alternative nach überstandener Verletzung noch nicht wieder im Vollbesitz seiner Kräfte war.

Insofern ist die Komponente des aktiven und passiven Beobachtens in der transaktionalen Führung zwar erfolgsförderlich und gerade für die Verhaltensorientierung der Mitarbeiter als Strategie nahezu unabdingbar. Allerdings birgt übermäßiger Einsatz die große Gefahr, dass das Selbstvertrauen des Mitarbeiters nachhaltig geschädigt wird, was zu den ab Seite 32 dargestellten negativen Effekten führt. (Wie sich Selbstvertrauen auf die Leistung auswirkt und wie Trainer mit dem Thema Selbstvertrauen umgehen, wird im Exkurs „Die Sache mit dem Selbstvertrauen" ausführlicher erläutert.)

Exkurs

Die Sache mit dem Selbstvertrauen

Dummerweise haben Bestrafungen ein paar Nebeneffekte, die sich wenig positiv ausnehmen. Das Problem an Bestrafungen ist nämlich, dass zwar unerwünschtes Verhalten unterdrückt wird, jedoch auch gewünschtes Verhalten nachlässt.

So wird nämlich das Selbstbewusstsein des Mitarbeiters oder Spielers bei Kritik und Bestrafung negativ beeinflusst. Bei manchen Menschen mag es scheinen, als würde Kritik an ihnen komplett abprallen, aber tatsächlich ist das nur äußerst selten der Fall. Wenn uns jemand kritisiert, und das gilt ganz besonders für unseren Chef (oder unsere Chefin), nehmen wir uns diese Kritik gemeinhin „zu Herzen". Unabhängig von der Tatsache, ob eine Verhaltensänderung eintritt oder nicht, beeinflusst Kritik unser Selbstvertrauen. Und das hat weit reichende Konsequenzen, die oft unterschätzt und daher hier kurz zusammengefasst werden.

Für ein Verständnis der Effekte des Selbstvertrauens (manchmal auch Selbstwert genannt) auf die Arbeitsleistung benötigen wir zunächst einmal das sogenannte Selbstbild (oder Selbstkonzept). Das Selbstbild ist ganz einfach der über eine Vielzahl von Erfahrungen entstandene Eindruck, den wir von uns selbst haben. Es ist unsere Antwort auf die Frage: „Wie bin ich?" Selbstvertrauen ist die Bewertung des Selbstbildes, und je positiver diese Bewertung ausfällt, desto größer ist das Selbstvertrauen.

Im Fußball sind psychologische Zusammenhänge sicherlich noch nicht auf allen Ebenen und bei allen Beteiligten angekommen. Wir werden das im Laufe dieses Buches häufiger feststellen. Beim Selbstvertrauen allerdings herrscht im Fußball besonders für bestimmte Positionen klassischerweise Einigkeit: Spieler mit wenig Selbstbewusstsein bringen weniger Leistung. Diese Haltung wird üblicherweise gerade dort von den Trainern gepflegt, wo es auf eine besonders hohe Konzentration oder Kaltschnäuzigkeit in spielentscheidenden Situationen ankommt: bei Torhütern und Stürmern.

Bevor Torhüter ausgetauscht werden, muss so einiges Negative zusammenkommen. Nach den ersten Fehlern nutzen Trainer üblicherweise ausdrücklich nicht die Strategie des passiven Beobachtens, sondern reden den Torhüter stark. Die Rhetorik schwächt sich mit weiteren Fehlern des Torhüters ab und mündet irgendwann in die Vorbereitung eines Wechsels. („Die Torhüter müssen sich in unserem Team dem gleichen Konkurrenzkampf stellen wie der Rest des Teams." Oder: „Unsere Mannschaft ist so homogen besetzt, dass jeder jeden ersetzen kann." Oder: „Es gibt keine Stammplätze bei uns in der Mannschaft – jeder Spieler muss sich in jedem Training beweisen.")

Wenn die Situation dann außer Kontrolle zu geraten droht oder der Trainer ein Zeichen nach außen setzen möchte, wird der vorherige Stammtorwart durch eine neue Nummer Eins ersetzt. Das Selbstvertrauen von Torhütern wird dabei bisweilen so wichtig genommen, dass die vermeintliche sportliche Klasse sogar zurückgestellt wird. So vollzog beispielsweise Hans Meyer bei seiner zweiten Station in Mönchengladbach im Jahr 2008 in seinem ersten Spiel den Wechsel auf der Torhüterposition von Christofer Heimeroth zu Uwe Gospodarek. Als sich Gospodarek dann im Laufe der Folgewoche verletzte, stellte Meyer nicht etwa Vorgänger Heimeroth ins Tor, sondern zog stattdessen den Torwart der Amateure, Frederic Löhe, vor. Meyer begründete diese Maßnahme mit dem Umstand, dass es Heimeroth nach dem Wechsel des Stammtorwarts an Selbstvertrauen fehle und er zunächst einige Zeit brauche, um die neue Situation zu verarbeiten. Nach einer erneuten Verletzung Gospodareks wurde Heimeroth dann dem jungen Löhe wieder vorgezogen.

Auch bei Stürmern ist die torlose Phase legendär. Bei den Toptorjägern werden die Minuten ohne Torerfolg bisweilen in epischer Breite diskutiert und das mangelnde Selbstbewusstsein als Hauptgrund immer und immer wieder herangezogen. Besonders introvertierten und/oder altruistisch handelnden Stürmern wird dabei gerne geraten, zur Stärkung des eigenen Selbstbewusstseins selbst den Abschluss zu suchen. Fragen Sie einmal Miroslav Klose, wie sehr er all die Hobbypsychologen und Journalisten schätzt, die aus seiner introvertierten und bisweilen emotions- oder gar beteiligungslos wirkenden Art immer genau dann eine dramatische Geschichte stricken, wenn er gerade mal wieder eine Torflaute hat. Umgekehrt wird jedoch im Erfolgsfall genau das gleiche Verhalten als Zeichen besonders „abgebrühter" Zielstrebigkeit und Effizienz interpretiert.

In den Wirtschafts- und Sozialwissenschaften wurde der Zusammenhang zwischen dem Selbstvertrauen und der Arbeitsleistung vielfach untersucht. Dabei traten interessante Ergebnisse zutage. So ist das Ausmaß der Schulbildung, persönlichen Fähigkeiten und Berufserfahrung (das berüchtigte „individuelle Humankapital") eines Mitarbeiters hoch korreliert mit dem Selbstvertrauen. Die Unterschiede in der Produktivität von Mitarbeitern hängen insgesamt aber stärker mit Unterschieden im Selbstvertrauen zusammen als mit unterschiedlichem Humankapital. Das bedeutet nichts anderes, als dass Mitarbeiter ihr Potential nur dann entfalten können, wenn sie über ein ausgeprägtes Selbstvertrauen verfügen. Mitarbeiter ohne Selbstvertrauen können noch so gebildet, befähigt oder erfahren sein – ohne Selbstvertrauen gelingt es ihnen nur begrenzt, diese Aspekte in erfolgreiche Arbeitsleistungen umzusetzen. Insofern kann man die Wichtigkeit des Selbstvertrauens von Mitarbeitern gar nicht hoch genug einschätzen. Davon abgesehen sind Mitarbeiter mit einem ausgeprägten Selbstvertrauen glücklicher und gelangen wahrscheinlicher in Führungspositionen.

Übertragen auf den Fußball klingt all das sehr vertraut. Einer abstiegsbedrohten Mannschaft fehlt oftmals das Selbstvertrauen, so dass sie ihr Leistungspotential nicht „abrufen“ kann. Auch die weithin verbreiteten Fußballweisheiten, nach denen nur Erfolgserlebnisse einer Mannschaft helfen können, aus einem temporären Tief zu finden, gründen sich auf ganz ähnliche Erkenntnisse.

In den Jahren von 2005 bis 2007 lieferte der 1. FC Nürnberg teilweise unfreiwillig ein wunderbares Beispiel. Nachdem Nürnberg 2005 katastrophal in die Saison gestartet war und u.a. auch ein erster, zwischenzeitlicher Trainerwechsel erfolglos blieb, kehrte der FCN mit Hans Meyer ab dem 12. Spieltag der Saison in die Erfolgsspur zurück. Einer anfänglichen Siegeswelle verbunden mit dem stetigen Mantra Meyers, dass der Kader eine hohe Qualität aufweise, folgte ein Durchmarsch vom letzten Platz hin zu einem respektablen Rang 8 in der Abschlusstabelle. Nürnberg holte in dieser Zeit mit einem für den Verein in der ersten Bundesliga beispiellosen Lauf 38 Punkte und kratzte am Saisonende sogar an den internationalen Plätzen. Das gleiche Schauspiel wiederholte sich nach anfänglichen Positiverlebnissen wie dem 3:0 in Stuttgart gleich zu Saisonbeginn auch im Folgejahr, welches Nürnberg mit der besten Platzierung der jüngeren Vereinsgeschichte auf Platz 6 sowie dem Gewinn des DFB-Pokals beendete. 2007 folgte dann der Absturz. Nach zwei Heimniederlagen in Folge begann die Mannschaft an den eigenen Fähigkeiten zu zweifeln. Die oft beschworenen Automatismen wurden hinterfragt, Unsicherheit kehrte ein, das Selbstvertrauen nahm rapide ab. Leistungsträger, die unbestrittene individuelle Klasse aufwiesen, konnten plötzlich kaum noch geradeaus laufen, und im Ergebnis stieg Nürnberg mit einer Mannschaft ab, die in den beiden Vorjahren mit einem qualitativ schwächeren Kader noch überzeugen konnte.

Es sind solche Beispiele, welche insbesondere den Start in eine neue Saison so bedeutsam machen. Dort wird der Grundstein für den Verlauf weiter Teile der nächsten Monate gelegt, weil die Vereine zu Saisonbeginn „noch nicht wissen, wo sie stehen“. Das bedeutet inhaltlich nichts anderes als ein leicht beeinflussbares Selbstvertrauen, welches sowohl in die positive als auch in die negative Richtung ausschlagen kann. Das Selbstkonzept wird einer kritischen Überprüfung unterzogen und, sollten Erfolgserlebnisse zu Beginn ausbleiben, wird sich das darunter leidende Selbstvertrauen in der Folge negativ auf die Leistung auswirken.

Den Zusammenhang zwischen Selbstvertrauen und Arbeitsleistung haben besonders die Bayern sehr gut verstanden und verinnerlicht. Neuen Spielern wird das sogenannte Bayern-Gen „eingeimpft". Dieses ist Teil des Willkommenspakets beim deutschen Rekordmeister, beinhaltet nichts anderes als die Übermittlung des berühmten Mottos „Mir san mir!" und bestärkt die Spieler in dem Glauben, dass sie stark genug sind, es mit jedem Gegner aufnehmen zu können, eben weil sie beim FC Bayern spielen. Qua Vereinszugehörigkeit verhelfen sich die Spieler somit zu mehr Selbstvertrauen, was sich häufig positiv auf die Leistung auswirkt. Dass andere Vereine oder die interessierte Öffentlichkeit diese Strategie als großspurig oder anmaßend empfinden können, steht dabei natürlich auf einem anderen Blatt. Der sogenannte Bayerndusel, mit dem der Verein zum Beispiel in Schlussphasen doch noch zum Erfolg kommt, funktioniert ganz ähnlich.

Selbstvertrauen ist also eine wesentliche Quelle von Leistung und sollte von Führungskräften aktiv gefördert werden.

Ein für den Arbeitgeber unangenehmer Aspekt hohen Selbstvertrauens ist übrigens, dass Mitarbeiter mit steigendem Selbstvertrauen erheblich bessere Ergebnisse beispielsweise auch in Gehaltsverhandlungen erzielen – und das vollkommen unabhängig von der tatsächlichen Arbeitsleistung. Hohes Selbstvertrauen kann auch zu einer Anspruchsniveausteigerung führen, die sich im Arbeitsalltag negativ auswirken kann. Doch diese Punkte sind – zumindest was unternehmerischen Erfolg betrifft – im Vergleich zu den oben skizzierten Effekten Marginalien.

Wenn Misserfolg bestraft wird und es in schwierigen Situationen von „oben" zu wenig Rückendeckung gibt, entsteht jedoch noch ein weiteres Problem. Mitarbeiter entwickeln Angst davor, Fehler zu machen und Misserfolge zu erleben. Derartige Angst vor Misserfolg – in diesem Zusammenhang interpretierbar als Steigerung von „mangelndem Selbstvertrauen" – macht übervorsichtig und gefährdet die Projektziele, führt zu mangelhafter Flexibilität und wirkt innovationshemmend.

Es ist daher eigentlich im Interesse von Führungskräften, den Mitarbeitern Angst vor Misserfolg so weit wie möglich zu nehmen. Damit das funktioniert, muss aktives und passives Beobachten sehr behutsam als Führungstechnik eingesetzt werden.

Es zeigt sich in diversen Studien, dass Mitarbeiter in vielen Unternehmen unter hohem psychischen Druck stehen. Die Studien berichten von „wenig Fehlertoleranz", Mitarbeiter beschreiben gerade in wirtschaftlich schwierigen Zeiten „Existenzängste". Diese von vielen geteilte Furcht, Fehler zu machen oder im Projekt in Schwierigkeiten zu geraten, nennt die Wissenschaft nach dem amerikanischen Motivationsforscher John William Atkinson „Angst vor Misserfolg". Kurzfristig ist diese Angst durchaus ein Leistungsmotiv. Mittel- und langfristig aber gefährden Mitarbeiter, die Angst vor Misserfolg haben, Effizienz- und Innovativitätsziele. Sie sprechen drohende Schieflagen in Projekten nicht früh genug an und sagen auch allgemein eher nicht, was sie denken. In dieser Feedback-Lücke zwischen „unten" und „oben" gehen Informationen verloren, die zur Steuerung der Aufgaben und zum Finden neuer Ideen notwendig sind.

Zusätzlich sind Mitarbeiter, die Angst vor Misserfolg haben, weniger flexibel als angstfreie Mitarbeiter. Anstatt auf Herausforderungen zuzugehen, sichern sie sich erst einmal ab, damit ihnen nichts Schlimmes passieren kann, wenn es schief gehen sollte. So wird z. B. mit bürokratischen Diskussionen und dem Versenden von Bestätigungsmails wertvolle Zeit vergeudet.

Die Ursachen für Angst vor Misserfolg sind dabei Ergebnisse von Lernprozessen. Die Mitarbeiter haben bei anderen beobachtet oder am eigenen Leibe erfahren, dass Misserfolg im Sinne aktiven und passiven Beobachtens streng bestraft wird, etwa wenn Verantwortliche – für alle erkennbar – „degradiert" werden oder man nach einem nicht so erfolgreichen Projekt als „Versager" stigmatisiert wird. All das wirkt sich nicht nur beeinträchtigend auf das Selbstbewusstsein der Betroffenen aus. Je mehr und je härter die Führung Misserfolge bestraft, desto größer wird auch die Angst der Mitarbeiter davor, Fehler zu machen.

Diese Mechanismen sind zwar häufig anzutreffen, aber sie sind keineswegs „normal" oder unvermeidlich. Vielmehr sind sie erlernt. Mitarbeiter sind nach Misserfolgen bestraft worden, und sie haben schwierige Situationen ohne Rückendeckung durch ihre Chefs erlebt. Ein solcher Lernprozess ist vermeidbar.

Was passiert jedoch, wenn Misserfolge nicht bestraft werden und Rückendeckung gegeben wird? Werden die Geführten weniger zielorientiert arbeiten („spinnen") oder gar faul?

Nein, da das Gegenteil von Angst vor Misserfolg die sogenannte „Hoffnung auf Erfolg" ist.

Mitarbeiter, die durch Hoffnung auf Erfolg motiviert sind, werden leistungsfähiger, flexibler und innovativer. Auch Hoffnung auf Erfolg wird (zum Teil) erlernt. Je mehr Erfolge erlebt werden, desto mehr Hoffnung auf (weitere) Erfolge baut sich auf. Entscheidend ist, dass Angst vor Misserfolg nicht die potentiell vorhandene Hoffnung auf Erfolg verschüttet. Keine Angst vor Misserfolg zu haben ist also notwendige Bedingung dafür, dass sich Hoffnung auf Erfolg entwickeln kann. Doch wie kann man Hoffnung auf Erfolg fördern?

Die Antwort der transaktionalen Führung auf diese Frage lautet: Leistungsorientierte Belohnung eignet sich dazu ganz hervorragend, weil Zielerreichung und ganz explizit auch positive Ergebnisse belohnt werden.

Ansporn durch Ziele

Leistungsorientierte Belohnung

„Nur einer hat den ewigen Weisheiten Sepp Herbergers
einen Zaubersatz hinzufügen können – Franz Beckenbauer:
‚Gehts raus und spielts Fußball.'
Mehr kann man nicht sagen; es gibt keine Theorie."

So schrieb der Journalist Norbert Bolz im Mai 2001 in einem Kommentar in der „WELT". Mit dieser Behauptung liegt Herr Bolz, angesichts dessen Namen im Zusammenhang mit Fußballjournalismus die gleich folgende Kritik eigentlich nur schwer aus der Feder fließt, nach unserer Ansicht gleich dreifach falsch:

1. Das Zitat stammt ursprünglich nicht von Franz Beckenbauer.
2. Es gibt sehr wohl eine Theorie, die sich in diesem Zusammenhang anwenden lässt.
3. Aus Sicht dieser Theorie handelt es sich bei dem obigen Zitat nicht etwa um eine Weisheit, sondern um einen Fehlschluss.

Im Folgenden widmen wir uns diesen drei Punkten im Detail.

1. Das Zitat stammt ursprünglich nicht von Franz Beckenbauer.

Punkt 1 der Kritik ist schnell abgehakt. Natürlich hat Beckenbauer seine wackeren Mannen 1990 vor dem Endspiel der Fußballweltmeisterschaft gegen Argentinien mit genau diesen Worten in das Romer Olympiastadion entlassen. Da Deutschland in dem Spiel Weltmeister wurde, bekommen im direkten Vorfeld getroffene Aussagen selbstverständlich schnell eine überhöhte Bedeutung und so ist es wenig verwunderlich, dass Beckenbauer das Zitat gemeinhin zugesprochen wird.

Laut Wolfgang Hars[1] ist dies jedoch falsch, denn bereits Helmut Schön soll Mannschaften gerne mit diesen Worten aus der Kabine entlassen

[1] Wolfgang Hars hat mit „Nullkommafünfzunull: Die wundersamsten Fußballirrtümer und -legenden" (3. Auflage, Scherz 2005) ein großartiges Buch vorgelegt, das wir Ihnen an dieser Stelle nachdrücklich ans Herz legen wollen.

haben. Und da Beckenbauer in der Zeit von 1965 bis 1977 als Nationalspieler unter Bundestrainer Schön auflief, wird er den Ausspruch sicherlich das eine oder andere Mal gehört und später dann in sein eigenes Repertoire übernommen haben. Aber auch Helmut Schön ist nicht der Urheber des Ausspruches. Es handelt sich dabei vielmehr angeblich um Matt Busby, den damaligen Coach von Manchester United, dessen berühmte Busby Babys am 6. Februar 1958 mit einem Flugzeug in München abstürzten. Die Zuordnung zu Busby erscheint plausibel, da einer seiner bekannteren Aussprüche inhaltlich in eine sehr ähnliche Richtung tendiert:

„Es war eine sehr einfache Mannschaftsbesprechung. Alles, was ich sagte, war: ‚Wann immer möglich, gebt George [Best] den Ball.“

Wie und wo Helmut Schön das Zitat von Busby aufschnappen konnte, entzieht sich unserer Kenntnis. Im Rahmen des vorliegenden Buches ist jedoch ohnehin entscheidender, dass wir uns mit dem zweiten Punkt beschäftigen: der fehlenden Theorie.

2. Es gibt sehr wohl eine Theorie, die sich in diesem Zusammenhang anwenden lässt.

Edwin Locke widmete sich Ende der 60er Jahre der Fragestellung, wie sich die Arbeitsleistung durch Ziele beeinflussen lässt. Die Antwort lautete, dass Ziele unter bestimmten Bedingungen einen immensen Einfluss auf die Zielerreichung haben. Hätte die deutsche Nationalmannschaft oder irgendeine andere Mannschaft besser gespielt, wenn andere Ziele gesetzt worden wären? Vielleicht hätte eine Maßgabe wie „Gebt Euer Bestes!“ hervorragend gewirkt und die Spieler zu Höchstleistungen angestachelt. Das ist selbstverständlich durchaus möglich. Wahrscheinlicher ist jedoch nach Herrn Locke, dass die Spieler die Aussage zur Kenntnis genommen, mit den Achseln gezuckt und das Spielfeld betreten haben. Was soll ein Spieler auch anderes tun, als sein Bestes zu geben oder Fußball zu spielen? Sinnvolle Alternativen bieten sich jedenfalls wenige.

Locke kam zu der Schlussfolgerung, dass ein Ziel eine bedeutende Motivationsquelle darstellt, die sich in einer direkt messbaren Leistungssteigerung niederschlägt. Ziele geben einem Mitarbeiter Anhaltspunkte darüber, was genau zu tun ist und wie viel Aufwand zur Zielerreichung noch notwendig ist. Die Bedingungen, unter denen Ziele wirksam sind, untersuchte Locke systematisch. Seine Erkenntnisse wurden in Dutzenden Studien repliziert und zementiert. Nicht umsonst nutzen nahezu alle Unternehmen mittlerweile das direkt auf Locke basierende

Management by Objectives, was nichts anderes als eine spezialisierte, formalisierte Anwendung transaktionaler Führung darstellt.

3. **Aus Sicht dieser Theorie handelt es sich bei dem obigen Zitat nicht etwa um eine Weisheit, sondern um einen Fehlschluss.**

Natürlich wollen wir uns nicht darauf beschränken zu überprüfen, ob eine Theorie auf das Zitat anwendbar ist. Wir sollten stattdessen zusätzlich noch ergründen, welchen Anwendungsnutzen wir daraus ziehen können.

Dafür ist es zunächst erforderlich zu klären, was Motivation ist. Üblicherweise versteht man unter Motivation den Prozess, welcher die Intensität, Richtung und Hartnäckigkeit von Anstrengungen eines Individuums zur Erreichung eines Ziels umfasst. Die drei zentralen Komponenten dieser Definition lauten also Intensität, Richtung und Hartnäckigkeit. Die Intensität beschreibt das Ausmaß, mit dem ein Ziel verfolgt wird. Wenn Leute über Motivation sprechen, meinen sie damit üblicherweise vor allem die Intensität von Anstrengungen. Doch Intensität alleine reicht noch nicht aus, um ein Ziel zu erreichen. Wenn nicht zugleich die richtige Richtung eingeschlagen wird, verpuffen alle Anstrengungen wirkungslos. Es bedarf sowohl in Organisationen als auch im Fußball einer Ordnung und Bahn, welche die aufgewendeten Mühen kanalisiert. Es ist also die Kombination aus Intensität und Richtung, die zielführend ist. Nun fehlt noch die Hartnäckigkeit, mit der das Ziel verfolgt wird. Bisweilen dauert es einfach etwas länger, bis Anstrengungen erfolgreich verlaufen. Motivierte Personen lassen dann nicht so leicht locker. Bricht jemand seine intensiven und zielgerichteten Aktivitäten vor der Zielerreichung ab, mangelte es eventuell nur an der erforderlichen Hartnäckigkeit als einem von drei Grundbestandteilen von Motivation.

Doch was hat das nun mit Herrn Locke oder mit Profifußball zu tun? Ganz einfach: Ziele spornen uns über alle drei Grundbestandteile der Motivation an und helfen uns, unsere Anstrengungen zu fokussieren. Und genau das hat Edwin Locke hergeleitet und empirisch nachgewiesen. Vielleicht ist Ihnen bei einem Seminar oder Workshop schon einmal der Begriff SMART über den Weg gelaufen. Dabei handelt es sich um die Abkürzung für „Specific Measurable Achievable Relevant Timely" (und passenderweise bedeutet „smart", ins Deutsche übersetzt, auch soviel wie „klug" oder „schlau"). Das Konzept dient im Projektmanagement oftmals als Kriterium zur eindeutigen Definition von Zielen. Im Deutschen lautet die Interpretation dann häufig so:

S	Spezifisch	Ziele müssen eindeutig definiert sein.
M	Messbar	Ziele müssen messbar sein.
A	Angemessen	Ziele müssen erreichbar sein.
R	Relevant	Ziele müssen bedeutsam sein.
T	Terminiert	Ziele müssen einen klaren Termin umfassen.

Anhand dieser fünf Bedingungen ist prüfbar, ob Ziele gut formuliert wurden.

Diese Maßgaben lassen sich direkt auf Locke und seine sogenannte Goal-Setting-Theorie zurückführen. Insgesamt ergibt sich daraus ein Leitfaden, wie anspruchsvolle Ziele für Individuen entwickelt, verhandelt und etabliert werden können. Personen mit unklaren Zielen (oder gar ganz ohne Ziele) arbeiten tendenziell langsamer, zeigen reduziertes Interesse und erzielen schlechtere Resultate als Personen mit klaren und anspruchsvollen Zielen.

Doch wie sollten Ziele denn nun genau strukturiert werden? Die Grundlagen des Goal-Setting gehen auf niemand geringeren als Aristoteles und dessen Gedanken zu finaler Kausalität zurück. Locke nahm die Gedanken auf, um zu verstehen, wie Individuen ihre Leistung anhand von Zielen beeinflussen können.

Um Mitarbeiter bestmöglich zu motivieren, sollten nach Locke klare Ziele gesetzt und direkt mit angemessenem Feedback verbunden werden. Dadurch wird eine entscheidende Motivationsquelle erschlossen, um neue Energien freizusetzen und so die Leistung zu steigern. Diese Erkenntnisse wirken nach nunmehr 40 Jahren nicht mehr revolutionär, aber genau darin zeigt sich der erhebliche Einfluss, den die Theorie genommen hat. Der Zusammenhang zwischen der Schwierigkeit und Greifbarkeit von Zielen und dem Grad der Zielerreichung ist mittlerweile fast zum Allgemeinwissen geworden.

Insofern können wir auch den dritten Fehler identifizieren, denn „gib Dein Bestes“ oder eben „gehts raus und spielts Fußball“ sind eben weniger effizient als „bitte führe die Analyse bis heute Mittag durch“ oder im Fußball die Vereinbarung ganz spezifischer Ziele für einzelne Spieler, etwa „du lässt Grafite besonders bei unserem Ballbesitz nicht aus den Augen“ oder „suche bei eigenem Ballbesitz im gegnerischen Strafraum die direkten Zweikämpfe“. Die Ziele dürfen nicht zu leicht sein. Die Aussicht, ein schwieriges Ziel zu erreichen, stellt eine wesentliche Triebfeder für Leistung dar und verschafft beim Erreichen ein hohes Maß an Befriedigung. Die Schwierigkeit und Fassbarkeit von Zielen wurden um drei weitere Aspekte auf die sogenannten fünf Prinzipien des Goal Setting erweitert.

Um sich motivierend und damit leistungssteigernd auszuwirken, müssen Ziele folgenden Kriterien genügen:

1. Fassbarkeit
2. Herausforderung
3. Engagement
4. Feedback
5. Komplexität

Schauen wir uns diese Kriterien im Einzelnen an:

1. Fassbarkeit

Fassbare Ziele sind messbar, eindeutig und verhaltensbezogen. Wenn ein Ziel klar und spezifisch sowie mit einer verbindlichen Zeit für die Erledigung verbunden ist, gibt es weniger Missverständnisse über die Bewertung der Resultate. Wer sich über die Erwartungen im Klaren ist, der kann zudem das spezifische Ziel wunderbar als Motivationsquelle annehmen. Unklare Ziele oder solche, die als generelle Anweisungen formuliert sind, haben nur einen begrenzt motivierenden Effekt.

Wenn im Fußball einem Innenverteidiger die Zielvorgabe „Gewinne Deine Kopfballduelle" mit auf den Weg gegeben wird, handelt es sich dabei um ein weniger spezifisches und damit weniger leistungsförderliches Ziel als: „Du kümmerst Dich heute bei Standardsituationen ausschließlich um Luca Toni und sorgst dafür, dass der mit Sicherheit kein Tor schießt." Bei SMART helfen insbesondere die Komponenten spezifisch, messbar und terminiert, um Ziele fassbar zu formulieren und die Zielerreichung damit wahrscheinlicher zu machen.

2. Herausforderung

Einer der wichtigsten Aspekte von Zielen ist das Anspruchsniveau. Menschen werden häufig durch individuelle Leistung motiviert und beurteilen diese auf der Basis der Bedeutsamkeit des Erreichten. Gerade die sogenannten „High Achiever", also Personen mit einer besonders ausgeprägten Leistungsorientierung, streben aktiv schwierige, aber machbare Ziele an, bei deren Erreichung sie den Erfolg sich selbst zuschreiben können. Außerdem sind mit schwierigen Zielen üblicherweise größere Belohnungen verbunden. Wer erwarten darf, für eine besondere Leistung auch in besonderer Weise belohnt zu werden, wird seinen Enthusiasmus und seine Energie bestärkt sehen. Klaus Allofs drückt diesen Zusammenhang noch ein wenig direkter aus: „Gnadenbrot gibt es nur für Pferde, im Profifußball aber wird dir nichts ge-

Klaus Allofs ist zufrieden: Diego hat in diesem Spiel sein Ziel erreicht.

schenkt. Geld gibt es nur für Leistung." (Siehe auch das Interview mit Klaus Allofs ab Seite 40.)

Allerdings dürfen Ziele auch nicht zu schwierig sein, denn selbst das Erreichen des nahezu Unerreichbaren verschafft wenig persönliche Befriedigung, wenn es als stark von äußeren Umständen beeinflusst wahrgenommen wird. Beispiele hierfür wären etwa: „Das war doch reines Glück!" Oder: „Wenn nicht zufällig die IT-Abteilung eher fertig geworden wäre, hätte ich das nie geschafft." Außerdem besteht bei solchen Zielen eine hohe Gefahr des Scheiterns, und es ist natürlich mittelfristig nicht sonderlich motivierend, wenn Ziele regelmäßig trotz großer Anstrengungen verfehlt werden. Bei aller Herausforderung sollte also der Realismus nicht aus den Augen gelassen werden. Darauf bezieht sich die Angemessenheit eines Ziels von SMART, während die Relevanz eng mit den Belohnungen für die Erreichung anspruchsvoller, herausfordernder Ziele verknüpft ist. Relevante Ziele bringen die Organisation vorwärts und ziehen attraktive Belohnungen nach sich.

3. Engagement

Ziele müssen verstanden und angenommen werden, um effektiv zu wirken. Das klappt erheblich besser, wenn die Mitarbeiter an der Festlegung der Ziele mitwirken. Wer selbst an der Definition von Zielvereinbarungen beteiligt ist, wird eine deutlich gesteigerte Bindung und Verpflichtung diesen Zielen gegenüber empfinden als jemand, dem seine

Ziele von außen und ohne Mitsprache diktiert werden. (Kleine Anmerkung am Rande: Dieser Punkt ist sehr wichtig und nützlich, stammt aber ursprünglich nicht von Locke, sondern wurde in einem späteren Schritt als zusätzlich ergebnisbedeutsam identifiziert und integriert.)

Interview

Klaus Allofs ist seit 1999 Mitglied im Vorstand und Geschäftsführer des Profifußballs von Werder Bremen.

Wir möchten gerne etwas darüber wissen, was Unternehmen vom Profifußball lernen können. Am Anfang steht die Frage: Worin bestehen nach Ihrer Einschätzung die wesentlichen Unterschiede zwischen Ihrem Job und einem ähnlich gelagerten Job in der Wirtschaft, bei typischen Unternehmen des Mittelstands oder Großunternehmen?

Klaus Allofs: Das ist nicht ganz einfach zu beantworten, aber ich glaube, man kann allgemein sagen, dass wir in unserem Job stärker unter Beobachtung stehen. Der Aspekt „Was sagt die Öffentlichkeit dazu, wie ist die öffentliche Wahrnehmung oder Meinung dazu?“ spielt eine große Rolle. Außerdem müssen wir zwar mittelfristig bis langfristig planen, aber auch kurzfristig ein Ergebnis vorweisen. Das beeinflusst natürlich die Entscheidungen, die man zu treffen hat, und ich glaube, das ist der gravierendste Unterschied.

Im Fußball kann man eigentlich keinen richtigen Langzeitplan entwickeln. Da muss man auch auf Ergebnisse kurzfristig reagieren.

Klaus Allofs: Es gibt den Spruch, „dass man mittelfristig plant und kurzfristig entlassen wird“. Aber es geht nicht ohne diese mittelfristige Planung. Wenn man da kein Konzept hat, sondern nur aus der Situation heraus entscheidet, das geht natürlich auch irgendwie, aber man muss die Mittelfristigkeit zumindest mit einfließen lassen. Was im Fußball eine ganz wichtige Sache darstellt, ist die Ungewissheit der Planungsgröße. Das wird es in der Wirtschaft auch in gewisser Weise geben, aber wenn man Aufträge hat, sind die Planungsgrößen in der Regel schon konkreter. Und im Fußball ändert sich die Planung von Saison zu Saison ganz erheblich.

Inwieweit macht es denn die fortschreitende Kommerzialisierung im Fußball nötig, dass Sie auch Marketingstrategien wie die großen Wirtschaftsunternehmen einsetzen, bzw. sich daran orientieren?

Klaus Allofs: Unsere Vereine werden ja nicht mehr so geführt wie vor einigen Jahren. Man hat Marketingabteilungen, man arbeitet Strategien aus und wir versuchen, Verbindungen mit Branchengrößen aufzunehmen, z.B. haben wir jetzt Nike als Partner. Dinge, die in der Wirtschaft, vor allem auch in sportnahen Konzernen, zum Erfolg geführt haben, wollen wir teilweise für uns nutzen, uns daran orientieren, und mit diesen Unternehmen zusammenarbeiten. Da sind Dinge, die in die Strategie mit einfließen müssen, ganz klar.

Es geht in der Zusammenarbeit ja immer mehr auf große Konzerne zu. Bayern zeigt das mit adidas und T mobile. Sehen Sie da im Augenblick die größten Entwicklungspotenziale für den Profifußball?

Klaus Allofs: Wir müssen permanent darauf achten, dass wir konkurrenzfähig bleiben, und das ist natürlich auch immer mit der Suche nach größeren Einnahmen verbunden. Da stößt man irgendwo an Grenzen, etwa was die TV-Gelder betrifft, aber auch die Werbung. Die Möglichkeiten sind insgesamt nicht ausgereizt, aber da gehen die Schritte, die Entwicklung langsamer voran. Deswegen muss man sehen, dass man andere Allianzen schafft.

Bayern hat es mit adidas realisiert, die sogar Anteile an Bayern München haben...

Klaus Allofs: ... aber das kann auch eine Zusammenarbeit sein, wo man die Erfahrung größerer Konzerne für sich nutzt und auf der anderen Seite eben diese Konzerne auch Nutzen von Werder Bremen oder einem anderen Fußballclub haben.

Gut, das sind langfristige Ziele, die man angreift, wenn man über Partner nachdenkt, die Anteile haben. Man muss dabei aber auch die kurzfristigen Ziele im Auge behalten. Ist das eine schwierige Balance? Wie balancieren Sie das?

Klaus Allofs: Es ist so, dass wir uns – wenn wir uns jetzt hier mal rein auf das Finanzielle beschränken – natürlich innerhalb unseres Budgets und innerhalb der bestehenden Verträge bewegen: Das, was wir an Einnahmen sicher haben, das verplanen wir. Darüber hinaus haben wir ein imaginäres Verbesserungspotenzial, das wir mit einfließen lassen können oder wo wir entscheiden müssem, wie weit wir ein Risiko eingehen oder nicht. Entsprechend verhalten wir uns immer so, perspektivisch gesehen unsere Möglichkeiten zu verbessern.

Wenn Sie jetzt mal auf die andere Seite schauen und darüber nachdenken, ob Unternehmen etwas von Ihnen aus dem Bereich Profifußball mit- oder übernehmen können, betrifft das auch die Fähigkeiten eines Fußballmanagers, eines Fußballtrainers. Muss er Fähigkeiten haben, z.B. Mitarbeiter zu motivieren? Kann man das in die Wirtschaft übernehmen?

Klaus Allofs: Das kann man sicher übernehmen. Ich glaube, dass für die Produktivität natürlich die Motivation eine ganz große Rolle spielt. Im Fußball versucht man, darüber das Potenzial auszuschöpfen. So ist es auch in anderen Bereichen der Wirtschaft. In den meisten Fällen wurden ja die Personen sorgfältig ausgesucht, aber in punkto Motivation oder Effektivität liegt Vieles im Argen. Im Fußball kann man mit der vermeintlich schwächeren Mannschaft, die aber motivierter ist oder aus der man mehr oder sogar alles herausholt, erfolgreicher sein als mit einigen Stars. Das, glaube ich, gilt für andere Bereiche auch. Da kann man aus dem Mannschaftssport, aus Fußball, sicher einiges ableiten. Wobei aber zu beachten ist, dass eine Firma mit 1000 Angestellten eine andere Geschichte ist als eine Mannschaft mit 25 Spielern oder Werder Bremen mit derzeit 150 oder 160 Angestellten.

Um es konkret zu machen: Welche Fähigkeiten, welche Qualitäten Ihres Trainers könnten Führungskräfte aus der Wirtschaft auch ganz gut gebrauchen?

Klaus Allofs: Die Arbeit des Trainers liegt ganz speziell im fußballerischen Bereich, und da geht es darum, Tag für Tag den Einzelnen besser zu machen und immer wieder mit ihm zu arbeiten, ihn in seiner individuellen Qualität, aber auch in seiner Rolle in der Gruppe zu verbessern. Das ist eine Sache, die in der Wirtschaft genau so gilt. Man kann jemandem sagen: Du kannst das, so mach deine Arbeit! Aber wenn man sich damit zufrieden gibt, reicht das nach meiner Meinung nicht aus. Ständig daran zu arbeiten ihn zu verbessern, zu motivieren, zu schulen usw., das ist meines Erachtens eine Sache, die übertragbar ist.

Können da auch Seminare helfen oder Vorträge, wie Sie sie z.B. als Fußballmanager in großen Wirtschaftsunternehmen über das Thema Motivation halten?

Klaus Allofs: Hilfreich kann das sein, wobei man immer wieder sehen muss, was umsetzbar ist. Für uns gilt das ja genauso – wenn man mal Dinge aus anderen Bereichen hört, sind diese erst mal interessant und man prüft: Was kann ich für mich gebrauchen und umsetzen? Häufig findet man dann auch etwas. Und so gilt das natürlich in die andere Richtung genau so. Ich glaube, dass viele unserer Erfahrungen für Menschen, die nicht im Sport so tätig waren, wie wir das sind – über viele Jahre mit dieser Belastung und in dieser Intensität, überraschend sind. Und da bin ich mir sicher, dass gerade so ein Austausch, ob das jetzt Seminare sind, Gespräche oder etwas anderes, durchaus hilfreich sein kann.

Was könnten Sie sich da vielleicht abschauen?

Klaus Allofs: Etwa Vorgehensweisen und wie sich diese auf unseren Bereich übertragen lassen. Bringt das etwas, deine Mannschaft, deine Gruppe, eben so anzugehen, so anzupacken? Das betrifft gerade auch den psychologischen Bereich, der über viele Jahre im Fußball eher vernachlässigt worden ist oder, aus der Erfahrung heraus, zufällig mit reingespielt hat. Kannst du da, wo der Fitnessstand des Spielers schon ausgereizt ist, auf anderen Gebieten noch etwas verbessern, wo kann man sich noch weiterentwickeln? Das aus anderen Bereichen zu hören, ist immer wieder interessant.

Das ist ja eher mannschaftsorientiert, aber betrachten wir noch einmal die reine Managementseite: Inwieweit befassen Sie sich mit betriebswirtschaftlichen Konzepten?

Klaus Allofs: Das ist bei mir weniger relevant, weil die einzelnen Geschäftsführer für ihre Bereiche zuständig sind, und dazu gehören bei mir nicht die Finanzen und das Marketing. Aber wir gehen gemeinsam verschiedene Modelle durch und wollen uns natürlich immer weiter entwickeln.

Muss dann nicht der Manager, der gerne mal einen Spieler einkauft, auch sehen, dass meistens der Kompromiss der Vater des Erfolgs ist, wenn der Finanzmann erklärt, das Geld können wir nicht ausgeben?

Klaus Allofs: Natürlich haben wir ein Limit und uns sind Grenzen gesetzt. Da kann ich noch so überzeugt für eine Sache sein, sie ist einfach nicht zu realisieren. Aber meine Aufgabe ist es ja, trotzdem den Spielraum für Risikobereitschaft zu schaffen. Man muss Modelle haben oder das Werkzeug, eben dennoch zu entwickeln: Wie kann ich das Risiko minimieren oder was können wir tun, um das Risiko überschaubar zu machen und diesen Schritt dann zu gehen?

Wenn Sie das jetzt alles zusammenfassen, was denken Sie: Welche Lektionen können Unternehmen vom Profifußball lernen?

Klaus Allofs (lacht): Ja, das ist wieder schwierig. Welche Lektion kann man lernen? Ich glaube, es ist eine Lektion, die die meisten sowieso schon verinnerlicht haben oder zumindest wahrgenommen haben. Aber ob sie umgesetzt wird, das weiß ich nicht. Die Lektion ist, dass man über Zusammenhalt, über Begeisterung, eine Menge schaffen kann. Zu dem Stichwort Motivation heißt das natürlich: Teamfähigkeit entwickeln, jedem seine Verantwortung und Anforderungen zugestehen usw. Damit kann man eine Menge erreichen.

Es gibt alternative Versionen von SMART, welche für die partizipative Entwicklung von Zielen konzipiert wurden, bei denen eben die Mitarbeiter selbst an der Definition der Ziele mitwirken. Darin werden das A für Angemessen und das R für Relevant durch A für Abmachung und R für Realistisch ersetzt. Gemeinsam vereinbarte Ziele führen zu einem erhöhten Engagement.

Das bedeutet übrigens keineswegs, dass alle Ziele zwingend mit den Mitarbeitern verhandelt oder von ihnen abgenickt werden müssen. Vielmehr ist damit gemeint, dass die Ziele konsistent und im Sinne früherer Erwartungen und organisatorischer Besonderheiten formuliert sein müssen. So lange Mitarbeiter die Auffassung teilen, dass ein Ziel sinnvoll und die das Ziel definierende Person glaubhaft ist, reicht das für den zusätzlichen Schub an Engagement aus.

Beim Einsatz von Goal Setting ist es aber noch aus einem anderen Grund sinnvoll, Mitarbeiter in die Entwicklung von Zielen einzubeziehen. Als Führungskraft erhält man so einen sinnvollen Überblick über die Wahrnehmung des Einzelnen. Zudem wird der Mitarbeiter dazu angespornt, sich kritisch mit den eigenen Zielen auseinanderzusetzen, und er erhält außerdem über die Ziele anderer Personen und Abteilungen einen Einblick, was an anderen Orten der Organisation so passiert.

4. Feedback

Ein cleveres Zielvereinbarungssystem beinhaltet zudem Feedback. Feedback gibt nämlich einerseits die Möglichkeit, Erwartungen zu präzisieren, die Schwierigkeit des Ziels anzupassen sowie Anerkennung zu finden und auszusprechen. Andererseits liefert ein Feedbackmechanismus die Möglichkeit, verschiedene Leistungen vergleichbar zu machen und so Mitarbeitern die Möglichkeit zu einer Positionsbestimmung zu geben.

Regelmäßige Treffen, welche den individuellen Fortschritt auf „Teilstrecken" rückmelden, sind besonders dann relevant, wenn es um ein Langzeitziel geht. In solchen Fällen ist es sinnvoll, das große Paket in kleinere Einheiten herunterzubrechen und das Feedback entsprechend anzupassen. Im Projektmanagement wird das Ende einer solchen Einheit üblicherweise Meilenstein oder bei feinerer Granulierung auch Mikromeilenstein genannt. Überdies stellt das Projektmanagement eine große Palette verschiedener Techniken zur Verfügung, um Meilensteinergebnisse zu verfolgen (z.B. über Netzpläne, Gantt-Diagramme oder Projektstrukturpläne). Besonders im IT-Bereich ist es zudem oftmals notwendig, die Meilensteine unterwegs neu auszurichten, und so ist es wenig verwunderlich, dass entsprechende Steuerungstechniken wie z.B. die Meilensteintrendanalyse dort besonders häufig verwendet werden. Die Messbarkeit ist vor allem deshalb als Kriterium in SMART enthalten, um Feedback zu ermöglichen und konkret gestalten zu können.

Wichtig und noch fundamentaler bei der formalen Gestaltung von Zielen und Feedback ist jedoch die zwischenmenschliche Komponente. Zielvereinbarungen können technisch noch so ausgereift, konkret, messbar, spezifisch, herausfordernd, terminiert, angemessen und relevant sein: Wenn der Chef nicht imstande ist, seinen Mitarbeitern ein kompetentes und konstruktives Feedback angedeihen zu lassen, laufen selbst die besten Goal-Setting-Programme schnell ins Leere. Ein abschreckendes Beispiel sowie weitere diesbezügliche Anmerkungen finden sich im Exkurs „Feedback geben und empfangen".

Exkurs

Feedback geben und empfangen

Gönnen wir uns zum Einstieg in das Thema ein Zitat aus der Praxis. Es stammt aus einer realen Diskussion über unterschiedliche Herangehensweisen bei der Äußerung von Kritik und vergleicht Amerikaner mit Deutschen:

„Hast Du noch nie erlebt, wie zimperlich und mimosenhaft Amis bei normal geäußerter, deutscher Kritik reagieren?

Ich kenne das ja aus dem IT-Umfeld zur Genüge. Einem deutschen Ingenieur bei einem großen süddeutschen Autobauer sagt man, dass etwas mit seiner Modellierung nicht stimmt, und er nimmt das zur Kenntnis, beseitigt den Fehler, weil er ja ein verdammt gutes Auto bauen möchte. Ein Amerikaner mit einem Bachelor in – vermutlich – Football, Nebenfach Baseball, dem man klar nachweist, dass sein Modell einen ganz grundsätzlichen Fehler, einen echten „Showstopper", aufweist, reagiert angepisst, er zieht das Ganze auf die persönliche Ebene, plärrt bei seinen Vorgesetzten rum, die das ganze wiederum eskalieren zu den hiesigen Management-Ebenen – und schon ist Ärger überall da.

Bei so etwas lernt man im Umgang mit Amis schnell, diese wie kleine, psychisch instabile Kinder zu behandeln, da sie sonst sich aus ihrer rosa-hellblauen Wohlfühlgeborgenheit jäh herausgerissen fühlen und einem das dann krumm nehmen.

Ein Glück jedenfalls, dass man hierzulande auf die klare deutsche Art Scheiße auch mal als Scheiße bezeichnen darf. Das kürzt nämlich endlose Nachfragereien und Missverständnisse hinsichtlich der Kritikalität der angesprochenen Punkte außerordentlich ab."

Die Ansicht, dass (vor allem) echte Männer selbst hart geäußerte Kritik durchaus vertragen können und dass freundlich geäußerte Kritik hinterhältig und feige sei und im Grunde nur aus getarnten Ohrfeigen bestehe, ist auch heute noch erstaunlich verbreitet. Auch im Fußball gibt es eine ganze Reihe von Personen, die sich dieser Tradition dem Anschein nach ebenfalls verpflichtet fühlen. So kam einem Matthias Sammer beispielsweise bis vor wenigen Jahren nur äußerst schwer ein Lob über die Lippen, aber seine Kritik fiel häufig drastisch und bisweilen vernichtend aus. Dass sich diese Verteilung von Lob und Tadel im Laufe der letzten Jahre gewandelt hat, ist Ausdruck eines bemerkenswerten Lernprozesses, den zu erleichtern Ziel dieses Exkurses ist. Auch Werner Lorant verfasste seine im Jahr 1998 erschienene Autobiographie „Eine beinharte Story" sicherlich nicht zuallererst mit dem Ziel, einen Leitfaden funktionaler Kommunikation zu präsentieren. Ob schließlich Berti Vogts mit diesem Ausspruch auf ein verantwortlicheres Kommunikationsverhalten hinweisen wollte, darf sicherlich bezweifelt werden: „Hass gehört nicht ins Stadion. Solche Gefühle soll man gemeinsam mit seiner Frau daheim im Wohnzimmer ausleben."

Aber wie funktioniert denn nun „effektives Feedback“? Wenn man mal ein wenig Dampf ablassen möchte, um seine schlechte Laune loszuwerden und sich nicht um die Konsequenzen seines Handelns kümmern muss oder möchte, sind die folgenden Hinweise natürlich vollkommen nutzlos. Wer jedoch ein Feedback geben möchte, welches dem Zweck dient, zukünftiges Handeln des Gegenübers zu verändern (aus der eigenen Sicht verbessern), der sollte gewisse Spielregeln einhalten.

Feedback ist nämlich nur unter bestimmten Bedingungen im letztgenannten Sinne effektiv. Dazu gehört erstens, dass sich Feedback auf tatsächlich beobachtetes Verhalten und nicht auf die Person selbst bezieht. Zweitens sollte Feedback rein beschreibend bleiben und nicht auf eine interpretative oder gar wertende Ebene wechseln. Drittens sollte Feedback möglichst umgehend auf das Verhalten folgen. Viertens sollte der Empfänger etwas mit dem Feedback anfangen können. Ein Ratschlag oder Verbesserungsschlag, der nicht umsetzbar ist, hilft niemandem weiter. Und fünftens sollte das Feedback auf eine Weise formuliert werden, die den Empfänger dazu einlädt, auf die genannten Punkte auch tatsächlich einzugehen.

Genau diese Punkte haben sich in der Praxis bewährt und werden üblicherweise in Form sogenannter Feedbackregeln festgehalten. Wenn Sie schon einmal ein Kommunikations- oder Führungstraining besucht haben, mögen Ihnen die folgenden Punkte eventuell unter dem Namen „Feedbackregeln“ bekannt vorkommen.

- **Bitten Sie Ihr Gegenüber zuerst freundlich um dessen Sicht der Dinge!**

  Mit anderen Worten: Bevor Sie die eigenen Weisheiten bezüglich eines Verhaltens oder einer Situation weitergeben, sollten Sie zunächst herausfinden, wie die Einschätzung Ihres Gegenübers lautet. „Wie ist es gelaufen?“ oder „Was war Dein Eindruck?“ wären ein guter Beginn. Dadurch erhalten Sie erstens wertvolle Einblicke in die Perspektive der anderen Person. Außerdem können Sie gemeinsam geteilte Wahrnehmungen aufnehmen und um Ihre Sicht erweitern sowie etwaige Missverständnisse bezüglich des Diskussions- und Feedbackthemas vermeiden. Schließlich ist Ihr Gegenüber außerdem dazu gezwungen, sich noch einmal mit dem eigenen Verhalten oder der Situation auseinanderzusetzen, derentwegen nun Ihr Feedback folgen wird.

- **Geben Sie Feedback mit Ich-Botschaften**

  Vermeiden Sie Beschreibungen, die mit „Du“ anfangen, denn sie können leicht als anklagend oder wertend wahrgenommen werden. Wenn Sie Ihre Sätze stattdessen mit „Ich hatte den Eindruck“ oder „Meiner Ansicht nach“ einleiten, machen Sie direkt klar, dass es sich dabei um Ihre Meinung handelt und Sie keinerlei Anspruch auf Allgemeingültigkeit erheben. Handelt es sich um ein Mitarbeitergespräch, so ist Ihr Feedback sicher die maßgebliche Sicht der Dinge, und das ist Ihrem Gegenüber aller Wahrscheinlichkeit nach wohl bewusst. Trotzdem ist es wichtig, dass Sie keinen Absolutheitsanspruch erwecken, der zu Widerspruch anregt. Wollen Sie mit Ihrem Feedback also konstruktiv zu einer Verhaltensänderung anregen, sollten Sie sich nach Möglichkeit an diese Faustregel halten.

- **Fangen Sie mit positiven Aspekten an und geben Sie balanciertes Feedback**

  Effektives Feedback sollte einigermaßen balanciert sein. Deutschland hat im Vergleich zu anderen Ländern eine lange und ausgeprägte Tradition der direkten Ansprache. Das ist erst einmal auch gar nichts Schlechtes, sondern nur ein interkultureller Unterschied.

  Wer übrigens mal die Kommentatoren von Fußballspielen zwischen den verschiedenen Ländern vergleicht, weiß, wovon hier die Rede ist! Wenn in Großbritannien ein Tor fällt, könnte sich das etwa so anhören: „Giggs hat den Ball und treibt ihn kraftvoll die Außenlinie entlang. Was für eine Dynamik. Elegant umkurvt er Lahm und bringt die Flanke in die Mitte. Wunderbarer Ball! Dort steht Rooney frei, Direktabnahme, TOOOORRRR! Was für ein unfassbarer Kracher!!!" Die gleiche Situation in Deutschland würde eventuell so klingen: „Ribery bekommt an der Außenlinie den Ball. Weit und breit ist kein Verteidiger zu sehen. Endlich kommt Neville auf den Flügel, doch Ribery lässt ihn ganz alt aussehen und umkurvt ihn wie eine Fahnenstange. Dann die Flanke, doch wer ist denn da bei Klose? Weit und breit ist kein Innenverteidiger zu sehen, Klose nutzt den Raum für eine Direktabnahme, Tor! Das hat er ordentlich gemacht, aber wo bitte war die Innenverteidigung?"

  Es fällt immer leichter, die negativen Facetten und Fehler zu sehen. Termine platzen, das Kostenbudget wird überschritten, ein Kundengespräch klappt nicht, der Webauftritt ist nicht an alle Browser angepasst. Schwieriger ist es oftmals, das Positive zu sehen und aktiv anzuerkennen. Es ist nämlich keineswegs selbstverständlich, dass etwas klappt. Und das zu berücksichtigen, ist auch beim Feedback wichtig. Nehmen Sie sich die Zeit und achten Sie insbesondere auf die positiven Aspekte von Verhalten oder Leistung. Erst dann sollten Sie sich den negativen Punkten widmen, die ohnehin stärker im Gedächtnis haften bleiben. Vielen Führungskräften fällt es erheblich schwerer, Positives zu loben als Negatives zu sanktionieren.

  Um effektiv Kritik üben zu können, müssen Sie lernen, balanciertes Feedback zu geben. Wer sich zu stark auf das Negative fokussiert, wird zuallererst eine Defensivreaktion und Abblocken hervorrufen und das bringt niemanden weiter, denn die andere Person macht dann „dicht". Sie nimmt keine weitere Kritik an, kanzelt das Feedback als „irrelevant" oder „ungerechtfertigt" ab oder hört nur noch halbherzig zu. Wenn Sie andererseits mit den positiven Aspekten beginnen, werden Sie beim Diskutieren der negativen Punkte eine erheblich offenere Reaktion erhalten. Ihr

Gegenüber nimmt dann weniger schnell an, dass Sie nur ein wenig Dampf ablassen wollen. Stattdessen werden Sie in Ihrem Urteil eher als fair und balanciert wahrgenommen, selbst wenn insgesamt die negativen Aspekte überwiegen.

- **Bleiben Sie mit Ihrem Feedback konkret!**

  Dokumentieren Sie das Verhalten, auf welches Sie sich beziehen, mit ganz konkreten Beispielen. Hören Sie also nicht damit auf, dass Sie Ihrem Gegenüber mitteilen, seine Einstellung sei unzureichend. Falls doch, sollten Sie sich besser auf die folgende Schlammschlacht oder Besserwisserei einstellen. Niemand gewinnt in einem solchen Szenario. Konzentrieren Sie sich lieber auf ganz konkretes Verhalten, gefallene Wörter oder Sätze und Körpersprache und verdeutlichen Sie daran Ihre Wahrnehmung. Je mehr Details Sie dabei liefern, desto besser können Sie den Punkt, der Sie eigentlich interessiert, rüberbringen. Und belassen Sie es im Falle von Kritik nicht damit, sondern liefern Sie direkt einen ebenso konkreten Verbesserungsvorschlag für die gleiche Situation oder das gleiche Verhalten, welches Sie für angemessener und besser halten. Bleiben Sie also nicht in der Vergangenheit, sondern richten Sie den Blick direkt nach vorne auf zukünftiges Verhalten. Denn darum geht es Ihnen ja vermutlich eigentlich. Den Fehler aus der Vergangenheit können Sie schließlich nicht mehr ändern. Das Auftreten des gleichen Fehlers in der Zukunft gilt es jedoch zu vermeiden – und dazu dient Ihr Feedback.

Natürlich sind solche Feedbackregeln nicht der Weisheit letzter Schluss. Sie sind vermutlich auch nicht in jedem Fall sinnvoll und bisweilen sogar sehr schwierig einzuhalten. Nehmen wir beispielsweise ein Spiel von Hertha BSC aus dem Jahr 2008. Hertha spielte 2:2 gegen Wolfsburg, Torjäger Marko Pantelić verschoss einen Elfmeter. Dazu muss man wissen, dass Pantelic die drei (!) vorhergehenden Elfmeter vergeben, von Trainer Favre ausdrückliches Elfmeterverbot erhalten hatte und überdies beim Antreten zum Elfmeter noch den recht massiven Widerstand seines Teamkollegen Cicero, der eigentlich als Schütze für den Elfmeter vorgesehen war, ziemlich rüde überwand. Vielleicht hat sich Trainer Lucien Favre nach dem Spiel sogar die Zeit und Muße genommen, um seinen exzentrischen Torjäger zu fragen, was ihn zum erneuten Antreten beim Elfmeter bewog.

Aber obwohl ihm irgendwelche Feedbackregeln in diesem Fall vermutlich herzlich egal gewesen sein dürften, wird er dennoch zumindest versucht haben, sich in seinem Zorn soweit zu zügeln, dass das Tischtuch mit dem stolzen Serben nicht vollends zerschnitten wurde. Favre war zwar noch nie ein Freund des Serben, denn dieser passte weder spielerisch noch menschlich in das Konzept des Trainers. Ein offener Bruch wäre aber vollkommen kontraproduktiv und im Endeffekt im Interesse von keinem der Beteiligten gewesen. Dennoch bleibt anzunehmen, dass Favre seinem Stürmer liebend gern und in aller Deutlichkeit die Meinung gegeigt hätte und sicherlich in der Kommunikation deutlicher und schärfer war, als es für ihn ansonsten üblich ist.

Dennoch hat er den offenen Bruch vermieden. Einerseits brauchte er die unbestrittenen Qualitäten von Pantelić noch für enge Spiele, zumal zu diesem Zeitpunkt mit Mohamed Chermiti, Lúcio Carlos und Łukasz Piszczek gleich drei Offensivkräfte ausfielen. Außerdem hätte ein solcher Bruch nur den Marktwert in zukünftigen Transferverhandlungen gesenkt, da Hertha zum Handeln gezwungen gewesen wäre. Selbst in diesem extremen Beispiel wäre also im Feedbackgespräch die naheliegendere Reaktion, nämlich das rücksichtslose Zusammenstauchen von Pantelić, keineswegs die bessere Strategie gewesen. Ganz im Sinne der transaktionalen Führung muss zwar selbstverständlich auf diese offene Missachtung der aufgestellten Regeln eine Sanktion erfolgen und das war in diesem Beispiel der Fall, denn Pantelić hatte fortan seinen vormals unantastbar gewähnten Stammplatz verloren. Die Feedbackregeln jedoch verhindern, dass aus einem solchen Fall ein Riesenproblem für den ganzen Verein wird, welches sich um verletzte Eitelkeiten, persönliche Animositäten sowie die Machtverhältnisse dreht und gerade von der Boulevardpresse mit Sicherheit äußerst dankbar aufgenommen worden wäre.

Eventuell hat Favre auch nur auf Klaus Augenthaler gehört. Der kam nämlich etwas zerknirscht zu einer ähnlichen Erkenntnis: „Spieler sind wie kleine Kinder. Wenn ich meiner Tochter fünfmal etwas sage und sie macht es nicht, kann ich sie auch nicht ins Heim stecken."

5. Komplexität

Der letzte Faktor im Goal Setting umfasst zwei weitere erfolgsbedeutsame Bedingungen. Bei einfachen Aufgaben führt ein anspruchsvolles Ziel direkt zu einer höheren Leistung. Bei besonders komplexen Aufgaben hingegen sollte besondere Sorgfalt auf die vereinbarten Ziele verwendet werden. Ansonsten besteht schnell die Gefahr, dass die Arbeit überwältigend und damit unbewältigbar erscheint. Personen, die in einem anspruchsvollen Arbeitsumfeld mit entsprechend komplexen Aufgaben tätig sind, verfügen häufig bereits über ein hohes Maß an Eigenmotivation. In diesen Fällen besteht eher die Gefahr, dass die Personen sich zu stark selbst unter Druck setzen. Insofern muss bei der Zielklärung zunächst darauf geachtet werden, dass das Ziel wie oben erwähnt in sinnvolle Meilensteine unterteilt wird. Ebenso wichtig ist jedoch, dass der Person genügend Zeit zur Zielerreichung gewährt wird und insbesondere auch Lernprozesse berücksichtigt werden, wie sie bei komplexen Aufgaben häufig unabdingbar sind.

Es geht in Summe beim Goal Setting um nichts anderes als um eine strukturierte Anleitung zur Verbesserung der Arbeitsleistung, denn Ziele sind nachgewiesenermaßen ein ungemein wichtiger Schlüssel zum Erfolg. Mit klaren, herausfordernden Zielen, die man teilt, sowie einem direkten Feedback bezüglich der Zielerreichung und unter Berücksichtigung der Komplexität lassen sich viele Aufgaben erheblich leichter bewerkstelligen.

Dabei ist die leistungsorientierte Belohnung erheblich erfolgsfördernder als das aktive bzw. passive Beobachten und sollte entsprechend häufiger eingesetzt werden.

Aktives und passives Beobachten umfasst vor allem Sanktionen und Strafmaßnahmen bei tatsächlicher oder drohender Nichterreichung von Zielen. Allerdings handelt es sich dabei um ein zweischneidiges Schwert, da bei Bestrafungen das Selbstvertrauen und dadurch die Arbeitsleistung leiden. Außerdem erzeugt diese Führungstechnik Angst vor Misserfolg und sie ist für das Unternehmen durch Absicherungs- und Schweigetendenzen im Hinblick auf die organisationale Effizienz und Innovativität kontraproduktiv.

Leistungsorientierte Belohnung hingegen erkennt Zielerreichung positiv an. Ziele sind dabei umso wirksamer, je mehr sie SMART entwickelt wurden. Sie mögen nun vielleicht einwenden, dass diese genannten Prinzipien allesamt Bestandteile klassischer Managementmethoden sind und nur schwerlich modern genannt werden können. Recht haben Sie. Modern wird der Ansatz der transaktionalen Führung vor allem durch die Verbindung zur sogenannten transformationalen Führung. Stellt die transaktionale Führung die notwendige Bedingung für erfolgreiche Ergebnisse dar, so verhilft erst die transformationale Führung zum tatsächlichen Durchbruch.

Profis brauchen Druck, meint Christoph Daum – hier treibt er sie von der Seitenlinie aus an.

Es war vielleicht die Erfolgsbedeutsamkeit transaktionaler Führung, die Christoph Daum zu folgendem Zitat veranlasste:

„Profifußballer reagieren zum überwiegenden Teil auf Druck. Die sogenannten verantwortungsvollen Profis, von denen wir immer wieder sprechen, die gibt es gar nicht so häufig. Wenn Du einen hast, das ist gut. Wenn Du zwei hast, sei glücklich, wenn Du drei hast, wirst Du Meister."

Dass die Vermutung, die meisten der Profifußballer würden auf Druck reagieren, fachlich kaum haltbar ist, werden wir übrigens später noch feststellen, wenn wir über individuelle Unterstützung im Zusammenhang der transformationalen Führung sprechen.

Unterlassene Hilfeleistung

Laissez-faire-Führung

Gegenüber den beschriebenen Komponenten transaktionaler Führung existiert für Führungskräfte immer auch die Option, einfach nichts zu tun und die Mitarbeiter sich selbst zu überlassen, und damit die sogenannte „Laissez-faire-Führung" zu praktizieren. Jedoch ist Laissez-faire-Führung in hoher Form erfolgsmindernd und insofern sollte man von einer Verwendung dieses Stils absehen.

Ein häufig im Zuge von Diskussionen über den Laissez-faire-Stil auftretendes Missverständnis bezieht sich auf eine bewusste „lange Leine", welche die Führungskraft den Mitarbeitern gewährt. So überließ es beispielsweise der damalige Dortmunder Trainer Thomas Doll seinem Spieler Mladen Petrić, zu entscheiden, ob er einen Tag vor einem wichtigen Spiel in der Schweiz heiraten dürfe. Doll tat dies ganz bewusst, da sich Petrić mit seinen Leistungen in der Vergangenheit große Verdienste erworben hatte und durch diese Maßnahme im Sinne leistungsbedingter Belohnung Anerkennung, aber auch Vertrauen vonseiten Dolls ausgedrückt werden sollten.

Auch Jürgen Klinsmann ließ es beispielsweise seinen Nationalspielern im Unterschied zu seinen Vorgängern als Nationaltrainer offen, bei Bedarf auch mal der Enge des Hotels zu entfliehen und für sich zu entscheiden, ob nicht vielleicht, getarnt mit Baseballmütze, ein Besuch des Potsdamer Platzes eher für die nötige Lockerheit sorgt als das eventuell als zu beengend empfundene Hotel. Die Spieler sollten das Gefühl haben, dass sie sich vor den Trainern selbst in der heißen Phase der Vorbereitung nicht für Freizeitaktivitäten rechtfertigen müssen und ihnen der für die optimale Konzentration und Regeneration benötigte Freiraum gewährt wird. Entsprechend wählte Klinsmann bewusst mit einem Berliner Hotel einen Ort, an dem den Spielern eine erheblich größere Palette an Aktivitäten offenstand, als das zu früheren Gelegenheiten bei der Nationalmannschaft der Fall war, und gab ihnen zudem während der Turnierphase einmal 30 Stunden am Stück komplett frei.

Dies alles sind bewusste Entscheidungen der genannten Trainer, um Spielern im Sinne der noch später im Kapitel diskutierten transformationalen Führung individuell nutzbare Freiräume zu gewähren oder sie für vergangene Leistungen im Sinne der transaktionalen Führung zu belohnen.

Im Gegensatz dazu würde ein Trainer, der sich um solche Aspekte schlicht nicht kümmert und allen Spielern „einfach so" eine lange Leine lässt, die Kriterien des Laissez-faire erfüllen. Die Resultate solchen Führungsverhaltens (bzw. dessen Abwesenheit) sind vernichtend. In der betriebswirtschaftlichen Praxis besteht ein erheblicher Zusammenhang zu ausbleibendem Erfolg. Kurzum: je mehr Laissez-faire, desto schlechter die Ergebnisse.

Bei den von uns beobachteten Proficlubs und -trainern kam Laissez-faire übrigens nicht oder kaum vor. In der Wirtschaft stellt sich die Sachlage jedoch etwas anders dar; deshalb erwähnen wir das Thema an dieser Stelle überhaupt explizit. Manche, insbesondere junge Führungskräfte sind sich häufig noch unsicher hinsichtlich der ihnen zur Verfügung stehenden Handlungsoptionen und machen dann erst einmal lieber gar nichts. Ähnliches gilt auch für extern neu in ein Unternehmen einsteigende Führungskräfte, die im Zuge einer anfänglichen Beobachterposition zunächst einmal „nichts" unternehmen und später Schwierigkeiten haben, ihre Führungsfunktion wieder auszufüllen. In solchen Konstellationen liegen aber große Gefahren aufgrund der Dysfunktionalität, der Unangemessenheit, des Laissez-faire-Stils.

Zumindest intuitiv ist diese Dysfunktionalität übrigens ganz augenscheinlich wohlbekannt. So fallen beispielsweise Reaktionen auf das Gewähren von Freiräumen gemeinhin sehr kritisch aus. Auch die oben genannten Entscheidungen von Doll und Klinsmann trafen ebenfalls keineswegs auf ungeteilte Zustimmung. Ebenso wie sich die Lokalpresse über Doll heftig echauffierte, wiesen bei Klinsmann Kommentatoren nachdrücklich auf die Notwendigkeit hin, dass Nationalspieler bei der WM im eigenen Land nicht an einer solch „langen Leine" geführt werden sollten, und in vielen Medien wurde gefordert, die Spieler stärker zu beschneiden.

Vielleicht hätten Klinsmann und Doll mit einem Hinweis auf den Kaiser elegant kontern können. Der nämlich fühlte sich 1974 in der Fußballschule Malente so eingeengt, dass er sich wie ein Einbrecher durchs Fenster hinaus- und wieder hereinschleichen musste. Die zugehörige Legende

Thomas Doll musste mehrfach erfahren, dass die Öffentlichkeit nicht alle seiner Entscheidungen trägt.

berichtet, er habe damals mehr als nur ein Rendezvous mit der Schauspielerin Heidi Brühl erlebt. Durch das diskrete Schweigen aller Beteiligten kann diese Vermutung jedoch bis heute weder bestätigt noch widerlegt werden.

Während die transaktionale Strategie also eher von außen auf den Mitarbeiter einwirkt, ganz im Sinne von Daum beispielsweise durch den über Belohnungen und Sanktionierungen erzeugten Druck, und von der Laissez-faire-Führung generell abzusehen ist, richten sich transformationale Strategien nach innen und sprechen die Emotionen an. Doch was umfassen diese Strategien genau? Wo werden sie im Fußball eingesetzt? Und wie lassen sich diese Erkenntnisse für Führungskräfte nutzen? Dieser Frage widmen wir uns im Folgenden.

Der ganzheitliche Ansatz

Transformationale Führung

Man könnte vielleicht etwas verkürzend festhalten, dass sich die transaktionale Führung auf rationale, die transformationale Führung hingegen auf emotionale Komponenten beschränkt. Denn darum handelt es sich bei der transformationalen Führung im Wesentlichen: die emotionale Ansprache der Mitarbeiter. Schaut man sich die Ergebnisse aus hunderten Unternehmen an, so lässt sich bezüglich des Erfolgs von Führungskräften festhalten:

Die Laissez-faire-Führung wirkt sich negativ aus, passives und aktives Beobachten mäßig positiv und leistungsorientierte Belohnung hängt positiv mit Erfolg zusammen. Die transformationale Führung aber beeinflusst den Erfolg ungleich stärker und stellt mit überzeugender Eindeutigkeit den Königsweg der Führung dar.

Erfolgreiche Führungskräfte wirken demzufolge meistens transformational, gelegentlich transaktional und nur äußerst selten oder nie im Sinne des Laissez-faire. Franz Müntefering fasst diesen Spagat mit seinem geflügelten Wort geradezu prototypisch zusammen: „Besser heißes Herz und klare Kante, als Hose voll!" Und so ist es. Neben der gelegentlichen klaren Kante transaktionaler Führung und der vollen Hose eines Laissez-faire-Stils benötigt nicht nur die politische, sondern auch die wirtschaftliche Führung zwingend ein heißes Herz. Genau das bildet die transformationale Führung ab; sie gibt uns einen Leitfaden, was dabei zu beachten ist.

Der Mann macht einfach Spaß, Jürgen Klopp ist immer mit „heißem Herz" dabei.

Auch der Schwenk zum Fußball fällt sehr leicht. Mit Trainern wie Jürgen Klopp, Thomas Doll oder Bruno Labbadia traten im Laufe der letzten Jahre Personen ins Rampenlicht, die das heiße Herz in besonderer Weise ansprechen. Niemand hat jedoch dieses Konzept im Profifußball bislang besser erfasst und umgesetzt als Jürgen Klinsmann im Zusammenhang mit der WM 2006. Insofern werden wir uns im Laufe dieses Kapitels stark an die Fallstudie Klinsmanns im Rahmen der WM 2006 halten.

Aber, werden Sie nun vielleicht einwenden, wenn Klinsmann eine so großartige Führungskraft ist, weshalb scheiterte er dann bei Bayern München derartig kläglich? Die Antwort besteht aus drei Komponenten, die nicht ganz zufällig mit den drei noch folgenden Kapiteln dieses Buches zusammenhängen. Denn auch wenn Klinsmann bei den Bayern ebenfalls nach den Prinzipien transformationaler Führung vorging, ist das alleine für den Erfolg nicht ausreichend. Es fehlen noch Management, Struktur und Kultur.

Erstens mangelte es Klinsmann an Managementkompetenzen. Diese wurden ihm bei der Nationalmannschaft in weiten Teilen von Jogi Löw kongenial abgenommen, aber bei Bayern konnte auch und insbesondere sein Co-Trainer Martin Vasquez diese Funktionen nie gleichwertig ausfüllen. Oder, um es mit den Worten von Klinsmanns Intimfeind Lothar Matthäus nach Bekanntgabe der spektakulären, neuen Personalie bei den Bayern auszudrücken: „Ich bin gespannt, wer für den Teamchef Klinsmann die Trainingsarbeit machen wird. Ganz wichtig ist, dass Jürgen noch mal das Glück hat wie bei der Nationalmannschaft mit Jogi Löw." Wir werden in Kapitel 2 noch detaillierter sehen, welche Rollen eines Managers Jürgen Klinsmann nur unzureichend auszufüllen imstande war.

Zweitens war Klinsmanns Strategie zu langfristig ausgerichtet. Es herrschte ein eklatanter Mangel an kurzfristiger Reaktionsschnelligkeit und -fähigkeit. In Kapitel 3 werden wir feststellen, dass neben einer langfristigen, auf Flexibilität ausgerichteten Strategie („Exploration") parallel auch das Gegenteil notwendig ist, nämlich kurzfristige, die Stabilität stützende Maßnahmen („Exploitation"). In der Wissenschaft bedient man sich zur Beschreibung dieser Balance übrigens eines Wortes aus dem Sport: Beidhändigkeit! Zu wenig Exploitation wie im Falle Klinsmann führen im Fußball zu nicht erreichten Meisterschaften und in der Wirtschaft zu Umsatz- und Gewinneinbrüchen. Außerdem werden wir in Kapitel 3 sehen, dass Klinsmann – im Gegensatz zu seinem Wirken bei der Nationalmannschaft – bei den Bayern grundlegende Regeln erfolgreichen Veränderungsmanagements missachtete.

Und schließlich passte Klinsmann drittens nicht zu den Bayern. Die sich aus diesem Umstand ergebenden Konsequenzen hat er schlicht unterschätzt. Waren nicht auch Sie überrascht, dass Klinsmann bei den Bayern anheuert? Hatten nicht auch Sie den Eindruck, dass es nicht „passt"? Unternehmen benötigen an der Spitze Individuen, welche die spezifische Kultur in prototypischer Weise repräsentieren. Nur dann werden sie von innen und außen angenommen. Wir werden in Kapitel 4 noch genauer über eine solche Prototypikalität sprechen und ergründen, weshalb Klinsmann im Gegensatz zu Hoeneß, Beckenbauer und Rummenigge einfach nicht für die Kultur von Bayern München steht und in der Folge „abgestoßen“ wurde.

Insofern wird uns Jürgen Klinsmann im Laufe dieses Buch durch seine Erfolge, aber auch durch sein Scheitern immer wieder begegnen. Beginnen werden wir dabei mit dem größten Spotlight von Jürgen Klinsmann in diesem Buch, welches gleichsam auch seine große Stärke ist: transformationale Führung.

Generell wird dieses Konzept mittlerweile nicht mehr nur in der Scientific Community, sondern auch von Unternehmen zunehmend als Möglichkeit gesehen, mehrere Ziele bezüglich der Führung von Mitarbeitern und Teams gleichzeitig zu erreichen und damit eine Passung zwischen den Zielen der Organisation und den Bedürfnissen der Mitarbeiter herzustellen. Dies ist aufgrund der nun folgenden Faktenlage schnell nachvollziehbar: In der betriebswirtschaftlichen Fachliteratur hat der Zusammenhang zwischen transformationaler Führung und der resultierenden Leistung (z.B. individuelle Performance, finanzielles Ergebnis oder Innovativität) in den letzten Jahren eine gigantische Aufmerksamkeit erhalten. Die Resultate sind dabei ebenso verblüffend wie eindeutig:

Transformational Führende tragen einen erheblichen Teil zum Erfolg bei. Je stärker eine Führungskraft transformational führt, desto besser ist das Ergebnis. Mit anderen Worten: Während transaktionale Führung zu guten Leistungen führt, fördert transformationale Führung herausragende Ergebnisse.

Das ist doch eine Aussage, mit der sich arbeiten lässt. Doch woraus besteht denn dieser Ansatz nun eigentlich genau?

Das Entscheidende an transformationaler Führung ist der Anspruch, den Geführten als komplexen und ganzen Menschen anzusehen, der neben dem Streben nach Sicherheit und angemessener Bezahlung auch weiter gehende Bedürfnisse hat. Das hört sich zugegebenermaßen eher banal an, aber gedulden Sie sich ein wenig, denn wir versuchen, diese Aussage im Folgenden mit Substanz zu füllen.

Vielleicht sind Ihnen zu den Themen Motivation und Organisationskultur bereits einmal die Herren Maslow und Schein über den Weg gelaufen, die Ende der 60er bzw. Anfang der 70er Jahre unabhängig voneinander die Bedeutung der „Selbstverwirklichung“ für wirtschaftliche Zusammenhänge entdeckten. Sie wiesen nach, dass erst die Berücksichtigung und Befriedigung aller wichtigen Bedürfnisse von Mitarbeitern das Ausschöpfen des vollen Leistungspotentials ermöglicht. Während die transaktionale Führung also im Sinne von Maslow eher die Grundbedürfnisse des Menschen nach Sicherheit und Versorgung anspricht, richtet sich die transformationale Führung vor allem an die Bedürfnisse nach emotionaler Geborgenheit, hohem Selbstwert und dem Wunsch nach Selbstverwirklichung.

Während andere Führungsstile (z.B. transaktionale Führung) auf Belohnungen und Bestrafungen sowie der Ausübung von Positionsmacht und Kontrolle basieren (oder – wie im Falle des Laissez-faire – keine Führung im engeren Sinne darstellen), liegen die Besonderheiten der transformationalen Führung einerseits in der emotionalen Bindung, die sie zwischen Führendem und Geführtem herstellt, und andererseits in den sozialen Prozessen der Identifikation und Eigenmotivierung, mittels derer die Führungskraft auf ihre Mitarbeiter Einfluss nimmt.

Das führt einerseits zu Vorteilen für das Team bzw. das Unternehmen, da die Mitarbeiter mehr leisten. Andererseits sind die Mitarbeiter deutlich zufriedener, da transformationale Führung idealerweise eine starke Eigenmotivation, eine ausgeprägte Identifikation mit der Führungskraft und der von ihr artikulierten Vision sowie eine Internalisierung der vom Führenden kommunizierten Werte, Überzeugungen und Zielsetzungen vermittelt. All dies begünstigt, dass die Arbeit als eine mit dem Selbstkonzept im Einklang stehende Tätigkeit interpretiert wird.

Doch kommen wir nach diesen eher theoretischen Betrachtungen nun zu den konkreten Inhalten der transformationalen Führung. Zentral für das Konzept ist die starke Betonung der emotionalen Bindung in der Beziehung zwischen Führungskraft und Mitarbeiter. Diese emotionale Bindung wird über vier Mechanismen hergestellt, die bisweilen auch als die „4 I“ der Führung bezeichnet werden:

1. Inspirierende Motivation
2. Idealisierter Einfluss
3. Intellektuelle Stimulierung
4. Individuelle Unterstützung

Wir schauen uns diese Komponenten auf den folgenden Seiten näher an. Zunächst beschreiben wir dabei jeweils, was genau unter jedem Punkt zu verstehen ist. Im Anschluss ziehen wir Beispiele aus dem Profifußball heran. Wie eingangs erwähnt, gibt es viele Trainer im Profifußball, die sich wissentlich oder unwissentlich der Komponenten transformationaler Führung bedienen. Jürgen Klinsmann aber sticht dabei heraus, da er das Konzept derart strategisch und systematisch befolgt, dass es sich dabei aus unserer Sicht kaum noch um Zufall handeln kann. Er hat die Techniken der transformationalen Führung ganz offensichtlich intensiv studiert, verstanden und sich angeeignet. Anders können zumindest wir uns jedenfalls die verblüffenden Parallelen zwischen der Theorie und Klinsmanns Handeln nicht erklären, aber gerade deshalb beziehen sich viele unserer

Beispiele in diesem Teil natürlich stark auf Jürgen Klinsmann[1] und die WM 2006.

Und da wir uns dafür ein wenig in die Vergangenheit begeben müssen, vergegenwärtigen wir uns kurz die Situation des deutschen Fußballs vor dem Einstieg von Jürgen Klinsmann. Das tut leider ein bisschen weh, hilft uns aber beim Verständnis ungemein und rechtfertigt so vielleicht die Schmerzen.

Deutschland hatte bei der EM 2004 unter dem Nationaltrainer Rudi Völler mit den Gruppengegnern Holland, Tschechien und Lettland wie so oft ein vergleichsweise leichtes Los erwischt. Dennoch schied Deutschland damals zum zweiten Mal in Folge bei einer Europameisterschaft bereits nach den Gruppenspielen aus. Nach einem ordentlichen Spiel gegen die Niederlande mit einer glücklichen Freistoßflanke von Frings, die an Freund und Feind vorbei ins Tor segelte, fing sich die Mannschaft neun Minuten vor Schluss noch den Ausgleich ein. Die Kommentatoren lobten anschließend die gute kämpferische und läuferische Leistung des Teams, stellten aber zugleich eine spielerische Ideenarmut fest. Dieser Eindruck bestätigte sich gegen Lettland, als die Mannschaft in einem absolut enttäuschenden Spiel nur zu einem 0:0 kam. Das zugehörige Spiel ging als eine der spielerisch schwächsten Partien in die EM-Geschichte ein. Da aber die Niederlande gegen Tschechien verloren, hätte die deutsche Mannschaft noch aus eigener Kraft mit einem Sieg gegen Tschechien das Viertelfinale erreichen können. Dabei schonte das bereits qualifizierte Tschechien seine besten Spieler und spielte mit einer B-Elf, deren Spielerpotential auf dem Papier mit gutem Willen einer deutschen Zweitligamannschaft entsprach. In einem desaströsen und von geradezu greifbarer Angst geprägten Spiel wurde die 1:0-Führung durch Michael Ballack von den Tschechen noch in ein 1:2 umgewandelt. Die Blamage war komplett, der Glaube an die Nationalmannschaft abhanden gekommen.

Zwar war 2002 immerhin das WM-Finale erreicht worden, aber der Grund dafür war vor allem in der unfassbar glücklichen Auslosung gesehen worden, welche die deutsche Mannschaft beispiellos begünstigt hatte. Sämtlichen Weltklassemannschaften konnte man durch Losglück und günstige Ergebnisse aus dem Weg gehen und so führte der Weg ins Finale mit Siegen über

[1] Wer sich noch ein wenig intensiver und spezifischer mit der Beziehung zwischen transformationalem Führungshandeln, Jürgen Klinsmann und der WM 2006 auseinandersetzen möchte, der sei auf das exzellente Buch „High-Performance-Teams" von Wolfgang Jenewein und Marcus Heidbrink verwiesen (Schäffer-Poeschel 2008), die sich ebenfalls intensiv mit transformationaler Führung beschäftigen. Allerdings ist die Perspektive eine weitgehend andere. Während wir uns speziell an Manager und Führungskräfte wenden, analysieren Heidbrink und Jenewein die Besonderheiten unterschiedlicher Teams. Dabei gehen sie neben der transformationalen Führung vor allem auf Aspekte wie Personalauswahl oder Teamstrukturen ein, die wir mit unserer Zielsetzung und Zielgruppe inhaltlich nur streifen.

Kamerun und Saudi-Arabien sowie einem Unentschieden gegen Irland in der Vorrunde über äußerst knappe und teilweise höchst glückliche 1:0 Siege gegen Paraguay, USA und Südkorea.

Rudi Völler trat nach dem desaströsen Abschneiden bei der Europameisterschaft 2004 resigniert zurück.

Insofern überwog angesichts der vollkommen verpatzten EM 2000 unter dem bisweilen sehr orientierungslos wirkenden Erich Ribbeck und der erneuten Demütigung 2004 die Skepsis nicht nur in der deutschen Bevölkerung. In dieser Phase war es schwierig, einen Hoffnungsschimmer für die Zukunft auszumachen, und so war es keine große Überraschung, dass Rudi Völler, dem nicht die Schuld am schlechten Abschneiden gegeben wurde, frustriert zurücktrat. Die Öffentlichkeit nahm diesen Schritt mit einer gewissen Resignation auf, denn es fehlte einfach an einer guten Perspektive. Die vorhandenen Spieler wiesen in den Augen der Öffentlichkeit nicht die für höhere Weihen notwendige Qualität auf und der Nachwuchs galt mindestens als untalentiert, eher jedoch als nicht existent.

Dies mag als Erinnerung reichen und ruft die trostlose Situation vermutlich nachdrücklich ins Gedächtnis. Widmen wir uns daher nun wieder den Komponenten der transformationalen Führung.

Inspirierende Motivation (Vision)

Um die Geführten auf emotionaler Ebene anzusprechen und eine starke Eigenmotivation aufzubauen, nutzt der Führende das Konzept der inspirierenden Motivation in Form einer Vision. Die Kraft und verhaltensbezogene Wirksamkeit einer Vision liegt darin, dass sie bei den Geführten (aber natürlich auch beim Führenden selbst) mit starken Handlungstendenzen verbundene Emotionen wecken kann. Die daraus resultierende emotionale Interaktion zwischen Führendem und Geführtem wird häufig als die Basis der Wirksamkeit von Charisma und überzeugendem Auftreten bezeichnet.

> Die Führungskraft weckt beim Geführten die Motivation zur Verwirklichung der Vision.

Dass eine hohe emotionale Eingebundenheit häufig zu einem extrem hohen Engagement und damit zu einem die Erwartungen übertreffenden Arbeitsergebnis führt, ist insofern erklärlich, als Emotionen absolut zentral für die Wirksamkeit von Motivationsphänomenen sind. Die Aktivierung starker Emotionen ist eines der wirksamsten Mittel, um Menschen zum Ausführen bestimmter Handlungen zu bewegen. Das gilt insbesondere dann, wenn die Emotionen mit klaren Vorschlägen verbunden werden, wie sich die aus den Visionen ableitbaren Ziele erreichen lassen. Genau dieser Kombination aus dem Wecken von Emotionen und der darauf bezogenen Vorgabe klarer Handlungsanweisungen bedient sich die transformationale Führung. Dies ist eine wichtige Erklärung für die von dieser ausgehenden, enorm motivierenden Wirkung.

Eine Argumentation auf der Basis des rein rational handelnden Menschen (des berühmten „Homo Oeconomicus") ist deutlich weniger erfolgreich als eine emotionale Appelle beinhaltende Überzeugungsstrategie. Dazu zählt, dass lebendige, persönliche Beispiele, die die Emotionen der Zuhörer wecken, in der Regel wirkungsvoller sind als nüchterne Darstellungen statistisch gesicherten Wissens. Transformational Führende handeln im Einklang mit diesen Erkenntnissen.

Um die Kraft einer Vision zu verstehen, erinnern wir uns also an die Situation kurz nach der EM 2004. „Fußball-Deutschland" lag gedemütigt am Boden. Nach Völlers Rücktritt trat das Chaos der DFB-Führung offen zu Tage: DFB-Präsident Gerhard Mayer-Vorfelder präsentierte seinen Wunschkandidaten Ottmar Hitzfeld als sicheren neuen Bundestrainer, dieser sagte aber wenige Tage später wieder ab. Kritik an Mayer-Vorfelders angeblich autokratischem Führungsstil wurde laut und die von vielen als längst überfällig wahrgenommene Degradierung eingeleitet. Daraufhin konstituierte sich eine Trainerfindungskommission, bestehend aus Franz Beckenbauer, Werner Hackmann, Horst Schmidt und eben Mayer-Vorfelder, und fast hektisch wurden in hoher Geschwindigkeit neue Namen (z.B. Heynckes, Sammer, Rehhagel, Matthäus, Wenger, Hiddink, Finke, Schaaf, Olsen, Rangnick und Skibbe) ins Gespräch gebracht. Das Chaos war in vollem Gange. Klar wurde dabei nur: Das Amt des Bundestrainers war ganz offensichtlich kein Job, den sich ein international etablierter Trainer ohne weiteres antun wollte. Auch nach vier Wochen konnte der DFB noch keinen Trainer präsentieren.

Zur gleichen Zeit saßen, wie später bekannt wurde, Ex-Bundestrainer Berti Vogts und sein ehemaliger Kapitän Jürgen Klinsmann in Kalifornien beim Grillen. Zwischen Steak und Rotwein kam die Sprache auf das Thema Fußball im Allgemeinen und die Nationalmannschaft im Besonderen. Klinsmann bekundete sein Interesse; Vogts meldete dies pflichtbewusst an die DFB-Zentrale und die berühmte Trainerfindungskommission knüpfte daraufhin umgehend den Kontakt zu Klinsmann. Man traf sich in New York und Klinsmann begeisterte mit seiner in der Zwischenzeit legendären Präsentation über seine Vorstellungen bezüglich der Zukunft der Nationalmannschaft – und der DFB hatte einen neuen Cheftrainer.

Unsere damaligen Gedanken lauteten: „Jürgen Klinsmann? Warum ausgerechnet Jürgen Klinsmann? Hat der DFB nun vollends den Verstand verloren?"

Bitte verzeihen Sie uns (und insbesondere bitten wir Jürgen Klinsmann um Verzeihung, sollte er dies hier lesen), aber genau so war es. Bereits mit der ersten Pressekonferenz änderte sich jedoch unsere Skepsis und wich einer großen Neugier auf das, was da kommen möge. Gleich in seinem ersten öffentlichen Auftritt überraschte Klinsmann die deutsche Fußballwelt nämlich erstens mit der Ankündigung, dass er mit der Nationalmannschaft im eigenen Land selbstverständlich Weltmeister zu werden gedenke. Dass es sich dabei um ein schwieriges Ziel handle, sei ihm wohl bewusst, erklärte er der sich verwundert die Augen reibenden Fachpresse. Aber allein mit der Vision eines Weltmeistertitels wolle er sich keineswegs zufrieden geben, fuhr Klinsmann fort. Deutschland sei zusammen mit Brasilien die größte Fußballnation der Welt und da wäre alles andere als ein angestrebter Weltmeistertitel doch fast fahrlässig. Und nicht nur das: Er halte es für entscheidend, dass der Glaube an und der Stolz auf die Nationalmannschaft wiederhergestellt werden müsse. Viel zu wenige Kinder liefen mit Trikots des Nationalteams herum und das müsse sich dringend ändern! Außerdem solle Deutschland attraktiven Offensivfußball spielen. Das bisherige System der Mannschaft sei veraltet und müsse dringend durch ein moderneres Konzept ersetzt werden. Genau wie der DFB im Übrigen äußerst dringend reformiert werden müsse („Man muss den ganzen Laden auseinander nehmen."). Die Journalisten trauten ihren Ohren kaum!

Und so entfesselte Klinsmann mit seiner mitreißenden Art eine packende Vision, die er zusammen mit seinem Team mantraartig wiederholte. Nicht nur setzte er sich und der Mannschaft extrem anspruchsvolle Ziele und forderte auch für das Umfeld höchste Standards, sondern indem er unermüdlich auf die Historie und die WM im eigenen Land verwies, betonte er eindringlich den Sinn und die Bedeutung der zukünftigen Aufgabe. Die Journalisten ebenso wie die interessierte Öffentlichkeit spürten, dass da jemand mit einer klaren Vision antrat, für die er offensichtlich viel zu investieren bereit war. Vielleicht erinnern Sie sich wie wir ebenfalls noch daran, wie wir einen gewissen Stolz empfanden, als Klinsmann aufbauend auf der ruhmreichen Fußballgeschichte Deutschlands seine Vision von der Zukunft offenbarte, und wir zunehmend mehr Vertrauen in Klinsmanns Fähigkeit bekamen, auch umzusetzen, was er dort so wortgewaltig und vor allem emotional mitreißend formulierte.

Jürgen Klinsmann motiviert nicht nur die deutsche Nationalmannschaft – das ganze Land will Weltmeister werden.

Ähnlich wirkte Klinsmann auch auf die Spieler ein. Ihnen vermittelte er parallel die gleiche Vision und stimmte sie mit spezifisch vorbereiteten Filmen auf die Aufgabe ein. Er packte sie genau wie uns an der Ehre, vermittelte ihnen den Stolz eines Nationalspielers und ließ keinen Zweifel hinsichtlich seiner Überzeugung aufkommen, den Weltmeistertitel erringen zu können. Er verdeutlichte darüber hinaus jedem einzelnen Spieler den Beitrag, den dieser für das Erreichen des Weltmeistertitels ganz persönlich leisten konnte. Der Song „Dieser Weg“ von Xavier Naidoo diente selbstverständlich ebenfalls dem Zweck der emotionalen Einbindung der Spieler in die übergeordnete Vision. Den Aussagen der Beteiligten zufolge war ursprünglich übrigens gar nicht vorgesehen, das Lied derartig zentral zu nutzen. Das glauben wir aber nur bedingt, sondern halten dies vielmehr für Legendenbildung, um den Spielern nicht die Illusion von Eigenständigkeit bei der Auswahl des Liedes zu rauben. Doch sei es, wie es sei: Die Kraft, mit der das Lied die Gruppe emotional im Hinblick auf die Vision und den „Weg" dorthin ausrichtete, wurde von Klinsmann und seinem Team erkannt und in das Gesamtkonzept eingebunden.

Sie werden sich nun eventuell fragen, wie Sie eine solche Vision für Ihre Mitarbeiter entfesseln können, denn bei einer Fußball-WM im eigenen Land ist das Ziel schließlich mit dem zu erreichenden WM-Titel recht einfach zu definieren. Damit haben Sie natürlich vollkommen Recht.

In der Unternehmensrealität ist es um Etliches schwieriger, die passenden Visionen zu entwickeln. Wenn Sie sich jedoch sorgfältig mit Ihrer Situation auseinandersetzen, werden Ihnen bestimmt einige Aspekte einfallen, für die sich Ihr Einsatz lohnt. Nehmen wir beispielsweise Jürgen Klinsmann bei seiner Stippvisite als Trainer des FC Bayern München. Dort ist es ungleich schwerer, eine passende Vision zu ermitteln und zu transportieren. Schließlich lässt sich die deutsche Meisterschaft für die Bayern kaum als schwieriges Ziel etablieren. Und auch der mittelfristige Triumph in der Champions League eignet sich nur bedingt als alleinige Vision, da es sich hierbei ebenfalls um einen eigentlich bereits im Vorfeld klaren Auftrag handelt. Insofern erwähnte Klinsmann diese Ziele zu Anfang auch wie selbstverständlich:

„Die Erwartungshaltung ist natürlich die höchste. Die Fans wünschen sich beide Titel, die Meisterschaft und den Pokal. Und sie wollen, dass wir international weit kommen. Das ist der Maßstab, dem wollen wir gerecht werden. Wir setzen uns die höchsten Ziele."

Doch in diesem Fall ergab Klinsmanns Analyse der Lage zusätzlich, dass das größte Problem des FC Bayern vor allem darin bestand, dass sich zu viele Spieler beim Rekordmeister in der Vergangenheit nicht entscheidend weiterentwickelt hatten. Insofern ergänzte er seinen Anspruch um einen Zusatz, der abermals nicht nur für Aufsehen sorgte, sondern die Vision um einen bemerkenswerten Aspekt erweiterte:

„Meine Philosophie ist es, jeden Spieler jeden Tag besser machen zu wollen. Das heißt, ich werde viel individuell arbeiten, um jeden individuell zu verbessern."

Und schließlich verwandte er auch noch ein wenig Zeit auf den Stolz, den er als Trainer der Bayern empfand und den er an die Spieler weiterzugeben gedachte:

„Wir gehen mit viel Freude und viel Enthusiasmus in die Vorbereitung. Ich bin stolz auf meine Aufgabe und freue mich riesig darauf, Verantwortung bei Bayern zu übernehmen."

Begeisterung und Optimismus

Idealisierter Einfluss (Charisma)

Wenden wir uns nun der zweiten Komponente der transformationalen Führung zu: dem idealisierten Einfluss. Hierdurch motivieren und inspirieren Führungskräfte ihre Geführten, indem sie auf enthusiastische und optimistische Weise Visionen kommunizieren, die Sinn und Orientierung vermitteln und die Arbeitstätigkeit als positive Herausforderung strukturieren. Sie spezifizieren ihre Erwartungen an die Geführten und demonstrieren ihre eigene Verpflichtung gegenüber den gemeinsamen Zielen und Visionen. Damit konkretisieren sie den eigenen Anspruch aus der eher globalen Vision und brechen deren Inhalte auf konkrete Ziele herunter. Wenn Ziele und Visionen gemeinsam geteilt werden, fördern sie außerdem den Teamgeist.

Ein positives, zuversichtliches Auftreten ist eine wichtige Voraussetzung dafür, von anderen als charismatisch empfunden zu werden. Der vom Führenden ausgestrahlte Optimismus und Enthusiasmus kann dabei auf die Geführten übergehen und diese zu erhöhtem Engagement motivieren. Für die Zuschreibung von Charisma ist es außerdem im Sinne einer Wechselwirkung mit der inspirierenden Motivation förderlich, wenn die Führungskraft über die Begeisterung für eine attraktive Vision zu überzeugen versucht, anstatt sich auf ihre Autorität zu berufen oder eine partizipative Strategie der Entscheidungsfindung einzusetzen.

Da die Zuschreibung von Charisma im Zeitverlauf eine sich immer weiter selbst verstärkende Dynamik annehmen kann, sofern Zwischenziele erreicht werden, ist es von entscheidender Bedeutung, dass die Führungskraft angemessene und erreichbare Ziele und eine realistische Vision vorgibt, um ihre Glaubwürdigkeit zu erhalten. Dies setzt eine angemessene Analyse der Situation vonseiten des Führenden voraus.

Eine objektive Krise wie im Falle der Nationalmannschaft nach der EM 2004 ist dabei übrigens nicht notwendig, um einen geeigneten Nährboden für charismatische Führung zu schaffen. Vielmehr genügt es, Unzufriedenheit mit den gegenwärtigen Umständen zu erzeugen und dieser die Vision einer attraktiveren Zukunft gegenüberzustellen. Hierzu mag es dienlich sein, die organisationsüblichen Abläufe und Praktiken infrage zu stellen oder zu diskreditieren, um den Weg für neue Lösungsansätze zu bereiten. Über idealisierten Einfluss erzeugt die Führungskraft durch ihre Ausstrahlung und Rhetorik bei den Mitarbeitern die Wahrnehmung von Veränderungsbedürftigkeit und sie ruft durch die neue Lösungsstrategie gleichzeitig die Wahrnehmung von Veränderungsmöglichkeiten hervor.

Dabei ist es vor allem die persönliche Identifikation des jeweiligen Mitarbeiters mit der Führungskraft, durch die bei den Mitarbeitern der Wunsch entsteht, die Führungskraft zufrieden zu stellen und sie als Vorbild zu betrachten. Auf diese Weise können das Wohlwollen und die Wertschätzung, die von der Führungskraft entgegen gebracht werden, zum Gradmesser des Selbstwertgefühls für den Geführten werden. Viele Geführte berichten, dass ihr Wunsch, von ihrer Führungskraft Lob, Anerkennung und Zustimmung zu erhalten, ihre vorrangige Motivationsquelle darstellt. Gleichzeitig sind sie angetrieben von der Angst, den Führenden zu enttäuschen oder von ihm kritisiert zu werden. Der Einfluss des charismatisch Führenden wird im Zeitverlauf zunehmend stärker, da die Geführten zusätzlich zu ihrer Identifikation mit dem Führenden auch dessen Werte und Überzeugungen verinnerlichen. Dabei entfaltet die Übernahme der von der Führungskraft vermittelten Einstellungen und Überzeugungen eine nachhaltigere Wirkung als der bloße Versuch, die Führungskraft hinsichtlich oberflächlicher Merkmale wie Sprachgewohnheiten oder Gestik zu imitieren.

Durch die Kommunikation der konkretisierten Vision kann eine Führungskraft so bei den Geführten eine Übernahme von Werten und Überzeugungen bewirken, die künftig als Quelle hoher Eigenmotivation dient, sich für die Ziele der Organisation einzusetzen.

Man kann Jürgen Klinsmann vielleicht vieles vorwerfen. Dass er seinen eigenen Verpflichtungen gegenüber nicht treu geblieben sein sollte, gehört jedoch sicherlich nicht dazu. Vielmehr brach er seine Vision eines attraktiven Offensivfußballs in sehr konkrete Schritte herunter und überreichte den Spielern eine Art Merkheftchen, in dem das Konzept zusammengefasst war. Außerdem blieb Klinsmann seiner Idee immer treu, auch wenn Kritik oder Gegenwind aufkam. Als Welt- und Europameister kam Klinsmann natürlich von Anfang an mit einem hohen Maß an Glaubwürdigkeit gerade für die jüngeren Spieler daher. Und er machte es den Spielern einfach, sich an ihm zu orientieren, indem er beispielsweise oftmals selbst beim Training aktiv mit eingriff. Außerdem machte er es sich in Krisenzeiten, in denen es mal nicht so rund lief, nie so leicht, auf die Mannschaft einzuprügeln.

Als Beispiel lässt sich das berühmte 1:4 in Italien drei Monate vor der WM anführen. Klinsmann wehte nach dem Spiel ein heftigerer Gegenwind ins Gesicht, als er selbst das wohl nach den Anfangserfolgen und dem erfreulich verlaufenen Confederations Cup für möglich gehalten hatte. Die Mannschaft wurde als zu jung kritisiert, das Offensivkonzept in der Luft zerrissen und eine allgemeine Verunsicherung machte sich breit.

Klinsmann jedoch machte direkt klar, dass es mit ihm keine Abkehr von seinem Ziel geben würde. Er nahm seine Spieler massiv in Schutz und erläuterte seine Konzepte gebetsmühlenartig. Natürlich half ihm der 4:1 Sieg gegen die USA drei Wochen später. Der Umstand, dass Klinsmann auch in dieser für ihn schwierigen Zeit nicht der Versuchung unterlag, seine Mannschaft an den Pranger zu stellen oder sein Konzept zumindest für eine kurze Zeit zu ändern, brachte ihm viel Respekt bei den Spielern ein. Außerdem verfing er sich nicht übermäßig in Ausreden, welche ihm durch vermeintlich gute Erklärungen dieses Misserfolges kurzfristig geholfen hätten. Doch seien wir auch mal ehrlich: Es kann durchaus passieren, dass man in Italien nach 7 Minuten mit 2:0 in Rückstand liegt. Der Start in das Spiel wurde vermasselt und es ist einfach sehr schwierig, auswärts in Italien ein solches Spiel noch zu drehen. Doch genau das versuchte die Mannschaft. Dies bedarf jedoch einer aufrückenden Defensive und eines erhöhten Drucks, und das kann mit Leichtigkeit zu einer hohen Niederlage führen. Zu diesem Zeitpunkt war Italien – vielleicht zusammen mit Argentinien – zudem die beste Mannschaft der Welt, mit einer eindrucksvollen Siegesserie, an dessen Ende der WM-Titel stand. Klinsmann hätte also durchaus (natürlich abgesehen vom WM-Titel) einige sehr gute Argumente gehabt, um sich zu rechtfertigen.

Deutsche Fans bejubeln das Abschneiden der DFB-Elf beim Confederations Cup. Mannschaft und Verantwortliche zeigen sich erkenntlich.

Stattdessen baute er die Mannschaft auf, arbeitete das Spiel nach, blickte nach vorne und machte mit genau dem Enthusiasmus weiter, der ihn auch vorher ausgezeichnet hatte. Diese Mischung aus einer beeindruckenden Zielorientierung, dem Herunterbrechen der Vision auf greifbare Konzepte, der Möglichkeit der Identifikation der Spieler mit dem Trainer und dem Schutz der Spieler in Zeiten, wo auch mal etwas daneben geht und die Spieler sich jedoch an die Vorgaben des Trainers gehalten haben, zeichnen den idealisierten Einfluss aus und wurden von Klinsmann in Vollendung demonstriert. Sicher: So etwas verbraucht sich mit der Zeit und bei den Bayern sind die Effekte schneller verpufft als es Klinsmann lieb gewesen sein kann. Für einen Vereinstrainer ist aber die Zeit zwischen den Spielen gerade angesichts der vielen englischen Wochen auch höllisch kurz.

In der Wirtschaft ist das ein bisschen anders, so dass man dort in dieser Hinsicht weniger besorgt sein muss.

Wichtig ist in diesem Zusammenhang übrigens, die Identifikation mit den Zielen voran zu treiben und nicht bei der Identifikation mit der Führungskraft zu verharren. Sonst ergeben sich nämlich Probleme, da eine ausschließliche persönliche Identifikation nicht hinreichend ist, weil sie insbesondere innovationshinderlichen Entwicklungen Vorschub leistet. Beispielsweise könnte eine reine persönliche Identifikation die Bereitschaft zu kritischem Hinterfragen und zum Einbringen kontroverser Alternativvorschläge verringern, wenn es in der Interaktion mit dem Führenden vor allem um die Sicherung von dessen wohlwollender Haltung gegenüber dem Geführten geht.

Persönliche Identifikation wirkt hingegen dann innovationsförderlich, wenn die Werte und Einstellungen der Führungskraft übernommen werden, da diese die Priorität der zu erreichenden Ziele sichert und damit auch die Bereitschaft zu kritischer zweiseitiger Kommunikation fördert.

Es kommt also vor allem darauf an, die Identifikation mit den Zielen vom Prozess des Gehorsams (in der Psychologie auch Compliance genannt) abzugrenzen. Während transaktionale Führung maßgeblich auf einer solchen Compliance beruht, wirkt die transformationale Führung durch die weitaus nachhaltigeren sozialen Einflussprozesse der Identifikation und der Internalisierung, also der Verinnerlichung von Werten, Normen und Rollen. Nur über diese konstruktiveren Prozesse des Überzeugens wird ein Ausmaß an Motivation erreicht, das anderweitig unerreichbar bliebe und weit über die Erwartungen hinausgehende Leistungen ermöglicht.

Aber haben Sie dieses Problem bei Klinsmann gesehen? Hatten Sie den Eindruck, dass sein Team bei abweichenden Meinungen eher keinen Widerspruch äußern würde? Nein? Wir auch nicht. Das lag vor allem daran, dass Klinsmann sich auch der dritten Komponente der transformationalen Führung bedient, der sogenannten intellektuellen Stimulierung, welche die oben erwähnte Abgrenzung der Identifikation mit der Führungskraft gegenüber der Identifikation mit den Zielen fördert.

Anregen kreativer Fähigkeiten

Intellektuelle Stimulierung

„Vor zehn Jahren hat es keine Sau interessiert, wer Co-Trainer der Nationalmannschaft ist, und jetzt kommt es in der Tagesschau. Das ist doch pervers."

So brachte Uli Hoeneß im Zuge der Ernennung von Hansi Flick zum Co-Trainer von Jogi Löw damals auf den Punkt, was viele dachten.

Doch so pervers war das gar nicht. Es war vielmehr die logische Konsequenz aus der abermals bemerkenswert unumwundenen Anwendung des dritten Prinzips der transformationalen Führung. Im Sinne der intellektuellen Stimulierung delegieren transformational Führende nämlich wichtige Aufgaben, um die Fähigkeiten und das Selbstvertrauen ihrer Geführten zu fördern. Sie unterstützen das Selbstmanagement von Teams und damit die geteilte Führung, verschaffen ihren Geführten Zugang zu wichtigen Informationen, verzichten auf unnötige Kontrollmaßnahmen und entwickeln eine Kultur des Vertrauens. Dieser Aspekt der transformationalen Führung stellt demzufolge eine Form des sogenannten Empowerment[1] dar.

Mittels intellektueller Stimulierung regen Führungskräfte die Kreativität und Innovativität der Geführten an, indem sie Annahmen hinterfragen, den Suchraum für Probleme erweitern und diese neu strukturieren. Sie fördern immer wieder die Entwicklung von neuen und besseren Ansätzen zur Lösung der Probleme. Die Ideen und Fehler der Geführten werden dabei vom transformational Führenden nie vor anderen kritisiert oder nur deshalb abgelehnt, weil sie von den Auffassungen des Führenden abweichen.

Bezogen auf Klinsmann werden hier die Parallelen besonders offenkundig. Zunächst holte er mit Jogi Löw einen Co-Trainer mit ins Boot. Klinsmann betonte dabei bemerkenswert offen, dass er von Löw aufgrund seines überlegenen taktischen Wissens und seiner großen Trainererfahrung sehr profitieren könne. Außerdem installierte er mit Oliver Bierhoff einen sogenannten Manager der Nationalmannschaft. Bierhoff wurde zunächst offen belächelt und wird dies hinter vorgehaltener Hand heute womöglich immer noch, allerdings erreichte Klinsmann mit diesem Schachzug gleich zwei Ziele. Erstens erweiterte er das

---

[1] Dabei handelt es sich um eine Steigerung der sogenannten Selbstwirksamkeit, also des Glaubens an die eigene Stärke. Außerdem umfasst Empowerment die Wahrnehmung von Selbst-Bestimmtheit und Sinnhaftigkeit der eigenen Tätigkeit sowie das Gefühl, durch eigene Entscheidungen und Handlungen in bedeutender Weise auf die Arbeitsaufgaben und das Arbeitsumfeld Einfluss nehmen zu können.

vormalige Führungstandem um eine weitere Meinung, die er für hilfreich und wertvoll hielt und von der er sich weitere, neue Perspektiven erhoffte. Und zweitens war er imstande, Bierhoff als Prellbock gegen allzu aufdringliche Medienvertreter einzusetzen, um in Ruhe arbeiten zu können.

Klinsmann machte jedoch sofort klar, dass es sich bei diesem Trio um ein weitestgehend gleichberechtigtes Team handle und er nur in Notfall- oder Pattsituationen allein entscheiden würde. Damit ermunterte er Löw und Bierhoff zur aktiven Mitarbeit im Sinne der intellektuellen Stimulierung und bewies in der Folge, dass es sich bei dieser Aufforderung keineswegs um ein reines Lippenbekenntnis handelte. Aussagen wie „Ich habe gelernt, wie wichtig es ist, Verantwortung abgeben zu können. Alle, die in meinem Team arbeiten, stehen in voller Verantwortung." waren und sind exakt so gemeint.

Außerdem erweiterte Klinsmann seinen Beraterkreis in der Peripherie um diverse Spezialisten. Es wird beispielsweise gemutmaßt, dass das durchaus beeindruckende Management-Know-how von Klinsmann sich auf den intensiven Dialog mit seinen Partnern bei der Firma Soccer Solutions, Warren Mersereau und vor allem Mick Hoban, gründete.

Auch suchte Klinsmann im Bereich der Sportpsychologie mit Hans-Dieter Hermann und in der Trainingslehre mit Mark Verstegen kundige Verstärkung. Erinnern Sie sich noch, wie Teile der Fachpresse spotteten, als Hermann hinzukam? Nein? Dann klingen Ihnen aber bestimmt noch die hämischen Kommentare im Ohr, welche die beim ersten Training von Verstegen eingeführten Gummibandübungen auslösten. Auch der Versuch, mit dem ehemaligen Hockey-Nationaltrainer Bernhard Peters einen Fachfremden als Sportdirektor beim DFB zu etablieren, geht in die gleiche Richtung.

Heute lacht niemand mehr. Viele der gewählten Maßnahmen haben sich bewährt, der Rest wurde gestrichen. Auch Klinsmann macht nicht alles richtig, aber er zieht oft die richtigen Schlüsse und erkennt eigene Fehleinschätzungen und gibt sie offen zu. Verstegen, Hermann und Peters sind im Fußball mittlerweile etabliert und ihre Methoden werden breit kopiert.

Es ist natürlich auch kein Zufall, dass sich Hermann und Peters derzeit ausgerechnet in Hoffenheim tummeln. Oder anders herum: Der nahezu unfassbare Durchmarsch von Hoffenheim aus der Regionalliga zur Herbstmeisterschaft in der Bundesliga im Jahre 2008 ist sicherlich zum Teil auch erklärbar durch die Expertise dieser beiden Herren sowie die Bereitschaft von Ralf Rangnick, andere Perspektiven nicht nur zuzulassen, sondern auch aktiv einzufordern. Und wenn wir uns bei der Gelegenheit das Buch „Führungsspiel" von Bernhard Peters (Heyne 2008) durchlesen, zu dem Hans-Dieter Hermann übrigens fachlich beisteuerte, dann werden Sie Folgendes feststellen: Zentrales Element der Führungsphilosophie von Peters ist nichts anderes als die transformationale Führung. Er selbst benennt seinen Stil zwar „Emotionale Führung" und die Ausführungen wirken bisweilen etwas unsystematisch. Das mag jedoch auch dem eher biographisch als fachlich geordneten Aufbau des Buches geschuldet sein. Den grundlegenden Anspruch einer emotional ausgerichteten Führung hat Peters jedoch zutiefst verstanden und verinnerlicht, und es ist mit Sicherheit kein Zufall, dass er mit seinen Teams solch beeindruckende Erfolge feierte. Im Zusammenhang mit der TSG Hoffenheim ist auch das Interview mit Jan Schindelmeiser auf Seite 71 interessant, gibt es schließlich etwas von der Denkweise wieder, durch die die Arbeit in Hoffenheim mitgeprägt wird.

Sportpsychologe Hans-Dieter Hermann steht seit 2007 als Mentaltrainer in Diensten der TSG.

Doch nicht nur im Führungsteam setzte Klinsmann das Konzept der intellektuellen Stimulierung konsequent um. Wenn wir uns weitere Teile seiner Einstiegspressekonferenz beim FC Bayern anschauen, in der er sein dortiges Konzept umfassend vorstellte, so sind die Anleihen nicht zu übersehen. Klinsmann möchte seine Spieler beispielsweise in die Lage versetzen, über den Tellerrand hinauszuschauen und eigene Lösungen zu finden. Das kann seinetwegen sogar Yoga sein: „Wir werden alles anbieten. Wenn einer gerne Yoga machen will, dann werden wir ihm einen Lehrer stellen. Wir werden jetzt rausfinden, wer welche Interessen hat." Oder: „Ich glaube, die Spieler werden sich darauf freuen. Es ist ja eine Spielergeneration, die stimuliert werden will. Bisher sind die Spieler restlos begeistert. Die haben schon Filme angeschaut, im Auditorium, das wir gebaut haben."

Interview

Jan Schindelmeiser ist seit 1. Juli 2006 Manager der TSG 1899 Hoffenheim.

Herr Schindelmeiser, danke dass Sie für ein Interview zur Verfügung stehen! Starten wir mit einer Frage, die für alle Fußballmannschaften relevant ist, von der Champions League bis zur C-Klasse: Welche besonderen Führungsqualitäten müssen Fußballtrainer aufweisen?

Jan Schindelmeiser: Das notwendige Profil des Trainers hat auch viel mit dem Selbstverständnis und den Zielen des Vereins zu tun. Aber prinzipiell sind es für den Bereich der Führungsqualitäten

- Fachkompetenz,
- Sozialkompetenz, und zwar in Form von Kommunikationsfähigkeit intern wie extern und Konfliktfähigkeit,
- Souveränität,
- Entscheidungsfähigkeit und
- Begeisterungsfähigkeit bzw. Motivationsfähigkeit für sich selbst und andere.

Welche Eigenschaften Ihres Trainers würden Führungskräften aus der Wirtschaft besonders weiterhelfen?

Jan Schindelmeiser: Die maximale Motivation und das permanente Bemühen, die Prozesse täglich positiv weiter zu entwickeln. Und das Bewusstsein für die Bedeutung jedes einzelnen Puzzleteils im Gesamtbild.

Welche Rolle spielt ausgeprägte Motivationsfähigkeit für Entscheider im Fußball?

Jan Schindelmeiser: Eine sehr große – vor allem, wenn es ihnen gelingt, sie bei sich selbst täglich anzuwenden. Die Fähigkeit, zu motivieren, muss gleichwohl auf der Fähigkeit basieren, zu überzeugen. Sonst wird sie nicht von Nachhaltigkeit geprägt sein.

Könnten Sie sich Bundesligamanager an der Spitze eines Wirtschaftsunternehmens vorstellen, und wenn ja, welche?

Jan Schindelmeiser: Ja – diejenigen, die nachhaltig in der Lage sind, sich mit einem Fußball-Unternehmen moderner Prägung im Wettbewerb der Bundesliga und auf europäischer Ebene zu behaupten.

In der Wirtschaft und im Profifußball sind zu bestimmten Zeiten bestimmte taktische und strategische Konzepte im Trend. Sind dies nach Ihrer Meinung nur Modeerscheinungen oder folgt die Entwicklung einem bestimmten Muster?

Jan Schindelmeiser: In allen Lebensbereichen – auch im Fußball – gibt es ständig Entwicklungen, Muster, Modelle und Trends, die verfolgt, ausgereizt, modifiziert und auch wieder verworfen werden, um Platz für neue Konzepte zu schaffen. Diese Trends entstehen zumeist aus der Intention, Wettbewerbsvorteile zu generieren oder eine als unbefriedigend empfundene Situation zu verändern.

Wie intensiv beschäftigen Sie sich mit betriebswirtschaftlichen Konzepten? Gibt es Ansätze, die Sie für besonders sinnvoll halten, und die auf den Fußball zu übertragen sind?

Jan Schindelmeiser: Sie waren Teil der Ausbildung während meines Studiums [Sportwissenschaften, Publizistik, Politik und Betriebswirtschaftslehre]. Selbstverständlich gibt es interessante Ansätze, die auch für Fußball-Unternehmen relevant sein können. Da sich erfolgreich geführte Fußball-Unternehmen in ihrem wirtschaftlichen Geschäftsfeld nicht mehr wesentlich von klassischen Wirtschaftsunternehmen unterscheiden, kommen hier auch ähnlich gelagerte Konzepte zum Einsatz. In den letzten Jahren sind wiederholt Versuche unternommen worden, die Steuerung des Gesamtkonstruktes auf eine stärker betriebswirtschaftlich verankerte Basis zu stellen, etwa eine stärkere Betonung des Controllings als Steuerungsfunktion oder die Arbeit mit Balanced Scorecards und Kennzahlen, um unter anderem strategische Ziele mit operativen Maßnahmen zu harmonisieren und dabei die einzelnen internen und externen Interessenbereiche auszubalancieren. Die Entwicklung von allgemeingültigen Modellen wird nicht zum Erfolg führen können. Schon deshalb, weil es „den" Fußball nicht geben kann. Zu unterschiedlich sind die Clubs in ihren Strukturen gewachsen. Immer mehr von ihnen sind in der Form einer Kapitalgesellschaft organisiert. Andere fungieren noch in der Form eines eingetragenen Vereins, was allerdings nicht zwangsläufig bedeuten muss, dass dort weniger professionell gearbeitet wird. Die Auseinandersetzung mit betriebswirtschaftlichen Konzepten und Managementmethoden ist für die Fußballunternehmen schon deshalb von Bedeutung, weil sie – wenn richtig eingesetzt – zu einem Diskurs über den aktuellen Status führt. Eine Analyse des Istzustands ist die Voraussetzung für die Formulierung von Zielen und Strategien, um diese zu erreichen. Geeignete Strukturen und vor allem aufeinander abgestimmte Prozesse unterstützen die Unternehmung bei der Entwicklung eines Fahrplans. Die Route ist nicht immer ohne Umwege fahrbar. Ohne einen konkreten Plan aber wird das Unternehmen zum Spielball der kurzfristigen, meist externen Einflüsse. Es reagiert nur noch.

Da bietet sich gleich die Frage in die andere Denkrichtung an: Welche Lektionen können Unternehmen vom Profifußball lernen?

Jan Schindelmeiser: Diese Frage impliziert bereits einen für Profi-Sport-Organisationen typischen Widerspruch. Bundesligaclubs werden in der öffentlichen Wahrnehmung nur selten als mittelständische Unternehmen betrachtet. An dieser Kategorisierung kann bei Umsätzen von zum Teil mehr als 100 Millionen Euro pro Jahr jedoch kein Zweifel bestehen.

Die Bezeichnung Fußball-Unternehmen wird der Rolle von Bundesligaclubs am ehesten gerecht, selbst wenn zurzeit noch Clubs in der Rechtsform des eingetragenen Vereins am Spielbetrieb der Bundesliga teilnehmen.

Einmal abgesehen davon, dass „das" Unternehmen in der Frage etwas unscharf formuliert ist, existieren selbstredend einige signifikante Unterschiede zwischen einem Fußballunternehmen und einem klassischen Wirtschaftsunternehmen mit vergleichbarem Umsatz. Der deutsche Profifußball ist ein Teamsport-Produkt. Im Kern spielen 18 Mannschaften an 34 Spieltagen gegeneinander. Am Ende der Saison werden Meister und Absteiger ermittelt. Im Gegensatz zum klassischen Unternehmen, das auch sehr gut als Monopolist operieren kann, werden im Fußball die übrigen Clubs für die Leistungserstellung des Meisterschafts-Produkts benötigt.

So ist das Zielsystem von Fußballunternehmen mehrdimensional aufgebaut. Es gibt sportliche und wirtschaftliche Ziele, die miteinander korrespondieren müssen. Die Leistungserstellung im Bundesligafußball ist im höchsten Maße öffentlich. Der Einfluss der Medien ist sehr groß, ebenso die Abhängigkeit der Erlössituation vom sportlichen Erfolg. Die Bedeutung der Spieler hat einen herausragenden Stellenwert. Gleichzeitig ist das Risiko für sportliche und wirtschaftliche Fehlinvestitionen in diesem hochsensiblen Bereich besonders hoch.

Daraus resultiert eine hohe Planungsunsicherheit. Insgesamt kann attestiert werden, dass ein Fußballunternehmen weniger von Komplexität geprägt ist, denn von großer Unsicherheit. Diese wird verstärkt durch das in Europa (zu Recht) etablierte Relegationssystem mit der Chance, bis in die Bundesliga vorzustoßen, aber auch mit dem Risiko, eine Klasse abzusteigen. Die finanzielle Lücke ist in beiden Fällen beträchtlich. Diese Konstellation von Strukturspezifika stellt hohe Anforderungen an das Management. Daraus können aber keine „Lektionen" für klassische Wirtschaftsunternehmen abgeleitet werden, es sind eher interessante Erkenntnisse, die den Blick auf das eigene Unternehmen sensibilisieren.

Die kurzfristigen Einflüsse im Profifußball sind stark ausgeprägt. Sie sind abhängig von den wöchentlichen Ergebnissen, von häufig schweren Verletzungen, von Diskussionen über aktuelle, vergangene und kurzfristig zu treffende Personalenscheidungen. Dem sportlichen Erfolg und damit der Zusammenstellung und Führung der Mannschaft(en) sowie der Funktionsteams kommt besondere Bedeutung zu.

Das klingt schlüssig. Worin bestehen dann die wesentlichen Unterschiede zwischen Ihrem Job und dem eines Topmanagers klassischer Wirtschaftsunternehmen?

Jan Schindelmeiser: Wenn damit ein Unternehmen des DAX gemeint ist, zunächst die Größe. Weder Umsatz noch Anzahl der Mitarbeiter sind vergleichbar. Daraus ergeben sich eine Reihe struktureller Unterschiede. Wie bereits angedeutet, ist die Leistungserstellung in einem hohen Maße öffentlich. Im Fußball wird jede Woche ein Zwischenzeugnis erstellt. Der große Unterschied findet sich in der Gewichtung der Zielsetzungen und der besonderen Bedeutung des sportlichen Erfolges – genauer: der sportlichen Ergebnisse. Dadurch rückt die Personalpolitik insbesondere der Lizenzspielermannschaft in den Fokus. Die Zusammenstellung und Führung des Lizenzspieler-Kaders entscheidet ganz wesentlich über Erfolg oder Misserfolg des gesamten Fußballunternehmens. Diese Gruppe ist aufgrund unterschiedlicher Merkmale wie Alter, Nationalität, Position, Vertragslaufzeit und vor allem differierender Vergütungen nicht homogen. Dazu kommt die besondere Rolle des Cheftrainers, der die zuvor beschriebene Gruppe und die Funktionsteams führt und entscheidend mit zusammenstellt und doch das Gesamtunternehmen nicht leiten kann. Seine Position steht aufgrund des kurzfristigen Erfolgsdrucks permanent auf dem Prüfstand. Im Gegensatz zu früheren Jahren ist die Tendenz zu schnellen Veränderungen auf dieser Position erfreulicherweise deutlich rückläufig. Fußballunternehmen sehen sich der permanenten Herausforderung ausgesetzt, langfristige Strategien in Einklang zu bringen mit kurzfristigen sportlichen Erfolgsnachweisen. Ein Tor weniger am Ende einer Saison kann ein Fußballunternehmen in existenzielle Not bringen, wenn daraus ein Abstieg resultiert.

Besonders abhängig sind Fußballunternehmen von der öffentlichen Erwartungshaltung. Die Fans eines Fußballclubs interessieren sich in der Regel fast ausschließlich für den sportlichen Erfolg. Sie wollen die Mannschaft siegen sehen. Wirtschaftliche Konsequenzen interessieren erst dann, wenn ein Club in eine finanzielle Schieflage gerät. Dies kann die Personalpolitik in besonderer Weise beeinflussen. Die Personalrekrutierung, Vertragsgestaltung und Führung unterscheiden sich ebenfalls deutlich von derer klassischer Unternehmen. Jeder Spieler im professionellen Fußball hat einen Berater, manchmal mehrere. Teilweise werden die Spieler auch medial von externen Beratern begleitet. Daraus ergeben sich eine Reihe von Interessenkonflikten, die beherrscht werden müssen.

Betrachten wir doch einmal die langfristige Planung: Wo sehen Sie die größten wirtschaftlichen Entwicklungspotentiale im Profifußball?

Jan Schindelmeiser: Zum einen im Ausschöpfen der Hauptertragspotentiale im Ticketing, Sponsoring und bei den TV-Rechten. Zum anderen in der Entwicklung von Innovationen in der Beziehung zu Clubmitgliedern und Fans. Nicht zuletzt in einer langfristig angelegten, konsequenten Nachwuchsarbeit mit Wertsteigerungspotential im sportlichen und wirtschaftlichen Bereich.

Das heißt natürlich, dass die Kommerzialisierung immer mehr zunimmt. Inwieweit führt diese Kommerzialisierung im Profifußball dazu, dass sich die eingesetzten Managementstrategien immer mehr an die Methoden in klassischen Wirtschaftsunternehmen anpassen?

Jan Schindelmeiser: Der Wandel von Sportvereinen alter Prägung zu mittelständischen Sportunternehmen hat zu einer signifikanten Professionalisierung der Branche geführt. Treiber für diese Entwicklung sind deutlich gestiegene Einnahmen aus dem TV-Bereich und ein höherer Wettbewerbsdruck, der in der Konsequenz dazu führt, dass die Clubs insbesondere ihre Stadioninfrastruktur verbessern, um die Einahmen aus diesem Feld deutlich zu erhöhen. Das Personal in diesen Ressorts stammt überwiegend aus klassischen Wirtschaftsunternehmen. Insofern kann es nicht verwundern, dass die eingesetzten Managementstrategien keinen großen Unterschied zu klassischen Unternehmen aufweisen.

Wie balancieren Sie kurzfristige und langfristige Ziele? Widmen Sie dieser Frage spezielles Augenmerk?

Jan Schindelmeiser: Dieses Spannungsfeld ist zentraler Bestandteil unserer Arbeit. Das kurzfristige Ziel ist schnell formuliert. Es gilt, die Voraussetzungen zu schaffen, das nächste Spiel zu gewinnen. Abhängig von den Rahmenbedingungen des jeweiligen Clubs wie Erwartungshaltung der Fans sowie der Medien, der wirtschaftlichen Leistungsfähigkeit, der Infrastruktur, ist ein hohes Maß an Flexibilität notwendig, um auf kurzfristige Anforderungen und Veränderungen reagieren zu können. Ein in diesem Zusammenhang häufig zu hörender Satz lautet: „Fußball ist reines Tagesgeschäft." Die Abhängigkeit von den wöchentlichen Ergebnissen führt zu einer starken Konzentration auf das operative Geschäft. Langfristige Planungen oder notwendige Veränderungsprozesse einzuleiten wird durch aktuelle negative Ergebnisse extrem erschwert.

Trotz dieser Erkenntnis kommt der strategischen Ausrichtung eines Fußballunternehmens immer stärkere Bedeutung zu. Dabei müssen beide Hauptgeschäftsfelder, der sportliche und der wirtschaftliche Bereich, miteinander koordiniert werden. Nachhaltiger Erfolg hängt im Wesentlichen von der Fähigkeit des Managements ab, diese beiden Kernbereiche in ihrer gegenseitigen Dynamik weiterzuentwickeln. Langfristig denken und kurzfristig gewinnen – diesen Spagat zu beherrschen, ist die große Herausforderung. Am Aufbau eines klar konturierten Markenbildes festzuhalten, einer Spielphilosophie treu zu bleiben und die Personalentscheidungen daran zu orientieren, obwohl die Ergebnisse phasenweise ausbleiben, ist extrem anspruchsvoll. Insbesondere wenn verschiedene Interessengruppen eher am kurzfristigen sportlichen Erfolg orientiert sind.

Sie werden mittlerweile vielleicht nachvollziehen können, weshalb Experten für Führungsforschung so beeindruckt von Jürgen Klinsmann sind. In den nächsten Kapiteln werden wir uns wie erwähnt mit den Themen Management, Struktur und Kultur auseinandersetzen und nach unserer Einschätzung kann Jürgen Klinsmann auf diesen Feldern sein Repertoire noch recht weit ausbauen. Im Hinblick auf seine Fähigkeit zur transformationalen Führung sind Klinsmanns Fähigkeiten jedoch ebenso beeindruckend wie selten von jemand anderem erreicht. Das wird auch bei der vierten und letzten Komponente offenkundig: der individuellen Unterstützung.

Das Maximale aus sich und anderen herausholen

Individuelle Unterstützung

Transformational Führende berücksichtigen die individuellen Wünsche und Bedürfnisse ihrer Geführten. Sie akzeptieren Unterschiede zwischen Geführten und passen ihr Verhalten entsprechend an (z.B. benötigen manche Geführte mehr Lob oder Autonomie und andere mehr Druck oder eindeutigere Ziele). Bei Bedarf wirken transformational Führende als Coach oder Mentor. Die Geführten werden an sukzessiv steigende Leistungsniveaustufen herangeführt. Eine zweiseitige Kommunikation wird gefördert und Interaktionen mit Geführten sind stets auf die jeweilige Person abgestimmt. Dabei werden Geführte als ganzheitliche Menschen und nicht lediglich als Angestellte betrachtet. Der Führende delegiert stets in dem Maße, dass Geführte gefordert, aber nicht überfordert werden und dadurch an ihren Aufgaben wachsen können. Bei alledem haben die Geführten nie das Gefühl, kontrolliert oder „herumkommandiert“ zu werden.

Im Fußball wird der Spieler im Vergleich zur Wirtschaft bereits sehr selbstverständlich als entscheidender Faktor für Erfolg und damit als Kapital des Vereins verstanden. Da ist es nur nachvollziehbar, dass die Vereine ihre Spieler sorgfältig beobachten und unterschiedliche, vor allem physiologische Daten systematisch erheben. Damit soll es möglich werden, individuelle körperliche Belastbarkeit, potenzielle Erkrankungen, Leistungszuwächse, Einsatzfähigkeit und Entwicklungsoptionen vorherzusagen. Erfasst werden neben den physiologischen Daten softwareunterstützt auch die Leistungsdaten der Spieler. Jürgen Klinsmann nutzte bereits sehr frühzeitig – dem Vernehmen nach bereits in den USA – die Sportinformatik, aber viele Bundesligavereine haben nachgezogen. So verfügt Bayer Leverkusen beispielsweise über ein Analysesystem zum Spielverhalten, dessen acht Kameras den Verantwortungsbereich eines Spielers auf dem Spielfeld aufzeichnen: Wie lange ist ein Spieler mit welcher Geschwindigkeit gelaufen? Wie ist sein Spurtverhalten? Wie oft stand er nur herum? Ebenfalls ganz vorn in der systematischen Datennutzung: der AC Mailand.

DFB-Fitnesscoach Oliver Schmidtlein berichtet, dass der FC Bayern seine Spieler nach jedem Europapokalspiel mit dem Sportdiagnostik-Programm Omega-Wave verkabelt, um zu überprüfen, welcher der Spieler der Belastung zwei oder drei Tage später in der Bundesliga am ehesten gewachsen ist. Das Gerät wertet das EKG nach speziellen Kriterien aus, misst zusätzlich den Atemrhythmus und den Gehirnstrom des Spielers.

Und der Trend geht zu noch mehr Sportinformatik und noch stärker individualisierten Trainings. Dem entspricht auch das Credo von Bundestrainer Löw: Wenn sich jeder Spieler individuell verbessert, wird die ganze Mannschaft stärker. Die Parallele zur Vision von Jürgen Klinsmann beim FC Bayern ist frappierend.

Die Gruppenleistung wird aus sozialpsychologischer Sicht zunächst und vor allem durch die individuelle Leistung beeinflusst. Die individuellen Leistungen und Fähigkeiten der Gruppenmitglieder stellen die Grundlage für die potenzielle Gruppenleistung dar. Diese wiederum hängt von der Aufgabenart ab. Im Fußball gilt es, ganz im Sinne der individuellen Unterstützung transformationaler Führung, jeden Spieler als solchen zu verbessern, da dadurch die Produktivität bei allen Aufgabentypen gesteigert wird.

Nebenbei bemerkt: Der körperliche Fitness-Check wird mittlerweile auch von Unternehmen als wichtiger Fürsorgefaktor für Führungskräfte der oberen Führungsebenen erhoben.

Zu Recht stellt sich parallel aber die Frage, wie und ob die *mentale Leistungsfähigkeit* von Spielern und Mitarbeitern erfasst und bearbeitet werden sollte. Schließlich gibt es eine Reihe nachweisbarer Zusammenhänge zwischen diversen psychischen Komponenten und Hochleistung. Auch in der Personalforschung stechen die Zusammenhänge von intellektueller Leistungsfähigkeit und tatsächlicher Arbeitsleistung immer wieder als besonders ausgeprägt ins Auge.

Und obwohl manche der neuen Forschungsergebnisse am Fußball bislang schlichtweg vorbeigegangen sind, hat die Psychologie interessanterweise mittlerweile doch eine stärkere Akzeptanz gefunden. So beschäftigt der FC Sevilla ein Team von zwölf Psychologen. Auch Klinsmann baute wie erwähnt bei der WM-Vorbereitung auf den besonders für sein Mentaltraining bekannten Sportpsychologen Hans-Dieter Hermann. Dass die körperliche Leistungsfähigkeit ganz entscheidend von psychischen Funktionen abhängig ist, hat sich im Leistungssport inzwischen hinreichend etabliert. Für viele Vereine ist jedoch dennoch nicht ganz ersichtlich, welche sportpsychologischen Ansätze nun tatsächlich „etwas bringen". Es fehlt schlicht das fachliche Know-how, um sinnvolle Angebote von Quacksalberei und Handauflegen zu unterscheiden. So lud Bayer Leverkusen beispielsweise den Motivationsguru Jürgen Höller („Tschaka!", „Du schaffst es!", „Alles ist möglich") als Mentalcoach ein. Dieser beziffert in einem FOCUS-Interview seine Optimierungs-Ergebnisse bei dem einzelnen Spieler aber ehrlicherweise lediglich auf zwei bis drei Prozent und selbst dabei handelt es sich womöglich eher um einen Placebo-Effekt[1].

Der vermeintliche Schatz der sportpsychologischen Forschung bleibt für den Fußball somit noch unentdeckt, denn bislang werden neben den körperlichen Komponenten nur wenige psychologische Faktoren berücksichtigt, gemessen und trainiert. Das mag vor allem daran liegen, dass die Wissenschaft ihre Ergebnisse nicht unbedingt für die sportliche Nutzung aufbereitet. Teils trauen die Vereine ihren Spielern ein psychologisches Testverfahren aber auch nicht zu oder sie scheuen noch immer die Außenwirkung psychologischer Messverfahren. Das ist im Fußball ebenso wie in der Wirtschaft etwas schade, denn dadurch bleiben nützliche Ergebnisse der Persönlichkeits- und Hirnforschung ungenutzt. Im Fußball könnten diese vor allem in vier Bereichen effektiv eingesetzt werden:

- in der persönlichen Selbststeuerungs-Optimierung des Spielers
- für das Zusammenspiel der Mannschaft in unterschiedlichen Situationen
- für das schnelle und effiziente Eingreifen des speziell geschulten Trainers
- zur Prophylaxe von Burn-out und anderen psychischen Beanspruchungsfolgen und Störungen.

Die Parallelen zur Wirtschaft sind offenkundig, insofern wollen wir uns den folgenden Fragestellungen ein wenig näher widmen. Was spricht für eine individuelle Betrachtung psychologischer Faktoren? Welche Diskussionspunkte aus den Vereinen sind psychologisch interessant? Wie und was wird schon beobachtet bzw. gemessen? Was ist dran an den psychologischen Konzepten? Welche Faktoren haben welchen Einfluss auf die Leistungsfähigkeit? Wie spielen diese zusammen? Welche Optionen bietet ein entwicklungsorientierter Ansatz?

---

[1] Man bezeichnet damit eine Wirkung, welche nur aufgrund des Stattfindens einer Maßnahme auftritt, aber nichts mit dem Inhalt oder der Qualität der Maßnahme zu tun hat.

Grundlage der richtigen Positionierung

Der Blick des Trainers auf die Individualität

Die Aufgabe des Trainers besteht einerseits darin, den Spieler in seinen Einzelleistungen im Blick zu haben und seine Entwicklungsfähigkeit und Potentiale einzuschätzen. Andererseits soll er den Spieler aber auch im Zusammenspiel mit der Mannschaft sowie in seinem Teamverhalten wahrnehmen und fördern. Die individuelle Beobachtung hilft Trainern, ihre Spieler im Team so zu positionieren und zu fördern, dass sie in Leistungsphasen die besten Ergebnisse bringen und in Trainingsphasen am meisten dazulernen können.

Zudem bringt sie bislang unbekannte Erfolgsfaktoren der persönlichen Leistung ans Tageslicht. Warum hat Spieler A einen strategischen Schachzug des Gegners durchblickt und Spieler B zu diesem Zeitpunkt (noch) nicht? Oder in der Wirtschaft: Welche Faktoren führten bei einem Mitarbeiter zu einem positiven Verhandlungsergebnis, während ein anderer Mitarbeiter miserable Ergebnisse zeitigte? Nicht jeder Mensch reagiert auf dieselbe Situation gleich, hat die gleichen Wahrnehmungen, Gedankengänge, zieht dieselben Schlüsse. Den einen Spieler spornt ganz analog zu den Vorstellungen von Christoph Daum einzig Druck an und wirkt leistungssteigernd, bei einem anderen Spieler kann eben das jedoch die kurzzeitige Blockierung der routinierten Handlungen, also des fußballerischen Könnens, bedeuten.

Aber es gibt noch einen sehr guten Grund, individuell zu beobachten: Die unterschiedlich entwickelte Motivation der Spieler zur Teamarbeit bzw. zum Teamspiel. Uneigennützigkeit ist im Fußball und in der transformationalen Führung das beste Kriterium für einen guten Teamgeist. Da immer auch persönliche Ziele und Bedürfnisse den Spieler bewegen, ist es ratsam, Karrieremöglichkeiten und persönlich motivierende Ziele mit dem Spieler zu besprechen, bevor man eine Teamleistung fordert. Wird das nur ungenügend getan, strebt der Spieler ins Rampenlicht, buhlt um die Traineraufmerksamkeit, kämpft um sein Image und für sich anstatt für das Team.

Erst wenn sich ein Spieler oder Mitarbeiter „gesehen“ fühlt in seinen Stärken, sind für ihn die Mannschaftsziele anspornend. Wenn ein Spieler ein „Teamplayer“ ist, wird er sich zugunsten des Teamerfolgs zurücknehmen. Die Motivation zur Teamarbeit ist nicht bei allen Spielern gleich ausgeprägt, und sie muss bei einigen erst entwickelt werden. Ein Miroslav Klose ist in dieser Hinsicht beispielsweise offenkundig anders veranlagt als ein Luca Toni.

Im Unternehmen fällt eine solche Beobachtung des Zusammenspiels übrigens oftmals unter den Tisch, was zu einem Verlust von Synergie führt. Führungskräfte sollten sich erheblich stärker des Umstands bewusst sein, dass uneigennütziges Verhalten von Mitarbeitern oft die Folge davon ist, dass sie beachtet und gefördert werden, ohne „auffallen“ zu müssen. Das wird dadurch unterstützt, wenn Führungskräfte aktiv positive Leistungen suchen und dann entsprechend belohnen. Probieren Sie es einfach mal aus!

Rätsel der Psychologie

Diskussionspunkte in Vereinen

Aus diversen Fußballvereinen wird berichtet, dass es in Spielanalysen immer wieder Diskussionen um situationsbezogenes Spielerverhalten gibt. Es geht dabei oftmals um Fragen, die mit den üblichen Erklärungsmustern nicht plausibel genug beantwortet werden können. Warum versagte ein Spieler in einer wichtigen Spielsituation, beispielsweise im Elfmeterschießen, obwohl er sonst treffsicher ist? Warum erkannte ein Spieler eine Abseitssituation nicht, ein anderer hingegen schon? Wie viel Anteil an einem Erfolg/Misserfolg hatte eigentlich die Traineransprache? Warum nutzte ein Spieler Vorlagen nicht? Wodurch gelang es der Mannschaft, sich „frei“ zu spielen? Weshalb erschien die ganze Mannschaft „wie gelähmt“ oder „ohne Orientierung“? Oder auch: Weshalb konnte ein Spieler „sich nicht in den Griff kriegen“, rastete aus und wurde aggressiv?

Auch für seine „Ausraster“ bekannt: Ex-Bayern-Keeper Oliver Kahn.

Oder warum erlitt ein Spieler, man denke zum Beispiel an den Nationalspieler Sebastian Deisler oder Jan Simák vom VFB Stuttgart, ein Burn-out? Und wie hätte man früher dagegenwirken können?

Die richtigen Antworten auf die oben genannten Diskussionspunkte hängen entscheidend davon ab, inwieweit es uns in der Forschung gelingt, die verschiedenen situativen und personenbezogenen Faktoren zu identifizieren, die für die oben genannten Situationen tatsächlich ausschlaggebend waren. Erstere sind oft abhängig von der Kompetenz des Trainers, die Stimmung im Team zu managen. Letztere könnte man den „sportlichen Soft Skills“ oder der „mental-emotionalen Intelligenz“ der Spieler zuordnen.

So wichtig diese Faktoren sind, im Fußball wurde ihre Bedeutung lange unterschätzt, und: Bis vor kurzem standen keine fundierten Instrumente und Methoden zur Verfügung, um gesicherte Aussagen über „kognitive Teamprozesse“ und über „kognitive Spielerleistung“ treffen zu können.

So waren die Trainerteams bei der Spielerbeurteilung gezwungen, sich auf ihre Daten der körperlichen Spielerverfassung, auf ihre Erfahrung und auf ihre Intuition bei der Interpretation psychischer Leistungsfähigkeit zu verlassen. Doch das hat sich in der Zwischenzeit geändert.

Moderne Methoden

Psychologische Ansätze im Fußball

Wir wollen im Folgenden verschiedene, im Fußball verwendete Methoden diskutieren und einer alternativen, sogenannten „funktionsanalytischen“ Sichtweise samt der zugehörigen Forschung gegenüberstellen. Insbesondere stellen wir dabei zwei Dinge fest. Erstens bleiben diverse Angebote den Nachweis der versprochenen Effekte bislang schuldig und zweitens werben die Verfahren mit einer wissenschaftlichen Unterfütterung, die im besten Fall nicht haltbar, im schlimmsten Fall jedoch schlicht gelogen ist. Tasten wir uns also durch die aktuell eingesetzten Verfahren in steigender Wirksamkeit langsam vorwärts.

1. Kinesiologie – Esoterik ohne nachgewiesene Wirkung

Der Begriff „Kinesiologie“ stammt aus dem Griechischen und bedeutet „Lehre der Bewegung“. Es handelt sich dabei um ein Verfahren, welches den Nutzern nach der Anwendung körperliches, geistiges und psychisches Wohlbefinden verspricht. Es eignet sich laut Vertretern der Methode ebenso für die Gesundheitsprävention wie für die Behandlung von Schmerzen und Stresssymptomen, kann aber laut Beschreibung durchaus auch zur individuellen Potentialerhöhung und in der Pädagogik (dort vornehmlich unter dem Begriff Edu-Kinestetik ebenso berühmt wie berüchtigt) eingesetzt werden. Sie sehen schon: Für sämtliche Probleme und Problemchen existieren kinesiologische Lösungen.

Doch wie funktioniert dieses therapeutische Wundermittel? Kinesiologie bedient sich des aus der traditionellen chinesischen Medizin geborgten Konzepts einer kosmischen Energie, genannt Chi, die auf sogenannten Meridianen durch den menschlichen Körper fließt. Kinesiologen behaupten nun, dass sie anhand eines „Muskeltests" etwaige Ungleichgewichte im Körper des Klienten aufspüren und über verschiedene Techniken lösen können. Bei diesen Ungleichgewichten darf es sich nach Ansicht von Kinesiologen durchaus auch um nichtkörperliche Symptome wie den Zustand der Partnerschaft oder eine vorhandene Legasthenie handeln, denn „der Körper lügt nie".

Insofern ist es kaum verwunderlich, dass das Verfahren auch im Sport (dort zusätzlich unter wohlklingenden Etiketten wie „3-in-1-Concepts", „Touch for Health" oder „Brain Gym") Anwendung findet. Fußballer erhoffen sich insbesondere die Behandlung von Muskel-, Bänder- und Sehnenproblemen, mehr Energie auf dem Spielfeld, eine größere Trainingseffektivität oder den Abbau von sportlichen Blockaden und Ängsten. In der Wirtschaft drehen sich kinesiologische Trainingsangebote für Führungskräfte zusätzlich vor allem um Stressmanagement und eine größere innere Ruhe.

Ihnen wird angesichts des bisherigen Tonfalls vermutlich nicht entgangen sein, dass wir der Kinesiologie eher kritisch gegenüberstehen. Wissenschaftlich sind Effekte kinesiologischer Verfahren entgegen anders lautender Eigenwerbung nämlich bislang nicht nachweisbar. Da die Annahmen der Kinesiologie naturwissenschaftlichen und medizinischen Kenntnissen widersprechen, ist auch nicht davon auszugehen, dass sich diese Faktenlage in näherer Zukunft ändern wird.

Insofern ist nur bedingt verwunderlich, dass Verbraucherschützer wie die Stiftung Warentest ebenso wie die Wissenschaft von der Nutzung kinesiologischer Verfahren abraten. All das ficht ihre Anhänger jedoch kaum an und die entsprechenden Angebote erfreuen sich, nicht nur in Sport und Wirtschaft, großer Beliebtheit.

Eventuell könnte es sich um ein Verfahren handeln, dessen Placebo-Effekt besonders stark ausgeprägt ist, wodurch der Eindruck von Wirksamkeit entsteht. Doch das ist lediglich eine Vermutung.

2. Neurolinguistisches Programmieren – Große Versprechen, wenig dahinter

Ein wenig komplexer, im Grundsatz jedoch ähnlich, verhält es sich mit dem sogenannten „Neurolinguistischen Programmieren", kurz NLP. Auffällig am NLP ist zunächst ganz allgemein das beeindruckend selbstbewusste Auftreten der Anwender. Häufig ist davon die Rede, dass NLP ebenso hoch wirksam wie exzellent sei und überhaupt effektivste Kommunikation ermögliche. Grundlage des Verfahrens ist ein angeblich entschlüsseltes Verständnis der Muster (Programmierung) zwischen dem Gehirn (neuro), der Sprache (linguistisch) und dem Körper des jeweiligen Kommunikationspartners.

Obwohl im NLP kein allgemein verbindliches Gerüst von theoretischen Annahmen und verwendeten Techniken existiert, werden einige Konzepte breit geteilt. So entstammt das Verfahren der (lediglich kolportierten, aber nicht belegten) Beobachtung besonders begabter Therapeuten und es wurde analysiert, was diese Besonderheit im Kern ausmacht. Dabei ergab sich als weithin geteilte Annahme, dass es bei Menschen unterschiedliche „Repräsentationssysteme" gibt, mit denen die Welt aufgenommen und verarbeitet wird. Dies können beispielsweise eher visuelle oder auditive Systeme sein, das ist abhängig von der individuellen Veranlagung und der Situation.

Das NLP stellt Techniken zur Verfügung, wie diese Repräsentationssysteme anderer Menschen erkannt und für sich genutzt werden können. Eine zentrale These in diesem Zusammenhang besagt beispielsweise, dass aus der Blickrichtung anderer Personen beim Nachdenken Rückschlüsse auf die Repräsentationssysteme und damit verbunden auf bestimmte Denkvorgänge gezogen werden können („Augenbewegungshypothese").

Ausgehend von solchen Anhaltspunkten stellt das NLP Strategien zur Verfügung, wie man den Kontakt und die Kommunikation verbessern und das Gegenüber gewogener stimmen kann („Rapport" herstellen). Benutzt man beispielsweise ähnliche Worte, imitiert man die Atemfrequenz oder spiegelt man die Gestik des Gegenübers, so steigt modellgemäß die Wahrscheinlichkeit, dass sich Rapport einstellt.

Genau wie die Kinesiologie sieht NLP seine Anwendbarkeit in einem breiten Spektrum von Gebieten, welche von der Psychotherapie über das Rechtswesen bis hin zur Erziehung reichen. Selbstverständlich stehen auch der Sport und die Wirtschaft nicht außen vor. Im Sport zielt NLP beispielsweise auf die Aktivierung brachliegender Potentiale, den Umgang mit Stresssituationen in Wettkämpfen, die verbesserte Visualisierung von Bewegungsabläufen oder eine effektivere Selbst- und Trainingsmotivation. In der Wirtschaft kommen noch die Perfektionierung der kommunikativen Kompetenz, die Entwicklung von eigenen Fähigkeiten, die Motivation von Mitarbeitern oder die Verbesserung organisationalen Lernens hinzu.

Leider hat sich NLP seit seiner Entwicklung in den 70er Jahren kaum nennenswert weiterentwickelt. Moderne wissenschaftliche Erkenntnisse wurden in der Zwischenzeit trotz einer teilweise fundamental veränderten Erkenntnislage nicht integriert. Auch stehen solide, empirische Nachweise der behaupteten Zusammenhänge, Interventionstechniken und Effekte entweder noch aus oder es liegen klare Hinweise auf das Nichtzutreffen zentraler Annahmen vor. So darf beispielsweise die Augenbewegungshypothese als widerlegt gelten.

Zudem ist in der Praxis nicht immer klar, welche Techniken abgesehen von den wenigen, zentralen Elementen der individuelle NLP-Anwender genau nutzt. Da die ohnehin bereits wackeligen NLP-Annahmen häufig mit obskuren, esoterischen Verfahren kombiniert werden, weisen die resultierenden Angebote häufig eine entsprechend niedrige Qualität auf.

Zusammenfassend stellt sich die Plausibilität und Wirksamkeit des NLP nicht ganz so negativ dar, wie das bei der Kinesiologie der Fall ist. Allerdings raten wir auch hier vom Einsatz in Unternehmen oder im Fußball ab.

3. Mentaltrainings: Recht funktional, doch Vorsicht bei der Auswahl des Angebots

In fast allen Disziplinen des Sports werden Mentaltrainings eingesetzt. Sie trainieren kognitive Fähigkeiten. Etwas verkürzt geht es darum, einerseits psychische Prozesse so zu beeinflussen, dass diese die Bewegungsabläufe des Sportlers nicht blockieren, und andererseits Bewegungsabläufe zu verinnerlichen. Beispielsweise lernen die Sportler, alles Störende auszublenden, auf Kommando locker zu bleiben, die richtige Kompetenz- und Erfolgserwartung im Kopf zu haben oder sich mit geeigneten Bildern oder Vorstellungen zu regulieren.

Neurobiologische Forschungen mit bildgebenden Verfahren haben gezeigt, dass Bewegungsabläufe durchaus mental einstudiert werden können und dabei fast denselben neuronalen Effekt haben als seien die Bewegungsabläufe körperlich erfolgt. Mentaltrainings sind also gut geeignet, um Bewegungsabläufe zu lernen und bestimmte Situationen zu bewältigen.

Auch bei 1899 Hoffenheim übte man in der Saison 2008/2009 im Training intensiv das „kognitive Umschalten". Dieser Ansatz geht aus wissenschaftlicher Sicht in die richtige Richtung, da er einige bedeutende Selbststeuerungsfunktionen anspricht. Allerdings wird die Ausprägung der kognitiven Funktionen der Spieler und ihrer Selbststeuerungsfähigkeiten meist nicht mit wirklich fundierten Messverfahren erhoben. So bleibt es beim Training von wenigen Selbststeuerungsstrategien, wobei inzwischen mindestens vierzig differenzierbar, messbar und trainierbar sind.

Ralf Rangnick, Trainer der TSG 1899 Hoffenheim, unterstützt moderne Methoden.

Neben den tatsächlichen Mentaltrainings im oben skizzierten, engeren Sinne ist dieser nicht geschützte Begriff in der Zwischenzeit leider von diversen seriösen und weitaus weniger seriösen Anbietern übernommen worden. Insofern sollten Sie sich in Ihrem Unternehmen sehr genau anschauen, wen Sie sich als Mentaltrainer ins Haus holen. Sonst besteht die Gefahr, dass Sie Ihr blaues Wunder erleben – oder noch schlimmer: dass das versprochene, blaue Wunder ausbleibt.

4. Motivationsprofile – Schon besser, aber noch lange nicht perfekt

Motivationsprofile sind im Sport und vor allem im Fußball weit verbreitet, in der Wirtschaft hingegen noch weitgehend unbekannt. Populär gerade in Deutschland ist das nach seinem Urheber benannte Reiss-Profil sowie das Leistungsmotivationsinventar (LMI) von Heinz

Schuler und Michael Prochaska. Letzteres wurde neben einer für den Einsatz in Unternehmen konzipierten auch in einer sportbezogenen Variante (SMT, Sportbezogener Motivationstest) entwickelt. Doch was bieten diese Profile dem Fußballer bzw. dem Mitarbeiter? Schauen wir uns dazu beide Verfahren einmal etwas genauer an.

4.1 Das Reiss-Profil

Reiss trennt zunächst analog zu gängigen Werteklassifizierungen zwischen zwei Kategorien: den Mitteln und den Endzielen. Mittel sind Dinge, die wir tun, weil sie Zwischenschritte auf dem Weg zur Erfüllung eines Endzwecks sind. Das Mittel hat also „instrumentellen" oder „außenorientierten" Wert. Ein Endzweck ist der Grund, weswegen eine Handlung letzten Endes ausgeführt wird. Die jeweilige Handlung wird damit um ihrer selbst willen ausgeführt, nicht als Mittel, um einen Zweck zu erfüllen.

Die diesem Ansatz entsprechende Motivation bezeichnen wir als Eigenmotivation. Jemand spielt Fußball, weil es ihm Spaß macht (Endzweck). Dagegen spielen viele Profifußballer, um Geld zu verdienen oder um berühmt zu werden (Mittel). Reiss möchte diejenigen menschlichen Motive erfassen, die als Endzwecke fungieren können, d.h. Zwecke sind, die sich selbst genügen. Diese Motive haben seiner Meinung nach eine instinktive Basis, die wir mit unseren nächsten Verwandten im Tierreich teilen. Sie begünstigen Verhaltensweisen, die zu einer höheren „Fitness" führen.

Am Ende seiner, auf früheren Motivationstheorien der auch außerhalb wissenschaftlicher Fachkreise bekannten Herren Maslow, McClelland und Vroom basierenden Forschung hat Reiss einen Fragebogen zur Diagnose von 16 individuellen Motiven (Macht, Unabhängigkeit, Neugier, Anerkennung, Ordnung, Sparen, Ehre, Idealismus, Beziehungen, Familie, Status, Rache, Eros, Essen, Körperliche Aktivität, Ruhe) anhand von 128 zu bewertenden Aussagen vorgelegt. Dabei berücksichtigt er die Entwicklungsstufen von Motiven durch die jeweiligen Kontextbedingungen allerdings zu wenig, ebenso die vielfältige Forschung zu impliziten, unbewussten Bedürfnissen, die oftmals stärker wirken als die bewussten Antreiber.

Die Erhebung der eigenen „Antreiber" mit dem Reiss-Profil ist nach neueren Evaluationen ohne Berücksichtigung und Messung der vermittelnden Variablen – wie Umgebungsbedingungen (beispielsweise die Teamführung), unbewussten Motiven und verschiedenen kognitiven Funktionen – nicht ausreichend, um langfristige Veränderungsprozesse in der Motivation zu erreichen.

Dabei sind Umgebungsbedingungen für die Entwicklung von Eigenmotivation enorm wichtig. So fanden zusammenfassende Studien über alle Motivationstheorien drei zentrale psychische Grundbedürfnisse, die angeboren und damit für die Eigenmotivation relevant sind: das Bedürfnis nach Autonomie/Wahlfreiheit, das Bedürfnis nach Kompetenz/Struktur sowie das Bedürfnis nach menschlicher Nähe/Zuwendung ohne Gegenleistung. Wenn die Umgebungsbedingungen, wie zum Beispiel der Führungsstil eines Trainers oder einer Führungskraft, nun eines dieser drei Bedürfnisse stark frustrieren oder überbetonen, ist die Eigenmotivation gefährdet.

Für den Trainer ergeben sich daraus die Fragen: Inwieweit nimmt der Spieler sein Handeln als eigenes und damit selbst gewähltes Handeln wahr? Inwieweit hat er das Gefühl, auf eine Situation Einfluss nehmen zu können, bzw. klare Regeln zu erkennen? Inwieweit fühlt sich der Spieler – leistungsunabhängig – sozial eingebunden? Aus den obigen Erkenntnissen konnten konkrete Handlungsanweisungen für Führungskräfte abgeleitet werden. So kann beispielsweise das soziale Umfeld am Arbeitsplatz zu einer höheren Leistung und einem verbesserten Wohlbefinden beitragen, indem es Autonomie und Kompetenzerleben der Mitarbeiter fördert. Mehrere Studien belegen, dass selbstbestimmtes, auf die Grundbedürfnisse ausgerichtetes Lernen oder Trainieren sich positiv auf die intrinsische Motivation – also die Eigenmotivation – auswirkt. Dies führt in der Folge zu qualitativ besseren Lernergebnissen und stützt parallel die Aussagen der transformationalen Führung.

Ein weiterer Kritikpunkt, dem sich das Reiss-Profil stellen muss, ist seine ausbaufähige wissenschaftliche Fundierung. Obwohl im Vergleich zu pseudowissenschaftlichen Methoden wie Kinesiologie oder NLP selbstverständlich deutlich mehr Kompetenz in den Nachweis der Funktionalität des Instrumentariums geflossen ist und bereits diverse, ernstzunehmende Fachartikel zum Profil vorliegen, existieren bislang keine Studien, welche die weitgehende Unabhängigkeit und zugleich die inhaltliche Relevanz der Berücksichtigung aller 16 Motive zeigen.

Im Gegenteil: Die momentane Erkenntnislage deutet darauf hin, dass sich die im Profil berücksichtigten Motive erheblich reduzieren lassen. Dies wiederum würde zu den gängigen Erkenntnissen der Motivationsforschung passen und erscheint insofern sehr plausibel.

Es ist bedauerlich, dass diese Unzulänglichkeiten von Anwendern bisweilen entweder anders dargestellt oder gar unterschlagen werden. Das oftmals recht selbstbewusst nach außen getragene und angeblich über jeden Zweifel erhabene wissenschaftliche Fundament des Reiss-Profils existiert jedenfalls nach unserer Ansicht keineswegs. Dennoch wäre es andererseits übertrieben, von einem unwirksamen oder dysfunktionalen Ansatz zu sprechen. Die Wahrheit liegt beim Reiss-Profil wohl wie so oft irgendwo in der Mitte. Es besteht jedoch unzweifelhaft noch inhaltlicher Klärungsbedarf.

Hannover-96-Trainer Dieter Hecking: Mehr Erfolg durch Nutzung des Reiss-Profils?

In der Bundesliga arbeitet derzeit Hannover 96 mit dem Profil. Auch Schalke 04 und Alemannia Aachen haben damit Erfahrung und nach Auskünften führender Anwender gibt es diverse weitere Profivereine, die bereits Reiss-Profile der Spieler erstellt haben, diesen Umstand jedoch nicht nach außen kommunizieren wollen. Einer breiteren Öffentlichkeit bekannt wurde das Instrument durch die Boulevardpresse, da ja eine der 16 Dimensionen auch Fragen bezüglich des Sexuallebens beinhaltet. Das wurde natürlich direkt dankbar aufgenommen und entsprechend schlüpfrig kolportiert. Vor diesem Hintergrund ist die Zurückhaltung der die Anonymität vorziehenden Vereine sicherlich durchaus verständlich.

4.2 Das Leistungsmotivationsinventar nach Schuler

Als erheblich besser evaluiert und umfangreicher bezüglich leistungsrelevanter Aspekte darf sicherlich das Leistungsmotivationsinventar (LMI) von Schuler und Prochaska gelten. Es integriert wichtige Dimensionen verschiedener Leistungsmotivationstheorien und konzentriert sich vor allem auf leistungsbezogene Aspekte, wobei sowohl der

Durchsetzungswille (Machtbedürfnis) als auch das Leistungsbedürfnis (Leistungsmotiv) eine Rolle spielen. Der Test unterscheidet 17 Dimensionen oder Leistungsorientierungen: Beharrlichkeit, Dominanz, Engagement, Erfolgszuversicht, Flexibilität, Flow, Furchtlosigkeit, Internalität, Kompensatorische Anstrengung, Leistungsstolz, Lernbereitschaft, Schwierigkeitspräferenz, Selbstständigkeit, Selbstkontrolle, Statusorientierung, Wettbewerbsorientierung, Zielsetzung.

Fraglich ist, inwieweit Persönlichkeitsmerkmale wie Dominanz munter mit Selbststeuerungsfunktionen wie Selbstkontrolle und Flexibilität kombinierbar sind, ohne Bezug auf deren Wechselwirkungen. Zudem findet das Beziehungsmotiv keinen adäquaten Platz, obwohl es für die Leistung von Fußballern durchaus relevanter sein könnte als das Leistungsmotiv. Denken Sie nur an Lukas Podolski und seinen 1. FC Köln.

Im LMI werden dem einzelnen Spieler wie auch dem Trainer insgesamt aber sicherlich wichtige Ansatzpunkte für seine Leistungskraft verdeutlicht. Von den vorgestellten Verfahren ist das LMI das deutlich fundierteste und am sinnvollsten einsetzbare Instrumentarium.

Zusammenfassend lässt sich feststellen, dass die im Fußball gängigen Methoden in der Anwendung noch zu isoliert vorgehen. Man beschäftigt sich zwar mit den beschriebenen Einzelfunktionen, ignoriert jedoch noch weithin das Zusammenspiel der verschiedenen Persönlichkeitsebenen. Das könnte neueren Forschungsergebnissen zufolge ein Fehler sein, denn genau hierin könnte der Schlüssel für echte Leistungsoptimierung liegen. Die Funktionsweisen des Gehirns und der grundlegende Einfluss von Stimmungen auf die Aktivierung und Hemmung bestimmter Hirnregionen werden ebenfalls weitgehend ignoriert. Auch vermag keines der dargestellten Konzepte Mannschaftseffekte funktional zu erklären. So kann beispielsweise eine zu genaue Instruktion der Spieler in der Halbzeit nicht nur die Wahrnehmung des Teams auf Details fokussieren und damit den erfolgreichen Abschluss von Torchancen beeinträchtigen, sondern sogar die intuitive Handlungssteuerung hemmen, die für routiniertes, schnelles Spielen zur Verfügung stehen muss.

Treiber und Hemmer

Einflussfaktoren auf die Leistung

Doch was kann man tun? Denn schließlich gilt, wie wir alle seit Otto Rehhagel wissen: „Wichtig ist aufm Platz." Welche Rolle spielen einzelne Faktoren, wie z.B. Motiv-Dominanzen, individuelle Ausprägungen kognitiver Funktionen, die persönliche Grundstimmung und die individuellen emotional-mentalen Selbststeuerungsfähigkeiten tatsächlich im Leistungsgeschehen? Um diese Frage zu beantworten, müssen wir uns kurz auf ein paar theoretische Begriffe einlassen.

Die Motivation

Sie bestimmt, wie viel Energie ein Spieler für bestimmte Aufgaben generieren kann. Dabei spielen die unbewussten Motive eine viel stärkere Rolle, als bis vor einigen Jahren angenommen wurde. Es reicht deshalb einfach nicht aus, wie von den Motivationsprofilen vorgesehen, die Motive einfach abzufragen. Oft gibt es nämlich Diskrepanzen zwischen dem, was bei einer Person wirkt, und dem, was diese Person annimmt, was wirkt: also eine Diskrepanz zwischen der bewussten Meinung über die eigenen Motivatoren und den tatsächlichen Anreizfaktoren. Ein starkes Auseinanderklaffen von bewussten und unbewussten Motiven verstärkt die „gefühlte Belastung“ und kann zu Burn-out sowie zu diversen Erkrankungen führen. Zum anderen stellen unbewusste Bedürfnisse ungenutzte Energiequellen dar, die durch Bewusstmachung mobilisierbar sind.

Das Wissen um die verschiedenen Faktoren der Eigenmotivation bedeutet allerdings für einen Spieler – wie auch den Mitarbeiter eines beliebigen Unternehmens – nicht, dass er diese auch situativ effektiv einsetzt. Das setzt nämlich bestimmte kognitive Fähigkeiten voraus.

Kurzum: Wir wissen manchmal gar nicht so richtig, was wir eigentlich wollen.

Kognitive Fähigkeiten

Die Ausprägung verschiedener Hirnleistungen bzw. kognitiver Grundfunktionen zeigt das grundsätzliche Potential eines Spielers für bestimmte psychische Anforderungen. Wesentlich ist allerdings nicht nur, wie gut die Fähigkeiten eines Spielers oder Mitarbeiters in diesen Funktionen ausgebildet sind, sondern vor allem, ob er diese situativ effektiv abrufen, d.h. im richtigen Moment in den richtigen Modus „umschalten“ kann – und das ist abhängig von der Selbststeuerungsfähigkeit. Folgende vier Grundfunktionen sind essentiell für das Potential eines Spielers: Ein Spieler muss Spielzüge voraussehen und planen können, Situationen analysieren und ihnen strategisch begegnen.

Ist die *Planungsfunktion* zu gering ausgeprägt, hat der Spieler es schwerer, eine abgestimmte Taktik konsequent umzusetzen.

In unüberschaubaren Situationen (Chaos und Krisen) aber kommt man mit dem „Verfolgen des Plans“ nicht weiter. Hier gilt es, neue Wege zu finden, Ideen zu haben und Situationen kreativ zu lösen. Dazu sind ein gewisser Überblick und das Erfahrungsgedächtnis erforderlich. Dieses System wird in der differentiellen Psychologie auch als *Fühlfunktion* bezeichnet, weil im Erfahrungsgedächtnis die „das Selbst", die innere Motivation, betreffenden Inhalte repräsentiert sind. Dieses System ist aber nur unter einer relativ gelassenen Stimmung gut zugänglich.

Die *diskrepanzsensitive Wahrnehmung* als drittes System ermöglicht dem Spieler, detailliert Veränderungen wahrzunehmen, zu spüren, was sich beim Gegner oder in der Situation gerade ändert, Risiken eines Spielzuges abzuwägen und vor allem: aus den eigenen Fehlern zu lernen. Ist ein Spieler während des Spiels zu lange in diesem kognitiven System, verlangsamen sich die motorischen Abläufe und die „gefühlte" Belastung steigt, während die Stimmung sinkt. Ist er generell wenig in diesem Modus, lernt er weniger aus seinen Fehlern.

Selbst gegen Argentinien mit Messi selten emotionale Anspannung erkennbar: Ronaldinho.

Das noch ausstehende System findet im Fußball weithin als wichtiger Stammhirnbereich viel Beachtung: die *intuitive Verhaltenssteuerung*. Gewünscht ist, dass einem Spieler alle durch Übung erworbenen Handlungsroutinen in der Hochleistungsphase zur Verfügung stehen, was heißt, dass er schnell reagiert und ohne zu zögern „instinktiv das Richtige tut". Die im sportlichen oder Mentaltraining erworbenen „Routinen" stehen in diesem Modus allerdings nur dann zur Verfügung, wenn die Stimmung des Spielers entsprechend ausgeprägt ist. In diesem Modus ist der Spieler bei guter Stimmung schneller, reaktiver und initiativer. Ob das bei ihm wirklich so ist, wissen wir nicht, aber bei Ronaldinho sieht es zumindest so aus.

Man kann diese Funktionen inzwischen messen und damit über gezieltes Training etwaig unterentwickelte Systeme bei den Spielern optimieren.

Wahrnehmungs- und Verhaltensmuster

Die verschiedenen Persönlichkeitsstile der Spieler ergeben sich aus deren verfestigten Wahrnehmungs-, Einstellungs- und Verhaltensgewohnheiten. Sie zeigen sich an Eigenheiten im Teamverhalten und im wiederholten Umgang mit bestimmten Situationen. Ist ein Spieler vom Typ eher selbstsicher, loyal, eigenwillig, skeptisch, oder braucht er viel Bewunderung? Diese Stile sind über die Lebenszeit hinweg gewachsen sowie zum Teil auch genetisch determiniert und sorgen in ihren vielfältigen Kombinationen besonders in einem kulturell heterogenen Team oft für gegenseitiges Unverständnis.

Grundstimmung

Die Grundstimmung ist teilweise in der Persönlichkeit verankert. Zudem nimmt man an, dass hier auch genetische Faktoren wirken. Situativ kann ein Spieler aber über seine Selbststeuerung positive Gefühle herauf- und negative Gefühle herabregulieren. Die Trainer können meist genau sagen, welcher Spieler das Team eher „runterzieht" oder welcher das Team positiv mitreißt. Bei manchem Spieler liegt also genau dort der Ansatzpunkt. Die Rolle von Stimmungen wurde lange unterschätzt. Inzwischen gibt es viele Belege dafür, dass und wie Stimmungen Hirnregionen hemmen oder aktivieren können.

Eine negative Stimmung beispielsweise sorgt für wertvolle Detailorientierung, blockiert aber auch die Fähigkeit zum Überblick und die Wahrnehmung von Chancen. Gute Stimmung hingegen aktiviert das motorische System und damit Schnelligkeit und Reaktivität der Spieler, mindert aber die Wahrnehmung von Risiken.

Besonders für die Mannschaftsführung ergeben sich hier viele Ansatzpunkte.

Selbststeuerung

Die größte Bedeutung für die Leistung haben die Fähigkeiten zur Selbststeuerung, wie die differentielle Persönlichkeitsforschung zeigen konnte. Dazu gehören auch Willenskomponenten.

In den bislang 40 messbaren Funktionen der Selbststeuerung sind manche Spieler sichtbar sehr gut, andere aber könnten viel von deren Training profitieren. In der Selbststeuerungsforschung wird zwischen Selbstregulation und Selbstdisziplin unterschieden. Selbstregulation bezeichnet verschiedene Selbststeuerungsfähigkeiten, die den Zugang zu den eigenen Bedürfnissen auch unter Stress ermöglichen. Selbstdisziplin hingegen bezeichnet Fähigkeiten, die das Ausblenden eigener Bedürfnisse zugunsten eines Ziels forcieren. Die richtige Balance zwischen beiden Fähigkeitskomplexen, so zeigt die sportpsychologische Forschung, bietet optimale Voraussetzungen für Hochleistung.

Auch wegen dieser Erkenntnisse erscheint die Maßnahme von Jürgen Klinsmann, den Spielern bei der Auswahl ihrer Freizeitaktivitäten freie Hand zu lassen, unter einem positiven Licht. Umgekehrt könnte eine extreme Betonung von Disziplin und Zielorientierung, wie sie beispielsweise von Jogi Löw eingefordert wird, auf längere Sicht sogar das Gegenteil bewirken, nämlich die Spieler in Stresssituationen hemmen.

Die funktionale Sicht

An einem Beispiel können wir verdeutlichen, weshalb nicht nur Wirkungen einzelner Funktionen an sich, sondern auch die Wechselwirkungen der Funktionen mitberücksichtigt werden müssen:

Nehmen wir an, ein Spieler kennt sein Motivationsprofil nach Reiss. Um seine dort gefundenen antreibenden Motive auch „ins Spiel“ zu bringen, müsste er diese stetig präsent haben, wenigstens in entscheidenden Momenten. Genau das aber ist in stark belastenden Situationen nur schwer möglich. Das Erfahrungsgedächtnis (Extensionsgedächtnis), in denen solche Inhalte als Antreiber oder Bedürfnisse gespeichert sind, wird durch Stress gehemmt. Praktisch heißt das: Unter Belastung fällt dem Spieler gar nicht ein, woran er denken müsste, um sich zu motivieren. Dazu wären bestimmte, stark trainierte Selbststeuerungsfähigkeiten notwendig. Außerdem setzt unter Belastungsbedingungen ein Prozess starker Fokussierung auf Zielreize und der Ausblendung von Umfeldbedingungen ein, was zuweilen, situativ gesehen, dysfunktional sein kann und damit bestimmte Funktionen stört.

Insofern mag ein Reiss-Profil dem Trainer bei der Suche nach Motivatoren für den Spieler durchaus nutzen. Für den Spieler auf dem Platz ist das Instrument aber ungeeignet. Dabei ist das Wissen um das Wechselspiel der mittlerweile 120 messbaren Persönlichkeitsfunktionen zwar durchaus komplex, aber keineswegs unerforscht.

So hat sich der an der Universität Osnabrück lehrende Psychologe Julius Kuhl diesen Fragen intensiv gewidmet. Von ihm stammt zunächst das Konzept der Handlungs- und Lageorientierung. Es wird seit bereits vielen Jahren in verschiedenen Sportarten, beispielsweise im Handball und in der Leichtathletik, vereinzelt aber auch zur Führungskräfteauswahl in der Wirtschaft genutzt. Athleten mit einer hohen Handlungsorientierung sind in der Lage, alle mentalen Prozesse auf den Handlungsvollzug auszurichten und Misserfolge schnell auszublenden, während Athleten mit einer niedrigen Ausprägung der Handlungsorientierung sich beim Handlungsvollzug über zukünftige, gegenwärtige und vergangene Dinge Gedanken machen und nach Misserfolgen Leistungseinbußen zeigen.

Im Rahmen der auf diesen Erkenntnissen aufbauenden PSI-Theorie (Persönlichkeits-System-Interaktionstheorie) untersuchte Kuhl unter Berücksichtigung psychologischer, physiologischer, medizinischer und neurobiologischer Aspekte die Wechselwirkungen verschiedener Persönlichkeitsebenen (z.B. bewusste und unbewusste Motive, Temperament, Persönlichkeitsstile und Selbststeuerungsfunktionen) und übertrug seine Schlussfolgerungen auf den Sport und die Wirtschaft.

Er unterscheidet dabei generell zwischen Erst-, Zweit- und Drittreaktion beim Zustandekommen eines Verhaltens.

Die erste Reaktion bestimmt, mit welcher Grundstimmung ein Spieler generell in neue Situationen eintaucht: Geht er gefahrenorientiert oder chancenorientiert in ein Spiel hinein? Dazu kommen seine Denk-, Wahrnehmungs- und Verhaltensgewohnheiten, die Persönlichkeitsstile. Sie legen eine Verhaltensrichtung fest, die der Spieler in einer bestimmten Situation am liebsten einschlagen würde.

Die sogenannte Zweitreaktion ist die motivationale Ausrichtung in der Situation. Welche Ziele zur Befriedigung eines Bedürfnisses sind für den Spieler bedeutsam? Diese Ziele können bewusst, aber auch unbewusst sein. Gewinnt er Energie daraus, seine Ziele oder das, was der Trainer vorgegeben hat (Leistungsmotiv) umzusetzen? Oder ist es für ihn reizvoller, sich gegen den Gegner zu behaupten (Machtmotiv)? Ist es vielleicht ein dominantes Bedürfnis, das Zusammenspiel oder das Team zusammenzuhalten (Beziehungsmotiv)? Alle drei Motive können dabei zu einer Hochleistung führen, nicht nur das Leistungsmotiv.

Die dritte Reaktion schließlich ist entscheidend für die Art des Verhaltens: Wie setzt der Spieler seine Selbststeuerungsfähigkeiten ein? Kann er seinem durch Stimmung, Persönlichkeit und Motivation entstandenen „Impuls“ widerstehen und sich situationsadäquat „einstellen“? Es zeigt sich, dass die Arbeit an den Selbststeuerungsfaktoren in relativ kurzer Zeit Veränderungen hervorbringt. Die „Grundausstattung der ersten und zweiten Reaktion" benötigt hingegen langfristige Programme und Trainings, um Erfolge vorzuweisen.

Selbstblockade unter Stress | **Selbstzugang unter Stress**

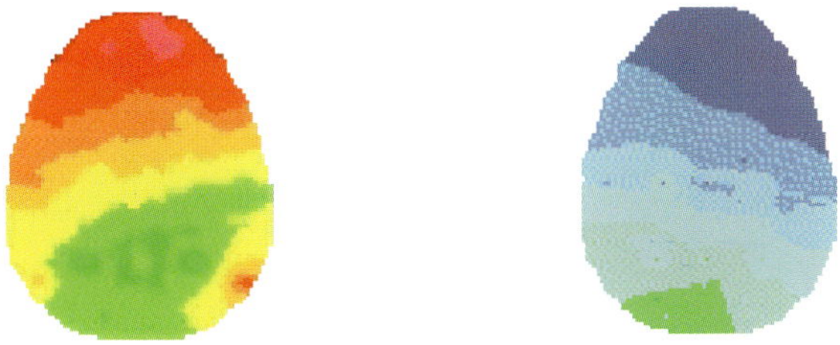

Lageorientierung nach Misserfolg:
Blockade des „Fühlens" und des Selbstzugangs unter Stress: Verlust von Überblick, Kreativität und Zugang zu eigenen Gefühlen, Bedürfnissen und Zielen

Handlungsorientierung nach Misserfolg:
Der Zugang zum Selbst („Fühlen") ist aktiviert: Handeln aus dem Überblick wird möglich. Kreative Problembewältigung

Die mittels EOS (Entwicklungsorientiertes Scanning) gefundenen Unterschiede im Umgang mit Misserfolg und Bedrohungen konnten durch Hirnstrommessungen im EEG-Labor bestätigt werden. (Quelle: Julius Kuhl, Osnabrück)

Die differentielle Persönlichkeitsforschung arbeitet mit verschiedensten Methoden. Das EEG-Bild zeigt, wie eine Person, die sehr lange an Misserfolgen knabbert und deshalb als lageorientiert bezeichnet wird, unter Stress Blockaden der Hirnregionen aufweist, die, um beim Beispiel des Sports zu bleiben, „für das routinierte Spielen" notwendig sind. Handlungsorientierte Spieler dagegen weisen unter Stress oder Misserfolg (Tor des Gegners) kein Leistungsdefizit auf.

Situative Effekte auf die Teamleistung

Was aber spielt für mentale Gruppeneffekte und für die Teamführung eine Rolle? Weshalb landen Mannschaften zuweilen in kollektiver Orientierungslosigkeit oder Spiellähmung? Neben den in diesem Kapitel diskutierten Aspekten der transformationalen Führung möchten wir einen wissenschaftlich bislang wenig beachteten Bereich nennen: das Stimmungsmanagement im Team.

Auch in diesem Bereich hat Jürgen Klinsmann bei der WM 2006 trotz mutmaßlich fehlender Kenntnis der Theorie sehr viel intuitives Wissen und Verständnis bewiesen. Er war in Momenten hartnäckig und wütend, in denen es auf Durchsetzung neuer Impulse, aus Forschungssicht auf das „Lernen aus

Fehlern" ankam. Er zeigte Gelassenheit in Situationen, wo die Einladung zu einem Disput Energie gebunden und das Ziel gefährdet oder einen Nebenschauplatz eröffnet hätte. Man denke nur an die um ihn geführte Wohnortdiskussion.

Er konnte eine zielorientierte Anspannung vor wichtigen Spielen hervorrufen, war aber auch in der Lage, Trauer und Enttäuschung seiner Spieler zu teilen, ungeachtet der Konsequenzen für sich selbst. Erinnern wir uns nur an die Bilder nach dem WM-Halbfinale gegen Italien.

Darum geht es beim Stimmungsmanagement. Es wird untersucht, wann und wie Interventionen auf die Kognitionen eines Teams und damit auf die Teamleistung wirken. Wie wenig der Zusammenhang zwischen augenblicklicher Stimmung und den Aktivitäten bestimmter Hirnregionen bekannt ist, zeigt sich daran, dass es immer noch Trainer gibt, die in wichtigen Spielen die Halbzeit nutzen, um mit negativen Teamansprachen Druck zu machen, obwohl sie damit rechnen müssen, mindestens die Hälfte der Spieler in ihren Spiel-Routinen zu blockieren – oder, anders gesagt: nur die andere Hälfte der Spieler damit zu erreichen.

Positiver Teameffekt: Griechenlands Trainer Otto Rehhagel sitzt inmitten seiner Ersatzspieler.

Manchen Teameffekt, da sind wir sicher, haben Trainer durch eine „transformationale Führung" hinbekommen, wie zum Beispiel Otto Rehhagel in der Anfangszeit mit der griechischen Mannschaft, vermutlich ohne genau zu wissen, was in ihrer Führung erfolgsförderlich war.

Wir könnten viele Situationen derart durchspielen. Fazit ist: Wir kommen nicht umhin, sowohl die Funktionsweise des Gehirns in Bezug auf kognitive Leistungsfähigkeit zu berücksichtigen als auch die Wechselwirkungen zwischen Persönlichkeit, Motiven und Selbststeuerungsfähigkeiten zu beachten. Daraus resultiert die Notwendigkeit einer funktionalen Potentialanalyse, die entwicklungsorientiert angelegt und, um Veränderungen aufzunehmen, für wiederholte Messungen geeignet sein muss.

Das Entwicklungsorientierte Scanning (EOS)

Insbesondere im Leistungssport ist insofern die Frage zu klären, weshalb jede Menge Daten sportinformatorisch aufgenommen werden, aber bislang noch viele psychologisch wirksame Komponenten vernachlässigt werden. Das von Julius Kuhl und seinen Mitarbeitern entwickelte Entwicklungsorientierte Scanning (EOS, manchmal auch in ähnlichen Systemen als SCAN oder TOP-K-Diagnostik bezeichnet) soll diese Lücke schließen und stellt sicherlich eine Innovation im Personalmanagement dar: Erstmals ist es damit möglich, das Entstehen von persönlichen Verhaltenspräferenzen sowie von Stärken und Schwächen funktional zu erklären und diese Persönlichkeitsfunktionen individuell zu beurteilen.

Aufgrund des Scannings funktionaler Persönlichkeitskompetenzen erhalten Trainer die Möglichkeit, die psychischen Entwicklungspotentiale eines jeden Spielers zielführend und effektiv zu erschließen und ihn, darauf aufbauend, individuell und maßgeschneidert zu fördern: nämlich durch die Ableitung von für ihn relevanten Trainings- und Coaching-Maßnahmen.

Mit dem Entwicklungsorientierten Scanning, einer bereits recht gut fundierten Testbatterie, werden die oben genannten Komponenten (Präferenzen, Stärken, Schwächen) mit einem Aufwand von 2 bis 3 Stunden erhoben. Individuell kann man daraus ableiten, wie sich eine Person mit ihrer spezifischen Motivationslage und Selbststeuerung unter Stress organisiert und wie sie sich noch effizienter für bestimmte Situationen rüsten kann. Folgende Fragen des Spielers kann das Scanning beispielsweise beantworten:

- Welche Bedingungen benötige ich in (Hoch-)Leistungsphasen?
- Wie balanciere ich meine Gehirnaktivitäten im Spiel, um situativ optimal eingestellt zu sein?
- Welche kognitiven Funktionen nutze ich zu wenig?
- Welche Persönlichkeitsstrategien kann ich für welche Anforderungen weiter ausbauen?

- In welchen Situationen ist aufgrund meiner Wahrnehmungs-, Denk- und Handlungsmuster Vorsicht geboten?
- Wodurch verliere ich Energie und steigere meine gefühlte Belastung?
- Wo liegen noch schlummernde Energiequellen?
- Wie kann ich mich – auch für unangenehme Aufgaben – am besten motivieren?
- Welche Selbststeuerungsfähigkeit muss ich aktuell weiter ausbauen, um nicht ins Burn-out zu geraten und/oder um die geforderte Leistung erbringen zu können?

Es ist zu erwarten, dass dieser Ansatz zukünftig sowohl in der Wirtschaft, als auch im Fußball noch stärkere Beachtung erfährt, da er von der aktuellen Datenlage gestützt wird. Auch beobachten wir, dass entwicklungsorientierte Methoden zur Einschätzung psychologischer Merkmale im Fußball zusammen mit einer frühzeitigen, motorischen Potentialanalyse (siehe den Exkurs zum „Footbonaut" in Kapitel 3) zunehmend wichtiger werden.

Veränderungssensitiv zu werden und ein Gespür für die eigenen Entwicklungsprozesse zu entwickeln, ist selbstredend ein bedeutsames Ziel für Spieler, Trainer, Führungskräfte und Mitarbeiter, dessen Potentiale aber aus unserer Sicht momentan noch unzureichend ausgeschöpft werden. Das hängt natürlich auch damit zusammen, dass der Bereich sportpsychologischer Beratung noch sehr jung, die Angebotspalette höchst unübersichtlich und die Zahl der tatsächlichen Experten unter allen Anbietern entsprechend gering ist. Um den Markt praxisseitig besser darzustellen, führten wir ein Interview mit der Psychologin Doris Gunsch, die mit dem oben dargestellten EOS als Management-Beraterin und Coach insbesondere auf den Gebieten High Potential Assessment und Stimmungsmanagement in Teams arbeitet.

Interview

Hallo, Frau Gunsch! Sie sind seit Jahren als Persönlichkeitscoach und Managementtrainerin tätig und trotzdem – oder auch gerade deshalb – auch in der universitären Forschung und Lehre aktiv geblieben. Wie beurteilen Sie aus Sicht der aktuellen Motivations- und Persönlichkeitsforschung die im Fußball bislang verwendeten Konzepte?

Doris Gunsch: Die Persönlichkeitsforschung hat sehr viele neue, aber inzwischen auch sehr spezifische Ergebnisse vorzuweisen. Sie sind in ihrer Fülle nicht leicht zu überblicken. Die zurzeit genutzten Instrumente bleiben, und das steht fest, weit unter den Möglichkeiten, was konkrete Trainingsansätze belangt. Aus meiner Sicht und Erfahrung sollte man die psychischen Funktionen in ihrer Wechselwirkung hinzuziehen, wenn man wirklich brauchbare Ergebnisse möchte. Vielversprechend und aufregend sind die Ergebnisse der Motivationsforschung, die unbewusste und bewusste Motive vergleichen und analysieren, wie jedes Bedürfnis tatsächlich kognitiv umgesetzt wird. Hierin liegt enorm viel Potential für die Selbstoptimierung.

Worin sehen Sie die psychischen Anforderungen der Fußballspieler?

Doris Gunsch: Was die Spieler im Spiel vollbringen müssen, ist eine mentale Höchstleistung. Sie meistern eine Vielzahl mentaler Anforderungen gleichzeitig und im schnellen Wechsel. Sie bewältigen negative Gefühle wie Lampenfieber, Angst, Druck und Wut, motivieren sich immer wieder neu, obwohl sie schon körperlich erschöpft sind, rufen sich ihr Ziel im richtigen Moment vor Augen oder blenden es in Momenten aus, wo es nur stören würde. Sie bewältigen Misserfolge, nach einem Tor des Gegners zum Beispiel reaktivieren sie ihr motorisches System. Wenn man sich den Peruaner Rinaldo oder auch Ronaldinho heute im Spiel bewusst ansieht, bemerkt man, dass beide keinen „Stillstand" kennen. Man sieht bei Ronaldinho auch seltener als bei anderen eine emotionale Anspannung. Sie bleiben permanent in Bewegung, halten also ihr motorisches System in Gang. Spieler wechseln zwischen konzentrierter Detail-Wahrnehmung im Zweikampf und frei flottierender Aufmerksamkeit über das Spielfeld hinweg.

Sie nutzen den Applaus der Fans zur Energiegewinnung und blenden Buhrufe aus, deren Wirkung sie Energie kosten würde. Sie setzen sich selbst unter Druck oder motivieren sich durch geeignete, gedankliche Vorstellungen oder das Zusammenspiel mit den anderen.

Diese Fähigkeiten entwickelt ein Spieler teils über die Zeit mittels seiner Erfahrungen, teils aber auch nie. Durch das entwicklungsorientierte Scanning sind diese nun genau mess- und trainierbar geworden. Allerdings muss man als Persönlichkeitstrainer jahrelange Erfahrung mit dem Scanning haben, weil die Praxistipps sich nicht direkt aus dem Studium des Verfahrens ergeben. Das erklärt, weshalb diese Dinge im Fußball so verzögert ankommen.

Sie arbeiten seit einigen Jahren mit EOS als System der Potentialanalyse in Unternehmen. Wie muss man sich Ihre Arbeit vorstellen und was bringt sie dem Unternehmen?

Doris Gunsch: Die kurze Antwortet lautet: Man arbeitet nicht mehr an den Symptomen in der Personalentwicklung, sondern an den Ursachen. Der Mitarbeiter erhält ein objektiveres Bild von sich und beschäftigt sich mit seinen ihn wirklich weiterführenden Punkten, also auch Dingen, die nicht publik werden sollen.

In der Wirtschaft wird dieses System der Potentialanalyse bzw. das entwicklungsorientierte Scanning überwiegend zur Personalauswahl, als Bestandteil eines Development-Centers oder zur Vertriebs- oder Führungskräfteentwicklung genutzt. Vor allem die Führungskräfte im Top-Management gönnen sich die Potentialanalyse mit Feedback-Coaching. Das hat verschiedene Gründe. Zum einen sind die Manager oft schon so weit trainiert, dass sie alle marktüblichen Systeme sowie deren Wirkungen oder eben auch Nicht-Wirkungen bereits kennen. Das Scanning stellt dann eine intellektuelle Herausforderung für sie dar. Die meisten vertiefen sich im Anschluss daran in die Hintergrundforschung und nutzen vieles für ihre Führungsaufgaben. Sie lieben den hohen Erklärungswert der dahinterliegenden PSI-Theorie für alle möglichen Situationen. Zum anderen brauchen Manager kurze und vor allem wirksame Maßnahmen für den Einzelkontakt. Sie haben nicht die Zeit für ein Zehn-Sitzungs-Coaching. Sie möchten einen objektivierbaren Impuls, klare und fundierte Aussagen. Die entsprechenden Schlüsse ziehen sie oft selbst. So reicht vielen die Analyse zusammen mit einer Coaching-Sitzung und einem Nachgespräch.

Der Nutzen für die Unternehmen liegt generell darin, dass sie ihr Personal mittels Potentialanalyse individuell fördern können. Über statistische Datenanalysen der Scannings über ganze Gruppen hinweg kann man sogar sagen, von welchem Training die meisten Mitarbeiter profitieren würden. So kann sichergestellt werden, dass Personalentwicklungsmaßnahmen nicht am eigentlichen Bedarf vorbeigehen. Inzwischen können ganz konkrete Fragestellungen beantwortet werden, z.B. wie reagiert Herr X unter Belastung? Wie wirkt er im zwischenmenschlichen Kontakt auf andere? Wie setzt er Leistungsziele um? Dies sind nur einige Beispiele dafür, wie das Scanning nutzbringend eingesetzt werden kann.

Sie übersetzen das entwicklungsorientierte Scanning gerade für den Fußball. Wie kamen Sie darauf?

Doris Gunsch: Wer das System kennt, nutzt es umfassend. Irgendwann begann ich beim Fußballgucken die kognitiv-funktionale Verfassung von Spielern und das Zusammenspiel der Mannschaften zu analysieren. Die Kommentare der Fachleute deckten sich, wenn auch in anderen Termini, mit meinen Beobachtungen. Irgendwann habe ich das dann systematisiert. Durch Kontakte kam ich zum ersten Bundesligaverein, wo diese Ansätze sehr interessiert aufgenommen wurden. Von da aus ging es dann über Querverbindungen weiter.

Wo liegen Ihrer Meinung nach die Ursachen dafür, dass sich EOS bislang dennoch noch nicht in Fußball und Wirtschaft durchsetzen konnte?

Doris Gunsch: Das ist meines Erachtens nur eine Frage der Zeit. Es braucht immer große Zeitspannen, bis Forschung auf einen Anwendungsbereich adaptiert und akzeptiert wird. Ich glaube, das kann jetzt sehr schnell gehen. Der Trend ist gesetzt.

Was wäre aus Ihrer Sicht mit dem entwicklungsorientierten Scanning im Fußball möglich?

Doris Gunsch: Man muss hier zwischen dem Einsatz des entwicklungsorientierten Scannings und der Nutzung der dahinterliegenden Theorie unterscheiden. Mit EOS kann man die Spieler in ihren kognitiven Funktionen gezielt weiterentwickeln, sie gezielt motivieren, Programme für sie entwickeln. Mit der Theorie kann das Team, aber auch der Trainer arbeiten lernen, um Gruppeneffekte zu steuern bzw. lähmende Teamsituationen zu vermeiden.

Ein Beispiel vielleicht: Ein Spieler hatte an EOS teilgenommen. Seine Persönlichkeitsfunktionen wurden gemessen und stellten keine unbekannten Variablen mehr dar. Voraussagen für kritisches Verhalten in Spiel- oder Teamsituationen konnten getroffen werden. Unter anderem stellte sich heraus, dass Spieler X schnell in Anspannung geriet, wenn die Gegenmannschaft Tore verzeichnete. In diesen Momenten setzte er sich selbst derart unter Druck, dass er sich nur noch auf seinen Gegenspieler konzentrieren konnte, nicht mehr auf das Umfeld und die Mitspieler. Dadurch nutzte er Vorlagen und Torchancen wiederholt nicht aus, da er diese verzögert wahrnahm. In dem testbasierten Einzelcoaching wurden nach gemeinsamen Gesprächen mit Trainer und Mannschaftspsychologen die für den Spieler schwierigen Spiel- und Teamsituationen identifiziert und ein individuelles Motivations- und Mentaltrainingskonzept entwickelt, das ihm half, in solchen Situationen den Druck bewusst herunterzuregulieren und seine Wahrnehmung zu ändern.

Eine andere Möglichkeit sehe ich in einem Training der gesamten Mannschaft über grundlegende Funktionen des Gehirns. So können

Kommunikationen untereinander routiniert werden, um Wahrnehmungen und Stimmungen situationsgerecht zu regulieren. Negativen Mannschaftseffekten wird so direkt vorgebeugt.

Auch für Fußballtrainer, die diese Grundlagen lernen, ist der Ansatz effektiv. Sie wissen, in welchen Situationen welche Stimmung erzeugt werden muss oder was leistungsmindernde Folgen nach sich ziehen kann. Ein Trainer kann seine Führung durch diese Kenntnisse an die Leistungsanforderung anpassen. Zum anderen bieten sich ihm viele Erklärungsmöglichkeiten und Ansatzpunkte für verschiedene Spielsituationen. Der regelmäßige Austausch mit den Spielern ermöglicht eine kontinuierliche professionelle Weiterentwicklung und die vollständige Ausschöpfung des Mannschaft-Leistungspotentials.

Welchen aktuellen Aufgaben mit dem Scanning widmen Sie sich derzeit?

Doris Gunsch: Ich könnte mir vorstellen, zusammen mit einem Verein über eine Gruppenauswertung der Profile sehr guter Spieler Prognosekriterien für psychische Leistungsfähigkeit zu ermitteln. Für den Vertriebs- und den Führungsbereich liegen bereits derartige Prognosekriterien vor und eine Übertragung auf den Fußball halte ich für vielversprechend.

Vielen Dank für das Gespräch!

Selbsttest 1

Transaktionale Führung und Laissez-faire

Am Ende jedes Kapitels möchten wir Ihnen die Gelegenheit zu einer kurzen Selbsteinschätzung geben. Am Ende dieses Kapitels gibt es zwei Selbsttests, zu transaktionaler Führung und Laissez-faire (Selbsttest 1) sowie zur transformationalen Führung (Selbsttest 2).

Für die Antwort auf jede der Ausprägungen erhalten Sie minimal einen, maximal fünf Punkte.

Wenn Sie die unten stehenden Fragen beantworten, können Sie dann gemäß der unten erklärten Auswertung für sich eine grobe Einschätzung bezüglich leistungsorientierter Belohnung, Laissez-faire und aktiver Kontrolle erhalten. Auf der folgenden Seite finden Sie Mittelwerte von 10 Bundesligatrainern sowie einer Stichprobe von Topmanagern aus der Wirtschaft. Zwar genügen dabei weder das Verfahren noch die Fragebögen gehobenen wissenschaftlichen Anforderungen, für ein paar interessante Erkenntnisse eignet sich das Vorgehen aus unserer Sicht jedoch durchaus.

Und nicht vergessen: Je ehrlicher und selbstkritischer Sie die Fragen für die Ausprägungen A1 bis A6 beantworten, desto aufschlussreicher sind die zu gewinnenden Ergebnisse!

		nein	eher nein	neutral	eher ja	ja
A1	Ich mache deutlich, wer für bestimmte Leistungen verantwortlich ist.	1	2	3	4	5
A2	Ich gebe den Mitarbeitern/Spielern immer Feedback, wenn sie gute Leistungen bringen.	1	2	3	4	5
A3	Entscheidungen regeln sich von ganz alleine.	1	2	3	4	5
A4	Auch wichtige Fragen können warten.	1	2	3	4	5
A5	Ich kümmere mich in erster Linie um Fehler und Beschwerden.	1	2	3	4	5
A6	Ich verfolge alle Fehler konsequent.	1	2	3	4	5

Auswertung des Selbsttests zu transaktionaler Führung und Laissez-faire

Ihre persönlichen Ausprägungen in den 3 Dimensionen können Sie nach den hier angegeben Formeln ganz einfach berechnen:

Leistungsorientierte Belohnung:	(A1+A2)/2 =
Laissez-faire-Führung:	(A3+A4)/2 =
Aktive Kontrolle:	(A5+A6)/2 =

- **Leistungsorientierte Belohnung**

  Verdeutlicht Erwartungen, Lob und Belohnung erfolgen nach Leistung.

- **Laissez-faire-Führung**

  Gibt Spieler/Mitarbeiter Raum für eigene Entscheidungen, mischt sich nicht weiter ein.

- **Aktive Kontrolle**

  Eingriff erst, wenn Zielerreichung bedroht ist bzw. Ziele gar verfehlt wurden und Standards nicht gehalten werden.

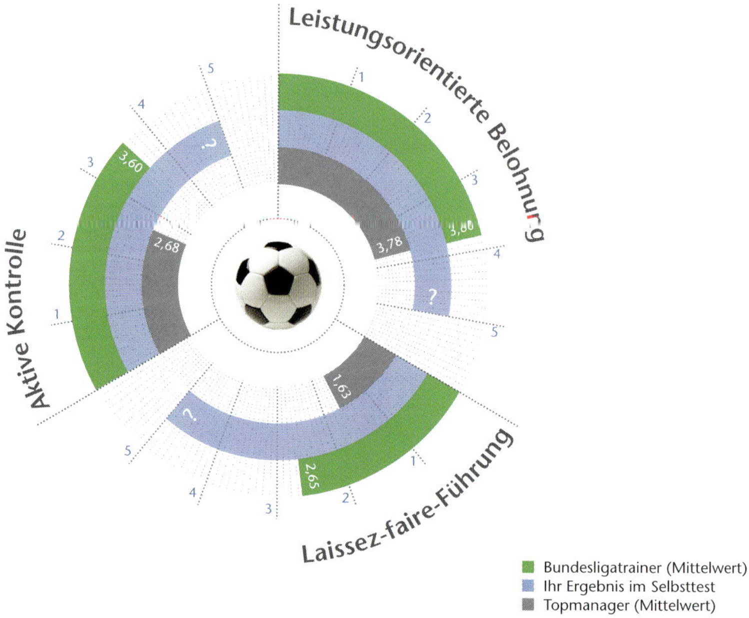

Selbsttest 2

Transformationale Führung

Auch zur transformationalen Führung möchten wir Ihnen die Gelegenheit für eine einfache Selbsteinschätzung geben. Sie zeigt Ihnen, wie Sie Emotionen, zeigen, fördern und nutzen. Auf der folgenden Seite finden Sie Mittelwerte von 10 Bundesligatrainern sowie einer Stichprobe von Topmanagern aus der Wirtschaft.

Je ehrlicher und selbstkritischer Sie die Fragen für die Ausprägungen A1 bis A8 beantworten, desto aufschlussreicher sind die zu gewinnenden Ergebnisse!

		nein	eher nein	neutral	eher ja	ja
A1	Ich spreche mit Begeisterung über das, was erreicht werden soll.	**1**	**2**	**3**	**4**	**5**
A2	Ich inspiriere mit meinen Zukunftsplänen.	**1**	**2**	**3**	**4**	**5**
A3	Ich schlage neue Wege vor, wie Aufgaben bearbeitet werden können.	**1**	**2**	**3**	**4**	**5**
A4	Ich suche bei der Lösung von Problemen nach unterschiedlichen Perspektiven.	**1**	**2**	**3**	**4**	**5**
A5	Ich betone die Wichtigkeit von Teamgeist und einem gemeinsamen Aufgabenverständnis.	**1**	**2**	**3**	**4**	**5**
A6	Ich bin jemand, bei dem die Menschen stolz sind, mit ihm zu tun zu haben.	**1**	**2**	**3**	**4**	**5**
A7	Ich helfe meinen Mitarbeitern/Spielern, ihre Stärken auszubauen.	**1**	**2**	**3**	**4**	**5**
A8	Ich berücksichtigte die Individualität jedes Einzelnen und behandele ihn nicht als einen unter vielen.	**1**	**2**	**3**	**4**	**5**

Auswertung des Selbsttests zu transformationaler Führung

Ihre persönlichen Ausprägungen in den 4 Dimensionen der transformationalen Führung können Sie nach den hier angegeben Formeln ganz einfach berechnen:

Inspirierende Motivation:	(A1+A2)/2 =
Intellektuelle Stimulierung:	(A3+A4)/2 =
Idealisierter Einfluss:	(A5+A6)/2 =
Individuelle Unterstützung:	(A7+A8)/2 =

- **Inspirierende Motivation**
  „Vision“
- **Intellektuelle Stimulierung**
  „Charisma“
- **Idealisierter Einfluss**
  „Begeisterung“
- **Individuelle Unterstützung**
  „Leistungskitzel“

Kapitel 2

Management

Im ersten Kapitel haben wir uns ausführlich damit beschäftigt, wie sich eine Führungskraft idealerweise verhält. Anhand der Verbindung diverser Beispiele und Anekdoten aus dem Fußball mit dem derzeit vielversprechendsten theoretischen Konzept kamen wir zu dem Ergebnis, dass gute Führungskräfte eine Balance zwischen einer rationalen und einer emotionalen Ansprache der Mitarbeiter finden. Dabei wurde deutlich, dass zwar beide – rationale und emotionale – Aspekte unabdingbar und erfolgsdienlich sind, sich die emotionale Ansprache allerdings stärker und langfristiger auf die Leistung auswirkt.

Das zweite Kapitel dieses Buches befasst sich mit Management. Abermals wird es um eine Balance gehen, welche im Fußball bereits seit vielen Jahren beachtet, in der Wirtschaft bislang jedoch noch unzureichend verstanden und gelebt wird. Im ersten Kapitel haben wir angedeutet, dass man Jürgen Klinsmann als Führungskraft über den grünen Klee loben kann und sollte, andererseits hat aber auch sein totales Scheitern bei Bayern München gute Gründe. Nun, einige davon sind in diesem Kapitel beschrieben, sie haben mit einem dysfunktionalen – Störungen verursachenden – Managementstil zu tun. Nach der Lektüre dieses Kapitels werden Sie aber vermutlich ebenfalls nachvollziehen können, weshalb Felix Magath bei Wolfsburg so erfolgreich wurde. Obwohl Magath bei der emotionalen Führung nach unserer Einschätzung klar erkennbare Defizite aufweist, hat er dennoch über die Jahre hart an sich gearbeitet. Genauer: Er hat es geschafft, die bei ihm defizitär entwickelten Rollen eines Managers nach und nach zu erlernen. Und eben diese Fähigkeit, nämlich erstens das Erkennen von und zweitens das stetige Arbeiten an eigenen Schwächen, zeichnet Felix Magath wie kaum einen anderen Trainer der Bundesliga aus.

Eventuell fragen Sie sich an dieser Stelle, worin denn eigentlich der Unterschied zwischen Management und Führung besteht. Weshalb soll Felix Magath Defizite bei der Mitarbeiterführung aufweisen, jedoch ein guter Manager sein? Die häufige und selbstverständliche Verwendung der beiden Begrifflichkeiten „Führungskraft“ und „Manager“ suggeriert nämlich, dass es eine einfache Antwort auf diese Frage gibt. Dem ist aber nicht so. Bevor wir also tiefer in eine spezielle Diskussion über Balancen im Management einsteigen, sollten wir zunächst einmal klären, was wir im Folgenden unter „Management“ verstehen. Handelt es sich bei Führung und Management vielleicht um zwei Seiten der gleichen Medaille? Eventuell

Felix Magath mit der Meistertrophäe: Sie ist das Ergebnis harter Arbeit, auch des Trainers an sich selbst.

hilft uns bei der Klärung ein stärkerer Personenbezug. Also: Wo liegen die Unterschiede zwischen einer Führungskraft und einem Manager?

Falls Sie die Herleitung der Antwort interessiert, sollten Sie den Exkurs über das Competing Values Framework lesen. Falls Ihnen der Sinn mehr nach praktischen Anwendungen und einem stärkeren Fußballbezug steht, überspringen Sie die Passage einfach.

Exkurs

Das „Competing Values Framework"

Die Antwort auf die Frage nach dem Unterschied zwischen Management und Führung treibt Theoretiker seit knapp zwanzig Jahren um. Einige verstehen unter Management eher die sachliche Erläuterung und unter dem Begriff Führung das Entfachen von Begeisterung für die zu erledigenden Aufgaben. Eine derart starke Abgrenzung der beiden Begriffe wird vor allem von Autoren vorgenommen, die Führung und Management für qualitativ verschiedene, sich gegenseitig ausschließende Rollen halten. Führungskräfte könnten demzufolge keine Manager sein und Manager keine Führungskräfte. In diesem Sinne wären Manager dann passive, kreativitätsfeindliche und jegliches Aufkommen emotionaler Bindungen verhindernde Bürokraten, deren Geführte ihre Zufriedenheit ausschließlich aus materiellen Belohnungen beziehen. Führende hingegen vermitteln lebhafte Eindrücke und Visionen einer besseren Zukunft. Sie setzen emotionale Botschaften und Charisma ein, um ihre Geführten zu inspirieren und intellektuell zu stimulieren und auf ihre Werte und

Überzeugungen Einfluss zu nehmen. Aus Kapitel 1 wissen wir, dass diese Sichtweise aus heutiger Perspektive überholt ist, denn die beiden Strategien widersprechen sich nicht, sondern wirken im Gegenteil sogar komplementär.

Andere Autoren, allen voran John Kotter, sehen im Management vor allem die Fähigkeit zum Umgang mit Komplexität. Sie schreiben Managern die Betonung von Stabilität, Ordnung und Effizienz zu, während sie unter Führung die Förderung von Flexibilität, Innovation und Veränderung verstehen. Das Ausmaß der Überlappung zwischen diesen beiden Funktionen ist jedoch äußerst umstritten. Während die meisten Theoretiker davon ausgehen, dass es zwar durchaus möglich ist, beide Rollen in einer Person zu vereinen, sehen andere Forscher analog zum oben erwähnten Disput Führen und Managen in der Regel als klar unterscheidbare Prozesse an.

Gerade Theorien aus der Management- und Führungsforschung beschreiben und erklären ihren Betrachtungsgegenstand häufig anhand personaler oder situativer Dichotomien, also der Unterteilung in zwei Begriffspaare. Konkrete Beispiele dafür wären etwa Consideration versus Initiating Structure, Transaktionale versus Transformationale Führung, Theorie X versus Theorie Y oder Partizipative versus Autokratische Führung. Zentraler Bestandteil dieser Modelle ist das Entgegengerichtete und sich Ausschließende der beiden Alternativen.

Bestrebungen, ein wenig weiter auszuholen und die aufgeworfenen Gegensatzpaare zusammenzufassen oder zusammenhängend zu diskutieren, wurden bis Ende der 80er Jahre kaum unternommen. Das ist auf den ersten Blick verständlich, denn warum sollte es einen Sinn ergeben, einander entgegen gerichtete Strategien zeitgleich zu verfolgen oder sich widersprechenden Zielen parallel nachzugehen? So etwas verletzt das Empfinden von Logik und behinderte auch in der Wissenschaft lange die Suche nach konsistenten Theorien, welche die Unternehmensrealität abbilden können.

Anstatt Gegensätze anzunehmen und Nutzen daraus zu ziehen, war es einfach zu verlockend, diese Gegensätze auflösen zu wollen. Das entspricht jedoch nicht der Realität und dies wurde zunehmend auch in der Wissenschaft wahrgenommen: Vorgesetzte haben oftmals verschiedene „Hüte" zugleich auf und müssen einfach manchmal unterschiedliche Dinge zur gleichen Zeit einfordern. Auch auf die Gefahr von Widersprüchen hin.

Dabei werden zwei grundsätzliche Fragen aufgeworfen, die bislang auch in der Betriebswirtschaftslehre ungelöst schienen:

1. Gibt es eine theoretische Grundlage für eine Managementstrategie, die widersprüchliche Ziele berücksichtigt?
2. Und wenn ja: Wie lautet sie und was muss man konkret tun?

Wir wollen im Folgenden eine kurze Antwort auf diese Fragen geben, welche im Gegensatz zu den praxisbezogenen Ausführungen im Text eher auf die theoretischen Facetten eingeht.

Ein ungewöhnliches erstes Beispiel für die Balance entgegengerichteter Ziele findet sich ausgerechnet in einem Bereich, in dem viele sicherlich ein hohes Maß an Stabilität, jedoch wohl die wenigsten das Vorhandensein von Flexibilität erwartet hätten: beim Militär, genauer bei der deutschen Wehrmacht. Für die Militärgeschichte beantwortet der Militärhistoriker Martin van Creveld nämlich die erste der beiden obigen Fragen eindeutig mit „Ja"; er spricht sogar von einer kritischen Erfolgsbedeutsamkeit des zeitgleichen Verfolgens sich widersprechender Ziele.

Konkret geht er der Leitfrage nach, wie die deutsche Wehrmacht bei stets unterlegener Personalausstattung und ebenso unterlegener Materialmasse eine so hohe Schlagkraft entwickeln konnte, dass ihr „an Kampfkraft keine Armee des zwanzigsten Jahrhunderts ebenbürtig war". Er beschreibt dabei Armeen als direkt miteinander konkurrierende Organisationsformen (ähnlich Unternehmen also) und begreift Kampfkraft als Summe aller nichtmateriellen Werte einer Armee. Zu diesem Zweck wertet er in einer extrem aufwendigen Analyse alle Dienstanweisungen und Felddienstordnungen der Armeen des Zweiten Weltkriegs aus, um zu verstehen, wie die verschiedenen Armeen funktionieren.

Die naheliegende Antwort auf die hohe Kampfkraft der deutschen Wehrmacht wäre wohl gewesen, dass der sprichwörtliche Kadavergehorsam die deutschen Soldaten in eine brutale Effizienz getrieben hat. Das Gegenteil ist jedoch der Fall. Van Creveld kommt vielmehr zu dem Schluss, dass dem Balancieren widersprüchlicher Ziele (in der preußischen Militärsprache sogar mit einem eigenen Wort, der „Auftragstaktik", bedacht) eine zentrale Rolle zukommt. Konkret schreibt er in seinem Buch „Kampfkraft" (ARES 2005):

„Ohne das richtige Gleichgewicht zwischen Zentralisierung und Dezentralisierung, zwischen Disziplin und Initiative, zwischen Autorität und Verantwortung des einzelnen, kann keine menschliche Organisation – ganz zu schweigen von einer militärischen, die in einer Umgebung operiert, in der Unordnung und Verwirrung heimisch sind – funktionieren oder überhaupt existieren. [...] Vom Standpunkt des Führungssystems zeichnet sich der moderne Krieg vor allem durch sein Tempo und die Notwendigkeit enger Zusammenarbeit vieler spezialisierter Truppen aus. Wenn die übrigen Faktoren gleich bleiben, bedeutet das, dass ein Führungssystem, das auf der untersten Ebene Raum für Initiative und den unterstellten Kommandeuren Raum für vernünftige Zusammenarbeit lässt, jedem anderen überlegen ist, das sich nicht so verhält."

Zum deutschen Heer vermerkt er:

„Im Gegensatz zu den weitverbreiteten Klischees vom „Kadavergehorsam" und der „preußischen Disziplin" hatte das deutsche Heer spätestens seit der Zeit des älteren Moltke immer die entscheidende Bedeutung der Eigeninitiative und -verantwortlichkeit, selbst auf der untersten Ebene, betont. In dieser Hinsicht war es der deutschen Industrie weit überlegen, wo bis ins zwanzigste Jahrhundert das autoritäre Prinzip des Befehls von oben und des Gehorsams von unten vorherrschte."

Wir fanden diese Parallele verblüffend und vielleicht teilen Sie diesen Eindruck mit uns. In der klassisch betriebswirtschaftlichen Literatur wird das Thema neuerdings ebenfalls aufgegriffen. So empfahl das Konzept des „Dynamic Fit", dass Führungskräfte mit zunehmender Verantwortung Balance sowohl erhalten als auch zerstören müssen. Insbesondere das Topmanagement muss demnach zwar einerseits konsistente Botschaften an die Geführten aussenden und konstant Strategie und Struktur harmonisieren. Andererseits dürfen diese Maßnahmen aber auch nie in Selbstgefälligkeit oder Erstarrung münden und müssen daher durch parallel eingesetzte, entgegengerichtete Führungsstrategien balanciert werden. Diese Gegenstrategien werden als wesentlich erachtet, um organisationsübergreifend neue Kompetenzen zu erwerben und sich so zukunftsgerechter positionieren zu können.

Um das zu bewerkstelligen, benötigt man „Verhaltenskomplexität". Das ist genau jene Fähigkeit, verschiedene und bisweilen widersprüchliche Führungsrollen erstens wahrzunehmen und zu verstehen und zweitens in Verhalten umzusetzen.

Die theoretische Stoßrichtung entstammt dabei ursprünglich Überlegungen zu der Frage, welche Rollenanforderungen Führungsverhalten über alle denkbaren Situationen hinweg beinhalten kann. Dazu gab es vielfältige Ideen, und der Führungsforscher Gary Yukl führte nicht nur alle bisherigen Vorschläge im Rahmen eines sehr gelungenen Vergleichs zusammen, sondern entwickelt in Verbindung mit eigenen Ideen ein Rollensystem aus insgesamt 14 Führungsrollen. Weltwirtschaftliche Entwicklungen verleihen der Dringlichkeit und Bedeutung dieser Form der Theorieentwicklung zusätzliches Gewicht, denn Führung ist aus vielerlei Gründen anspruchsvoller geworden:

- Viele Organisationen befinden sich in nahezu durchgängigen Restrukturierungsaktivitäten.
- Es existiert ein zunehmender globaler (manchmal „hyperkompetitiv" genannter) Verdrängungswettbewerb.
- Die Arbeitnehmerschaft durchläuft tiefgreifende demographische Veränderungen.
- Das Tempo technologischer Veränderungen ist enorm und steigt weiterhin an.

Diese Veränderungen übertragen sich entsprechend in erhöhte Anforderungen an Führungskräfte, denn sie müssen

- die „übrig gebliebenen" Mitarbeiter aus Downsizingprozessen mit entsprechend veränderten Unternehmen führen,
- häufig nicht nur die Belange des jeweiligen Standorts, sondern auch Bedingungen von Standorten in anderen Ländern berücksichtigen,
- mit Mitarbeitern umgehen, welche zunehmend unterschiedliche Wertvorstellungen aufweisen, und
- Mitarbeiter führen, welche sich immer häufiger nicht mehr am selben Ort befinden.

Eine große Verhaltenskomplexität erhöht dabei die Wahrscheinlichkeit, dass eine Führungskraft in einer bestimmten Situation die jeweils passende Rolle ausfüllt und so den jeweils geltenden Anforderungen entspricht.

Mit Hilfe der Verhaltenskomplexität soll also auch das vorher ungelöste Problem der „situativen Führung“ erfasst werden: Führungskräfte interagieren simultan mit diversen unterschiedlichen Akteuren in einer großen Bandbreite sich schnell verändernder Rahmenbedingungen und handeln somit in einer kaum überschaubaren Zahl verschiedener Situationen. Deshalb scheitert ein Führungsansatz, welcher sich speziell bestimmten Situationen widmet, zwangsläufig in vielen Branchen und Unternehmen. Die Zahl der Situationen, die unterschieden werden müssen, ist nämlich schlicht zu groß, das Konzept der situativen Führung ist somit weitgehend unbrauchbar.

Diese ganzen Überlegungen sollen zudem nicht in einem rein theoretischen Raum geschehen, denn die Forderung nach einer größeren Flexibilität des Führungsverhaltens allein ist natürlich noch nicht ausreichend. Vielmehr muss zusätzlich ausgeführt werden, wie Führungskräfte erfolgsbedeutsam agieren können. Der Anspruch lautet also zusammengefasst, Führung durch Verhaltenskomplexität situationsunabhängig direkt mit organisationaler Effektivität in Verbindung zu bringen.

Das ist eine ganze Menge und geht klar über die klassischen situativen Ansätze hinaus, weil für viele Führungskräfte einfach nicht mehr die Charakteristika weniger, spezifischer Situationen gelten.

In diesem Buch wollen wir aber einen etwas anderen Weg gehen und im Sinne des übergeordneten Themas des Balance Managements nachvollziehbarer zwischen Führung und Management unterscheiden.

Führung beziehen wir auf das konkrete Verhalten und die Techniken, welche Vorgesetzte einsetzen, um Mitarbeitern das Erreichen der gemeinsamen Ziele zu ermöglichen.

Über die Inhalte dieser Verhaltensweisen und Techniken haben wir uns in Kapitel 1 hinreichend Gedanken gemacht und dabei zwischen rationalen (transaktionalen) und emotionalen (transformationalen) Komponenten unterschieden.

All diese Verhaltensweisen und Techniken schweben jedoch nicht im luftleeren Raum. Vielmehr müssen sie mit Inhalt gefüllt werden und der richtige Einsatz hängt vor allem davon ab, in welcher Funktion, in welcher Rolle, mit welchem „Hut“ auf dem Kopf eine Führungskraft gerade agiert. Daher soll genau das bei uns als Management definiert werden:

Management umfasst die verschiedenen Rollen („Hüte“), die eine Führungskraft ausfüllen muss.

Genau darum wird es im Folgenden gehen.

Rollen und Hüte

Mit ganz ähnlichen wie den soeben beschriebenen Gedanken im Hinterkopf machte sich ein renommiertes Forscherteam Mitte der 80er Jahre daran, eine Lösung für die Praxis zu formulieren. Ausgehend von allen erdenklichen, potenziell erfolgsbedeutsamen Management- und Führungsaspekten wurden dabei auf der Basis von Expertenbefragungen und vorhandenen Unternehmensdaten diejenigen „Hüte" und Rollen von Managern gesucht, die wirklich notwendig und zugleich bedeutend für Erfolg von Unternehmen sind.

Die Forscher gelangten dabei zu der Erkenntnis, dass zwei Dimensionen übergeordnete Prinzipien darstellen und ausreichen, um organisationale Effektivität sowie Aktivitäten von Führungskräften zu beschreiben:

- Die eine Dimension umfasst die Pole von Flexibilität und Stabilität,
- die andere einen internalen und externalen Fokus.

Diese Pole sind jeweils beide attraktiv, schließen sich jedoch dummerweise gegenseitig aus. Schließlich möchte man als Führungskraft beispielsweise neben einer hohen Stabilität AUCH eine maximale Flexibilität erreichen.

Marko Marin sitzt bzw. saß unter Hans Meyer häufiger mal auf der Bank, weil ihm noch die spielerische Reife, das Auge für die taktische Situation und de-

Hans Meyer achtet auf kleinste Details, um eine Balance aus Flexibilität und Stabilität zu finden.

fensive Härte fehlten. Marin ist also ein Spieler, der dem Spiel zwar massiv Flexibilität zuführt, dessen Anwesenheit auf dem Rasen aber nach Meyers Ansicht gleichzeitig zu viel Stabilität kostet.

Man muss seine Aufmerksamkeit nach innen richten, aber gleichzeitig die äußeren Umstände im Blick behalten. Genau darin besteht die große Herausforderung, die es zu balancieren gilt. Natürlich wollen die Vorstände eines Fußballclubs in harten Zeiten Ruhe bewahren. Gleichzeitig aber drängen und zerren diverse Interessen und Quellen von außen. Die Journalisten lassen mit Nachfragen nicht locker und dahinter steckt nichts anderes als das Interesse genau jener Öffentlichkeit, die samstags ins Stadion kommt und in den Geschäften die Trikots kauft. Ruhe nach innen bewahren zu wollen, ist also zwar ein hehrer Vorsatz, aber er funktioniert nicht in einem öffentlichkeitswirksamen Amt, wenn dadurch die Fans, ungern bisweilen auch mal „Kunden" genannt, vergrault und verprellt werden.

Die Dimension internaler versus externaler Fokus repräsentiert dabei die Art, wie Führungskräfte ihre internen Abläufe ausrichten, während sie sich gleichzeitig externalen Herausforderungen wie dem Umgang mit den Medien, dem Wettbewerb mit anderen Unternehmen – oder wie im Fußball mit anderen Clubs – und der Anpassung an sich verändernde Umstände stellen.

Die Dimension Flexibilität versus Stabilität beschreibt organisationale Bestrebungen, dem Bedarf nach Wandel nachzukommen und gleichzeitig Kontinuität zu bewahren. Jürgen Klinsmann war zu sehr um Flexibilität bemüht und hat dabei die Stabilität vergessen.

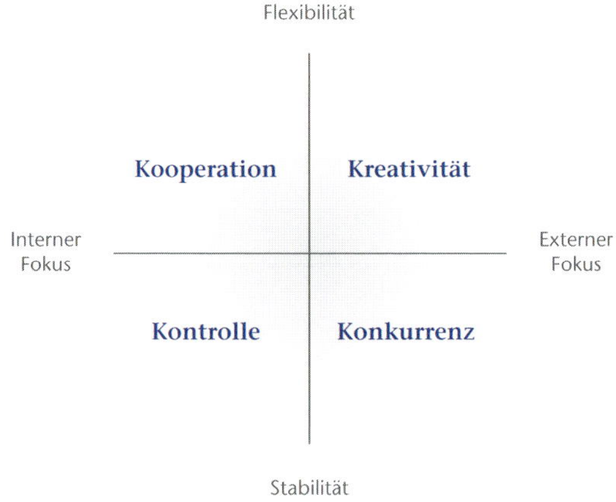

Das Competing Values Framework mit seinen vier Ausprägungen, den „4 K"

In Summe nennt der Urheber des Konzepts, Robert Quinn, das Ergebnis der Analysen „Competing Values Framework", da die sich gegenüberliegenden Konzepte entgegengerichtete Inhalte transportieren, aber jeweils beide Pole zugleich erstrebenswert erscheinen. Wie im Bild gezeigt, ergibt ein solches Modell insgesamt vier Quadranten, welche hier – analog zur transformationalen Führung mit den „4 I" – zu den „4 K" zusammengefasst werden können: Kooperation, Kontrolle, Konkurrenz und Kreativität.

Obwohl es ursprünglich gezielt entwickelt wurde, um zu verstehen, wie Unternehmen effektiv arbeiten können, wird das Competing Values Framework heute bei erstaunlich vielen Fragestellungen angewendet. Das beinhaltet zum Beispiel:

- Verständnis und Veränderungen der Unternehmenskultur
- Erhebung von Arbeitszufriedenheit
- Analyse von Customer Relationship Management
- Begleitung von Change Management
- Verständnis von Work-Life-Balance in Unternehmen.

In der Forschung findet das Modell Verwendung für die Untersuchung

- der Lebenszyklen von Unternehmen,
- der Kompatibilität der Kultur und Strategie von Unternehmen,
- der Effektivität von Managementinformationssystemen,
- der Mitarbeiteridentifikation mit dem Unternehmen,
- der Unternehmenskommunikation sowie der
- potenziellen Transformation eines Unternehmens.

In der Pharmaindustrie sowie im Bereich des Gesundheitsmanagements gilt das Competing Values Framework überdies mittlerweile als Standardmethode zur Erhebung der Unternehmenskultur. Entscheidend für dieses Buch ist jedoch, dass Quinn sein ursprünglich auf der Unternehmensebene angesiedeltes Modell auf die Ebene des Managements erweitert, indem jeder Quadrant der 4 Ks, Kooperation, Kontrolle, Konkurrenz und Kreativität, in jeweils zwei Führungsrollen geteilt wird.

In dieser Modellerweiterung gibt es 8 konkrete Rollen. Management wird dabei als bewusstes und paralleles Ausfüllen dieser Rollen angesehen. Ein guter Manager ist demnach, wer gegensätzliche Rollen zugleich auszufüllen imstande ist.

Ein gutes Beispiel für einen solchen „Manager" wäre der Trainer Jürgen Klopp (siehe dazu auch das Interview mit dem Dortmunder Manager Hans-Joachim

Watzke). Manchmal muss ein Trainer ein „Dreckschwein" sein und die Spieler im Training bis zur Erschöpfung knallhart knechten. Dafür ist Klopp ebenso bekannt wie gefürchtet. Aber manchmal muss ein Trainer eben auch sehen, wenn eine ruhigere und sensiblere Hand gefragt ist. Ein Mohamed Zidan profitiert enorm von dieser besonderen Gabe Jürgen Klopps. Er fühlt sich geborgen und spürt, dass da jemand ist, der sich um ihn kümmert und der auch wie ein echter Kumpel zu ihm hält, wenn die Dinge einmal nicht so gut stehen. Andererseits erfährt Zidan aber auch den Gegenwind, den er braucht, um nicht „charakterlich abzuheben" oder in manchen Situationen sensibler mit seiner Außenwelt in Kontakt zu treten. So taumelte Dortmund kurz nach dem Tausch von Petrić gegen Zidan mit dem Hamburger SV nach einem ordentlichen Start in die Saison 2008/2009 auf eine Krise zu. Zidan, der noch nicht an die Leistungen anknüpfen konnte, welche er unter Klopp in Mainz gezeigt hatte, hatte daran einen nicht geringen Anteil, verletzte sich zudem aber ein wenig unglücklich. Anstatt nun auch nach außen zu dokumentieren, dass er sich mit ganzer Hingabe seinem Comeback widmete, wurde er stattdessen wiederholt von Fotografen an prestigeträchtigen Orten, so etwa der Düsseldorfer Einkaufsmeile „Kö", in seinem weißen Sportwagen abgelichtet.

Interview

Hans-Joachim Watzke ist seit Februar 2005 Geschäftsführer der Borussia Dortmund GmbH & Co. KGaA, außerdem führt er die Geschäfte des hundertprozentigen Tochterunternehmens goool.de Sportswear GmbH.

Guten Tag, Herr Watzke! Sie haben ja in zwei Disziplinen Erfahrungen als Manager, im Fußball und in der Wirtschaft. Daran möchten wir mit unserer ersten Frage anknüpfen: Welche Lektionen können Unternehmen vom Profifußball lernen?

Hans-Joachim Watzke: Wenn ich die Frage so auffasse, dass damit gemeint ist, was Unternehmen von Proficlubs lernen können, dann kann man sicherlich sagen, dass man wechselseitig einiges voneinander lernen kann, speziell Fußballclubs können von entsprechenden Wirtschaftsunternehmen eine Menge lernen. Aber auch umgekehrt ist es sicherlich so, dass Unternehmen sich von Clubs des Profifußballs – speziell der Bundesliga – natürlich vor allem Dinge im Hinblick darauf abschauen können, wie schnell man im Fußball immer wieder auf neue Tatbestände reagieren muss. Dieses wird noch einmal dadurch verschärft, dass sich das weitestgehend vor den Augen der Öffentlichkeit abspielt. Insofern ist der Fußballclub natürlich deutlich transparenter als ein „normales Wirtschaftsunternehmen", wobei Borussia Dortmund aufgrund der Börsennotierung ohnehin noch mal eine Sonderstellung einnimmt. Darüber hinaus ist es eine absolute Sondersituation, dass sich im Wesentlichen alles auf den Samstagnachmittag 15.30 Uhr fokussiert und die ganze unternehmerische Leistung im Wesentlichen an dem Resultat der Mannschaft gemessen wird. Das wäre für viele Vorstände größerer Wirtschaftsunternehmen sicherlich eine erhebliche Umstellung. Man lernt bei einem Fußballclub deutlicher als anderswo, mit extremem Druck umzugehen und damit dann am Ende im Idealfall auch fertig zu werden.

Daraus resultieren dann auch andere Anforderungen an das Management als in der Wirtschaft. Worin bestehen denn nach Ihrer Meinung die wesentlichen Unterschiede zwischen Ihrem Job und dem eines Topmanagers klassischer Wirtschaftsunternehmen?

Hans-Joachim Watzke: Da ich nach wie vor noch Inhaber eines mittelständischen Wirtschaftunternehmens bin, kann ich den Vergleich – wie ich glaube – gut ziehen. Insgesamt kann man wohl feststellen, dass der gravierendste Unterschied im Bereich der Planbarkeit liegt. Im Fußball mit all seinen Nuancen und Emotionen ist der Erfolg wesentlich schwieriger zu planen als in einem normalen Wirtschaftsunternehmen. Der zweite gravierende Unterschied ist das gewaltige öffentliche Interesse gemeinsam mit Tatsache, dass die Arbeitnehmer in einem Fußballclub, speziell die Spieler, über ein ganz anderes Selbstbewusstsein und über eine ganz andere Marktposition verfügen, als das klassischen Arbeitnehmern normalerweise zufällt.

Führt denn die Kommerzialisierung im Profifußball nicht dazu, dass sich die eingesetzten Managementstrategien immer mehr an die Methoden in klassischen Wirtschaftsunternehmen anpassen?

Hans-Joachim Watzke: Ich glaube nicht, dass sich trotz steigernder Kommerzialisierung im Profifußball die eingesetzten Managementstrategien mit denen in klassischen Wirtschaftsunternehmen vergleichen lassen. Dafür ist der Fußball nach wie vor ungeachtet der Geldflüsse zu emotional und deutlich anders als das „normale" Geschäftsleben.

Wo sehen Sie die größten wirtschaftlichen Entwicklungspotentiale im Profifußball?

Hans-Joachim Watzke: Ich glaube, dass speziell in Deutschland vieles, was an Potentialen im Profifußball steckt, an Grenzen stößt. Es kann sich dort aus meiner Sicht lediglich noch um Verbesserungen des Erlöspotentials in allen Bereichen handeln, die aber nicht übermäßig signifikant sein werden. Der einzige nach wie vor deutliches Potential aufweisende Bereich ist das Thema TV-Vermarktung. Wenn ich hier sehe, wie die deutsche Bundesliga hinter den Ausländern, speziell Engländern, aber auch Franzosen, hinterherhinkt, dann wird das der Bevölkerungszahl und auch dem wirtschaftlichen Anspruch Deutschlands gegen über seinen europäischen Nachbarn definitiv nicht gerecht. Hier kommt sicherlich zum Tragen, dass es in Deutschland ein extrem starkes öffentlich-rechtliches Fernsehen gibt. Vor diesem Hintergrund ist es die strategische Aufgabe speziell auch der DFL [„Die Liga – Fußballverband e.V.", oft auch als Ligaverband bezeichnet. Dieser Zusammenschluss vertritt die Interessen der deutschen Profi-Fußballvereine, insbesondere gegenüber dem DFB.], sich hierauf einzustellen und in den nächsten 5 bis 10 Jahren auf eine durchgreifende Besserung des gesamten Umfeldes hinzuwirken.

5 bis 10 Jahre sind für einen Proficlub ein langer Zeitraum. Wie balancieren Sie kurzfristige und langfristige Ziele? Widmen Sie dieser Frage spezielles Augenmerk?

Hans-Joachim Watzke: Man mag es beklagen oder nicht: Grundsätzlich muss man vor allen Dingen im Fußball versuchen, kurze und mittelfristige Ziele zu realisieren, da das Fußballgeschäft eben in hohem Maße tagesaktuell ist. Darunter leidet oft eine langfristige Planung, strategische Planung vor allen Dingen. Es ist eben extrem schwierig, eine Langfristplanung zu vollziehen, wenn durch permanente tagesaktuelle Ereignisse diese sich innerhalb kürzester Zeit permanent schon wieder ad absurdum führt. Darüber hinaus muss man aber, was den Aufbau und die Pflege von Strukturen angeht, schon versuchen, einen möglich langfristigen Ansatz durchzusetzen.

Machen wir einen kurzen Ausflug zu denjenigen, die jeden Samstag in der Schusslinie stehen. Welche besonderen Führungsqualitäten müssen Fußballtrainer nach Ihrer Meinung aufweisen?

Hans-Joachim Watzke: Neben dem normalen besonderen Fachwissen sollten Fußballtrainer in der Lage sein, strategisch sowie analytisch zu denken und daraus auch eine authentische Ableitung an die Profis weiterzugeben. Selbstverständlich muss ein Fußballtrainer auch motivieren können. Das sollte allerdings nicht nur auf Effekthascherei basieren, sondern er sollte versuchen, die Spieler wirklich von innen her zu motivieren. Diese Führungsqualitäten – strategisches Denken, analytische Fähigkeiten und Motivationsfähigkeiten – sind sicherlich elementar für den Job des Fußballtrainers.

Welche Eigenschaften Ihres Trainers würden denn Führungskräften aus der Wirtschaft besonders weiterhelfen?

Hans-Joachim Watzke: Speziell Jürgen Klopp hat eine sehr, sehr hohe Suggestivkraft. Er kann Leute in seinem Umfeld nicht nur begeistern, sondern förmlich mitreißen und er hat darüber hinaus aber auch eine sehr hohe Authentizität in seinem Handeln. Ich glaube, das sind Eigenschaften, die jeder Führungskraft das tägliche Arbeiten deutlich erleichtern würden.

Welche Rolle spielt denn eine solche ausgeprägte Motivationsfähigkeit generell bei Entscheidern im Fußball?

Hans-Joachim Watzke: Ich glaube, eine ausgeprägte Motivationsfähigkeit ist immer sehr wichtig. Speziell im Sport ist sie noch ein Stückchen wichtiger. Ich bin allerdings der Meinung, dass es sich dabei um eine nachhaltige Motivation handeln muss. Kurzfristig den Spielern nur zu sagen, dass sie „in den Pfosten beißen" sollen, ist deutlich zu wenig. Spieler müssen nachhaltig motiviert werden und das ist oftmals viel schwieriger als es den Anschein hat.

Welchen Ihrer Kollegen als Bundesligamanager könnten Sie sich ebenfalls an der Spitze eines Wirtschaftsunternehmens vorstellen und warum?

Hans-Joachim Watzke: Ich möchte mich da nicht auf einzelne Personen festlegen. Fakt ist jedoch, dass ein Bundesligamanager an der Spitze eines normalen Wirtschaftsunternehmens über die entsprechenden betriebswirtschaftlichen Kenntnisse verfügen muss, aber auch gleichzeitig über entsprechende persönliche Attribute, die in der freien Wirtschaft einfach verlangt werden, und dass die speziell fußballspezifischen Verhaltensweisen dort manchmal auch kontraproduktiv sein können.

In der Wirtschaft und im Profifußball sind zu bestimmten Zeiten bestimmte taktische und strategische Konzepte im Trend. Früher war es die kontrollierte Offensive, heute ist es der One-Touch-Fußball. Ist das einfach nur eine Modeerscheinung oder folgt die Entwicklung einem bestimmten Muster?

Hans-Joachim Watzke: Natürlich wird sich eine Entwicklung im taktischen oder strategischen Konzept auch einmal wiederholen. Man kann allerdings sicherlich feststellen, dass der Fußball in den vergangenen Jahrzehnten permanent schneller geworden ist, und an dieses höhere Schnelligkeitsmerkmal muss der Rest dann angepasst werden. Ich glaube, dass die taktischen Neuerungen der letzten Jahre vor allen Dingen unter der Prämisse gelaufen sind, dass man permanent versucht hat, das Spiel schneller zu machen. Ob es dadurch im Schnitt dann auch attraktiver ist, das wird dem jeweiligen Besucher zur Bewertung überlassen bleiben. Fakt ist allerdings auch, dass der Fußball sich einer sehr großen, stetig ansteigenden Beliebtheit erfreuen kann und von daher diese schnelle Spielweise offensichtlich auch vom Zuschauer honoriert wird.

Wie intensiv beschäftigen Sie sich bei Borussia Dortmund mit betriebswirtschaftlichen Konzepten? Gibt es Ansätze, die Sie für besonders sinnvoll halten, und die auf den Fußball zu übertragen sind?

Hans-Joachim Watzke: Diese Frage ist natürlich sehr theoretisch. Man kann aber natürlich das eine oder andere betriebswirtschaftliche Konzept sehr gut auf den Fußball anwenden. Um ein Beispiel zu nennen: Bei Borussia Dortmund betreiben wir seit geraumer Zeit ein spezielles Markenmanagement. Dieses wird professionell betreut und dafür werden wissenschaftliche Ansätze nutzbar gemacht.

Das kommt in einem bodenständigen Club wie Dortmund naturgemäß schlecht an und Klopp war sich dessen natürlich bewusst, zeigte seine knallharte Seite und brachte Zidan wieder voll auf Kurs.

Gerade diese Fähigkeit zum Balancieren und Ausfüllen verschiedener Rollen wiesen Zidans vorherige Trainer nicht auf. Sowohl Huub Stevens als auch Thomas Schaaf vereinigen sicherlich viele bemerkenswerte Tugenden in sich und konnten schon viele Erfolge feiern. Allerdings würde beiden ein ausgiebiges Führungscoaching mit Sicherheit noch zusätzliche Methoden vermitteln, mit denen ein Fünkchen mehr Leistung aus einigen Spielern herauszukitzeln wäre, denn beide Trainer schöpfen das Rollenrepertoire offenbar nur teilweise aus.

Doch über welche Rollen reden wir hier eigentlich genau? Und was haben die Rollen mit unseren beiden Polen aus Flexibilität und Stabilität sowie dem Fokus auf innere wie auf äußere Vorgänge zu tun? Die Fragen sind leicht beantwortet, denn eine kreisförmige Darstellung ordnet jedem Quadranten eines der 4 Ks sowie zwei Rollen zu. Die Grafik veranschaulicht das Modell.

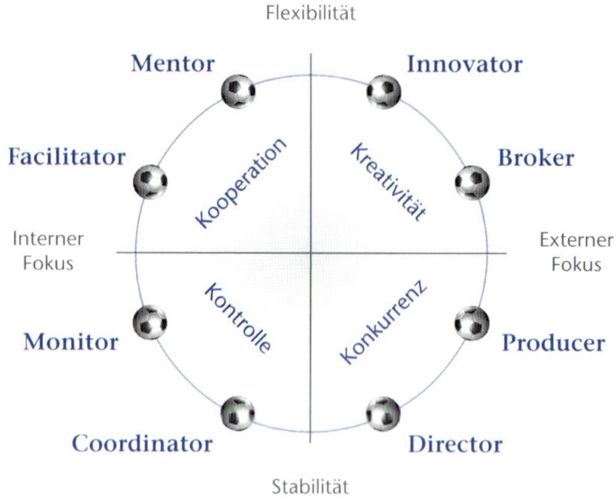

Das 8 Rollen eines Managers, basierend auf dem Competing Values Framework.

- In die Kooperation gehen die Rollen des Facilitators und des Mentors ein. Der *Facilitator* ermuntert zu Teamwork, strebt Konsens und Kohäsion an, handelt Kompromisse aus und moderiert Konflikte. Der *Mentor* ist sich individueller Bedürfnisse bewusst, hört aktiv zu, ist fair, unterstützt legitime Wünsche und versucht, die persönliche Entwicklung des einzelnen zu unterstützen.

- Das Gebiet der Kontrolle umfasst die Rollen des Coordinators sowie des Monitors. Der *Coordinator* pflegt Strukturen, erstellt Zeitpläne, koordiniert, löst Probleme und achtet darauf, dass Regeln und Standards eingehalten werden. Der *Monitor* sammelt und verteilt Informationen, prüft Leistung, sorgt für Kontinuität und Stabilität und bearbeitet schriftliche Vorgaben.
- Konkurrenz beinhaltet die Rollen des Producers sowie des Directors. Der *Producer* ist aufgabenorientiert und arbeitsfokussiert. Er ringt um Ergebnisse und motiviert gezielt Verhalten, welches sich direkt in den Arbeitsergebnissen des Teams niederschlägt. Der *Director* plant, definiert die Aufgabenteilung, setzt Ziele und formuliert klare Erwartungen.
- Der Kreativität lassen sich die beiden Rollen des Innovators und des Brokers zuordnen. Der *Innovator* ist kreativ und begrüßt, erleichtert und skizziert Veränderungen. Der *Broker* ist politisch klug, übt Einfluss nach außen aus, akquiriert Ressourcen und erhält die externale Legitimation des Teams durch die Entwicklung, Erkundung und Pflege eines Netzwerks externer Kontakte aufrecht.

Thomas Schaaf in einer eher nachdenklichen Rolle, vielleicht als Monitor.

Die Rollen selbst fallen dabei übrigens keineswegs vom Himmel, sondern wurden aus einer früheren Klassifikation abgeleitet, die der Führungsforscher Gary Yukl in jahrzehntelanger Arbeit entwickelt hatte. Der entscheidende Unterschied des vorliegenden Modells zu früheren Entwürfen besteht darin, dass im Competing Values Framework erstmals die in den früheren Modellen ebenfalls enthaltene, aber noch nicht thematisierte Widersprüchlichkeit einzelner Rollen ausdrücklich benannt wird und außerdem durch den Ursprung des Modells eine Verbindung zu konkreten Kriterien des Unternehmenserfolges hergestellt wird. Denn schließlich entstammen die Rollen direkt einem Konzept, welches organisationale Effektivität greifbar macht. Oder, anders ausgedrückt:

Mit dem Competing Values Framework liegt ein nachgewiesenermaßen erfolgsrelevantes Konzept vor, anhand dessen Manager trainiert und gecoacht werden können und welches die im Berufsalltag immer wieder vorkommende Frage nach Zuckerbrot und Peitsche konkret beantwortet.

Gutes Management liegt nämlich genau dann vor, wenn alle Rollen in hohem Maße ausgefüllt werden können. Das schließt den rollenimmanenten Konflikt ein, dass ein Manager bisweilen entgegengerichtete Rollen zugleich auszuüben hat. Das Ziel ist es nicht, nur eine oder mehrere der Rollen zu beherrschen, also nur Innovator, Monitor und Broker zu sein, sondern all diese Rollen situationsangemessen und gegebenenfalls parallel ausfüllen zu können.

In diversen Studien in Hunderten von Unternehmen konnte nachgewiesen werden, dass eben genau jene Manager erfolgreich sind, die ein möglichst breites Rollenrepertoire haben. Manager mit eingeschränktem Repertoire werden langfristig und in verschiedenen Situationen hingegen nicht „glücklich". Wir kennen das aus dem Fußball. Es hat seinen Grund, weshalb es unter den Fußballtrainern die sogenannten „Feuerwehrleute" gibt, die Clubs in Notsituationen wunderbar weiterhelfen können, die jedoch nach einer Anfangseuphorie und dem entronnenen Abstieg die Mannschaft nicht mehr so erreichen, wie das für eine erfolgreiche Folgesaison notwendig wäre. Wenn man ein wenig genauer hinschaut, dann finden sich unter den Feuerwehrtrainern zwei Typen: die „Motivationskünstler" und die „harten Hunde". Mit der Brille des „Competing Values Framework" wird sofort ersichtlich, dass es sich dabei um Trainer handelt, die nur über ein eingeschränktes Rollenrepertoire verfügen.

Die harten Hunde achten vor allem auf Konkurrenz und Kontrolle, mit denen sie einen unruhigen oder zerstrittenen Kader befrieden. Dann stellen sie aber immer wieder fest, dass langfristig Kreativität und Kommunikation fehlen.

Bei den Motivationskünstlern ist es genau umgekehrt. Mit Kreativität und Kommunikation werden anfängliche Blockaden gelöst und das Selbstvertrauen der Spieler wird wieder hergestellt. Langfristig fehlen aber genau jene Konkurrenz und Kontrolle, auf welche sich die harten Hunde zu stark verlassen. Große Trainer sind hingegen solche, die alle Rollen zu meistern verstehen.

Gemein ist den beiden Typen, dass sie langfristige Störungen zugunsten des kurzfristigen Erfolgs in Kauf nehmen. Dieser kurzfristige Erfolg ist möglich, die Störungen führen aber mittel- und langfristig zum Rauswurf des Trainers. Wir werden uns beim Thema Struktur noch einmal etwas ausführlicher mit dieser Art von Balanceproblematik beschäftigen.

Mit dem Competing Values Framework werden viele Fragen nach dem „richtigen" Managementstil sehr elegant beantwortet. Ein guter Manager ist jemand, der es versteht, aus einem breiten Repertoire diejenigen Rollen – bei Bedarf mehrere in einer Situation! – samt entsprechender Maßnahmen auszufüllen, wie es in der jeweiligen Situation erfolgsförderlich ist. Einerseits kann er so die komplette Bandbreite von Managementaufgaben abdecken und zweitens wird durch den Ursprung sowie die Entwicklung des Modells ein direkter Erfolgsbezug hergestellt. Konzepte wie das der situativen Führung werden dadurch nicht nur oberflächlich kritisiert, sondern ihr begrenzter Nutzen wird offenbar und durch eine konkrete und umfassende Alternative ersetzt.

Nachdem wir nun das Modell hergeleitet haben, wenden wir uns im Folgenden den vier Quadranten des Managements etwas genauer zu: Kooperation, Kontrolle, Kreativität und Konkurrenz. Insbesondere die gegenüberliegenden Quadranten sind dabei schwierig zu balancieren, also Kooperation versus Konkurrenz sowie Kontrolle versus Kreativität. Doch worum handelt es sich bei diesen Quadranten und Rollen nun genau und wo ist der Bezug zum Fußball?

Kooperation

Facilitator & Mentor

Die Hauptaufgabe des *Facilitators* ist in hohem Maße prozessorientiert und besteht darin, kollektive Anstrengungen zu unterstützen und zu erleichtern. Dafür muss er den Zusammenhalt der Arbeitsgruppe erhöhen und Konflikte managen. Er muss sich um das Arbeitsklima kümmern und Gruppenentscheidungen moderieren und herbeiführen.

Jogi Löw beispielsweise betont regelmäßig, dass die Trainerarbeit viel Transparenz erfordere und die Spieler in die gemeinsame Strategie einbezogen werden müssen, um so ihre Identifikation mit dem Gesamtprojekt auszuprägen. Durch kritische Diskussionen werden sportliche Themen besser verstanden und manchmal gewinnbringend hinterfragt. Dabei kann und darf es dann gerne auch einmal zwei Meinungen geben – einen Konflikt.

Auch innerhalb des Trainerstabs darf es gern etwas kontroverser zugehen. Jogi Löw und sein Co.-Trainer Hansi Flick scheinen unterschiedlicher Meinung zu sein.

„Doch sind Konflikte nicht schädlich und dem Teamgeist abträglich?", könnten Sie sich jetzt mit einigem Recht fragen. „Das hängt davon ab", müsste dann die korrekte Kurzantwort lauten. Aber da wir hier im Buch ja ein bisschen Platz haben, lassen Sie uns kurz ergründen, ob und wann ein Konflikt konstruktiv ist – und wann eben nicht.

Konflikte sind zunächst einmal Prozesse, in denen Gegensätze und Konfrontationen von Individuen oder Gruppen auftreten, da eine Seite versucht, die andere dazu zu bewegen, etwas gegen ihren Willen zu tun. Oder etwas weiter gefasst: Ein Konflikt beginnt, wenn eine Seite das Gefühl hat, dass die Aktivitäten einer anderen Seite die eigenen Interessen negativ beeinflussen oder zukünftig negativ beeinflussen könnten.

Früher dachte man, dass Konflikte per se schädlich sind und aus „schlechter" Kommunikation oder aus einem Mangel an Offenheit und Vertrauen resultieren. Kurzum: Konflikte wurden demzufolge als Managementfehler verstanden. Diese Sichtweise machte den Umgang mit Konflikten natürlich leicht. Konflikte waren tunlichst zu vermeiden. Wenn kein Konflikt auftrat, war auch alles in bester Ordnung. Kam es doch einmal zu einem Konflikt, musste einfach dem Ursprung des Konflikts die entsprechende Aufmerksamkeit gewidmet werden und schon konnte man, ähnlich wie bei der Schädlingsbekämpfung im Garten, das Übel bei der Wurzel packen. Diese Sichtweise wird noch heute vereinzelt vertreten – vielleicht erinnern Sie sich auch in Ihrem Unternehmen noch an Seminare mit Titeln wie „Konfliktvermeidung". Diese Sichtweise hatte bis tief in die 70er Jahre Bestand. Man hatte zu dieser Zeit immerhin erkannt, dass Konflikte nicht Ausdruck eines Defizits, sondern in Gruppen und Organisationen vielmehr unvermeidlich sind. Insofern wurden Konflikte mit der Zeit als Bestandteil menschlichen Miteinanders akzeptiert.

Erst in den 80er Jahren begriffen viele Theoretiker und Praktiker Konflikte als wichtige Quelle von Innovation und notwendiger Veränderung. Zwar gibt es natürlich Konflikte, die sich kontraproduktiv auf ein Unternehmen auswirken. Beispiele gibt es viele, und wer sich zum Beispiel mal mit Tarifkonflikten, egal aus welcher Perspektive, beschäftigt hat, weiß, dass bei Streiks immer beide Parteien verlieren, denn sie sind störend für alle Beteiligten. Das muss aber nicht immer so sein. Ganz im Gegenteil haben Konflikte sogar sehr oft funktionale Ergebnisse.

Konflikte können beispielsweise soziale Spannungen in Gruppen abbauen und Beziehungen stabilisieren. Wenn Konflikte gemeinschaftlich gelöst werden, können sie wie eine Art reinigendes Gewitter wirken. Nach einem solchen Konflikt ist oftmals sogar eine vertrauensvollere Zusammenarbeit möglich als vorher.

Als Podolski und Ballack beispielsweise am 1. April 2009 beim 2:0-Sieg in Wales nicht als Aprilscherz, sondern ernsthaft in der Nationalmannschaft öf-

Michael Ballack pfeift Lukas Podolski zusammen – ein Konflikt mit negativen Folgen.

fentlich und handgreiflich aneinandergerieten, so resultierten daraus mit Sicherheit ein paar negative Effekte. Dem Streit lag jedoch die Frage zugrunde, ob und wie Ballack sich als Führungsspieler und verlängerter Arm des Trainers auf dem Platz verhalten sollte. In einem anderen Rahmen könnte die Beschäftigung mit genau diesem Konflikt durchaus positive Effekte zeitigen. Bereits seit Wochen war die Journaille darauf aufmerksam geworden, dass Ballacks Führung von einigen Nationalspielern durchaus kritisch zur Kenntnis genommen wurde. Es war an der Zeit, dass das Thema innerhalb der Mannschaft offen ausgesprochen wurde, denn auch wer in diesem Fall nicht näher in die Vorkommnisse involviert war, konnte eine deutliche Distanz zwischen den beteiligten Akteuren zu spüren. Ein offen ausgetragener und von Jogi Löw fair moderierter Konflikt wäre mit Sicherheit die bessere Lösung gewesen. Jogi Löws Maßnahme zur Konfliktbewältigung, die ganze Angelegenheit zu deckeln, war hingegen nicht sonderlich erfolgsversprechend und zielführend und lässt auf Entwicklungspotential in seiner Rolle als Facilitator schließen.

Konflikte helfen außerdem als Aktivierungskick, den Unternehmen manchmal brauchen, um nicht zu verkrusten. Wenn Mitarbeiter sich nicht mehr wohlfühlen und deshalb Vorschläge zur Prozessverbesserung unterbreiten, so ist das für viele Firmen ein Gewinn.

Felix Magath ist beispielsweise zwar bekannt für sein knochenhartes Training. Konflikte in der Mannschaft duldet er jedoch in einem höheren Maße als seine Kollegen. So ließ er eine handgreifliche Auseinandersetzung zwischen Regisseur Misimović und Reservist Alvim entgegen der sonstigen Gepflogenheit in

Dzeko und Grafite, das erfolgreichste Bundesliga-Sturmduo aller Zeiten – mit zusammen 54 Toren eliminierten sie 2008/09 den Rekord von Gerd Müller und Uli Hoeneß aus der Saison 1971/72 (53 Tore)

der Bundesliga ungestraft und begründete dies damit, dass es in einer Mannschaft auch mal knistern muss. Auch ein Konflikt kurz darauf zwischen seinen Topstürmern Grafite und Dzeko ließ Magath kalt, als er ein wenig lakonisch feststellte: „Wenn man unterschiedlicher Meinung ist und sich darüber austauscht, dann hilft das der Mannschaft." So ist es. Misimović stellte übrigens in der Saison 2008/2009 mit 20 Torvorlagen einen neuen Bundesligarekord auf.

Im Gegenteil geraten solche Mannschaften in Krisen, die zu viele Konflikte deckeln und somit am Köcheln lassen. Die Strategie, nicht oder unzureichend über einen existierenden Konflikt zu sprechen, ist zwar bequem, löst im Allgemeinen aber die Sachlage nicht in Wohlgefallen auf. Besonders heikel wird es, wenn eine Mannschaft beklagt, alles sei viel zu harmonisch und ruhig. Das würde unter Magath nicht passieren, denn er heizt den Konkurrenzkampf zwischen Spielern bewusst an. Das führt natürlich auch zu mehr Konflikten. Doch Magath weiß sehr genau, dass Teams mit zu wenigen Konflikten unproduktiver sind als solche mit einem mittleren Konfliktniveau. Diese Erkenntnis hat sich in der Wirtschaft noch nicht ausreichend durchgesetzt. Zwischen der Intensität von Konflikten und der Teamleistung besteht nämlich ein umgekehrt U-förmiger Zusammenhang. Die Teamleistung ist am besten, wenn sich die Intensität von Konflikten auf einem mittleren Niveau befindet.

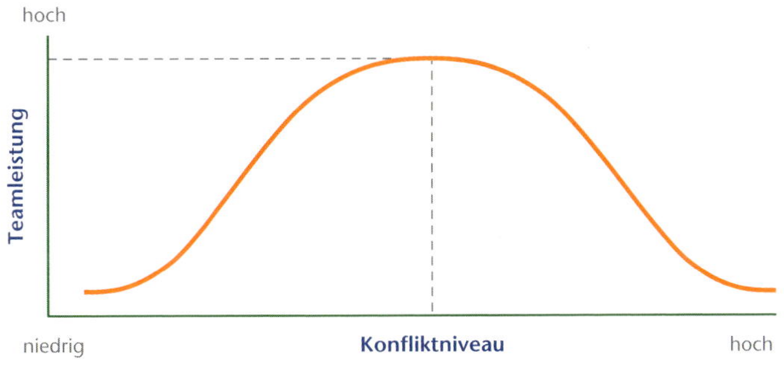

Ohne Konflikte ist die Teamleistung mangelhaft – genauso wie bei zu vielen oder zu starken Konflikten.

Der *Mentor* hingegen kümmert sich durch Fürsorge, Einfühlsamkeit und Verständnis um seine Mitarbeiter. In dieser Rolle erwartet man von ihm, dass er hilfreich, offen, flexibel und fair ist. Er muss gut zuhören können, legitime Anfragen der Mitarbeiter unterstützen, Loyalität zeigen und Mitarbeiter für gelungene Beiträge aktiv loben. Der Mentor sieht Menschen als die zentrale Ressource erfolgreicher Unternehmen und nimmt deren Entwicklungsfähigkeit wahr. Er unterstützt den Aufbau von Fähigkeiten, bietet Trainingsmöglichkeiten an und stellt den Mitarbeitern Mittel und Wege zur Verfügung, um sich weiterzuentwickeln.

Es wird oftmals angenommen, dass der Mentor viel „emotionale Intelligenz" braucht. Aber was ist das überhaupt? Emotionale Intelligenz ist die Fähigkeit, seine eigenen Emotionen zu kennen und mit Emotionen anderer Personen umzugehen. Das Konzept umfasst vier Ebenen, die weitgehend aufeinander aufbauen:

1. *Selbstwahrnehmung* bezieht sich auf die Fähigkeit, sich über die eigenen Emotionen im Klaren zu sein. Führungskräfte mit einem hohen Maß an Selbstwahrnehmung sind sich ihrer jeweiligen emotionalen Situation bewusst und eher imstande, sich – gerade bei schwierigen Entscheidungen – nicht von ihren Emotionen ablenken zu lassen. Außerdem zeichnen sie sich dadurch aus, dass sie einerseits offener für Kritik sind und eher an ihren Stärken und Schwächen arbeiten können, andererseits aber auch zu humorvoller Selbstkritik fähig sind.
2. Unter *Selbstmanagement* ist hier zu verstehen, wie gut die eigenen Emotionen kontrolliert werden können. In vielen Unternehmen wird auch heute noch gerne die Meinung vertreten, dass man als Führungskraft einfach „ehrlich mit seinen Leuten" umgehen solle. Damit wird jedoch häufig nur ein unzureichendes Selbstmanagement kaschiert und ein Freibrief ausgestellt, seinen Emotionen freien Lauf zu lassen. Es ist nämlich ein Missverständnis, dass die Aussage „ich bin ehrlich zu meinen Mitarbeitern" gleichbedeutend ist mit „ich verhalte mich wie eine Wildsau". Führungskräfte, die negative Emotionen insbesondere gegenüber ihren Mitarbeitern zu stark herauslassen, verzeichnen schlechtere Arbeitsergebnisse. Es ist eben nicht besonders weise, seinem Ärger Luft zu verschaffen, auch wenn die Versuchung manchmal sehr groß ist. Natürlich ist ein ehrlicher Umgang miteinander die Basis einer vertrauensvollen Kooperation. Ehrlichkeit meint aber nicht, dass man Mitarbeiter nach Herzenslust zusammenfalten darf.

Im Fußball fallen Trainer, die sich emotional nicht gut im Griff haben, sowohl in der Öffentlichkeit als auch bei der Mannschaft negativ auf. Das Rumpelstilzchen am Spielfeldrand ist zwar für die Medien amüsant zu beobachten und ein Werner Lorant oder ein Ernst Middendorp sind immer für Überraschungen gut. Selbst ein Trainergigant wie Arsène Wenger ist davor nicht gefeit, wie der berühmte Skandal des „Pizzagate" in der Premier League zeigt. Nach einem hitzigen Match zwischen Manchester United und Arsenal London, dessen Ausgang für Arsenal die erste Niederlage nach 49 Spielen bedeutete, kochte Arsene Wenger ob des vermeintlich harten Einsteigens der Red Devils aus Manchester vor Wut und war nicht in der Lage, seine Gefühle auch nur annähernd im Zaum zu halten. Als dann noch ein Spieler (vermutlich Cesc Fabregas, aber das ist bis heute nicht mit letzter Sicherheit geklärt) dem ebenfalls höchst erregten Sir Alex Ferguson erfolgreich eine Pizza ins Gesicht warf, verloren beide Trainer die Kontrolle und konnten nur mit Mühe vom Sportminister persönlich und der alsbald eintreffenden Polizei auseinandergehalten werden. Gekostet hat es Wenger und Ferguson neben Renommee eine Menge Konzentration. Lachender Dritter war José Mourinho, der mit Chelsea die Meisterschaft gewann.

3. *Empathie* bezeichnet das Näschen, die Emotionen und Bedürfnisse anderer zu verstehen. Personen mit einer ausgeprägten Empathie sind sensibel, vermeiden Wahrnehmungsverzerrungen (siehe unten, Monitor) und erfüllen die Funktion eines Ratgebers, dem Vertrauen entgegengebracht wird. Sie verstehen sich gut darauf, die Stärken und Erfolge von Mitarbeitern wahrzunehmen und haben ein offenes Ohr für deren Entwicklungsbedürfnisse. Außerdem verstehen sie es, Aufgaben so zu verteilen, dass Mitarbeiter im richtigen Ausmaß gefordert werden.
4. Schließlich bildet die Fähigkeit, *Beziehungen zu anderen Personen aufzubauen und zu pflegen,* die vierte Komponente der emotionalen Intelligenz. So können Emotionen nicht nur bei sich, sondern auch bei anderen zielgerichtet beeinflusst werden. In Verhandlungen zum Beispiel sind positive Emotionen sehr stark mit dem Verhandlungserfolg verbunden. Je positiver die Gesprächsatmosphäre von den Parteien wahrgenommen wird, desto besser ist das Resultat. Und zwar für alle Beteiligten. Das liegt daran, dass bei einer von positiven Emotionen geprägten Gesprächsatmosphäre die Verhandlungsparteien offener gegenüber Vorschlägen sind und aktiv eine integrative Lösung suchen, die allen Beteiligten weiterhilft. Das mag wie oberflächliches Gewäsch klingen, ist aber zumindest für den westlichen Kulturkreis unzweifelhaft nachweisbar und relevant.[1]

Eine Führungskraft, die imstande ist, die eigenen Emotionen zu kennen (1), zu kontrollieren (2), bei anderen wahrzunehmen (3) und auf der Basis dieser Wahrnehmung entsprechend zu handeln (4), ist emotional intelligent.

[1] Die Einschränkung auf den westlichen Kulturkreis ist dem Umstand geschuldet, dass es erhebliche interkulturelle Unterschiede bei Verhandlungen gibt. Was in Deutschland hervorragend funktioniert, könnte nämlich beispielsweise in China ein sicherer Weg ins Desaster sein. Wir werden auf das Thema Verhandlungen aber später noch einmal ausführlicher zu sprechen kommen.

Das klingt direkt plausibel und es verwundert nicht, dass die populärwissenschaftliche Literatur mit entsprechenden Tipps nahezu überquillt. Wenn Sie sich zwei Minuten gönnen und einmal in einem Buchladen nach Titeln suchen, die emotionale Intelligenz beinhalten, werden Sie aus dem Staunen nicht mehr herauskommen. Allein mit emotionaler Intelligenz, suggerieren Dutzende von Büchern, sind Sie die perfekte Führungskraft, fällen automatisch korrekte Investitionsentscheidungen, werden zu unfehlbaren Eltern oder scheffeln leicht Millionen!

So schön das alles wäre, die Realität sieht anders aus. Mit emotionaler Intelligenz allein kommen Sie nämlich nicht sonderlich weit. Die Erfahrung zeigt, dass emotionale Intelligenz zwar wichtig für den Erfolg einer Führungskraft ist. Allerdings ist diese Beziehung zum Erfolg bei weitem nicht so ausgeprägt, wie besonders in populärwissenschaftlichen Büchern oft behauptet wird. Es sind, abgesehen von formalen Definitionsproblemen sowie diversen Herausforderungen einer ordentlichen Erfassung der emotionalen Intelligenz, vielmehr zeitlich recht stabile Eigenschaften einer Person, die den Löwenanteil des Erfolgs von emotionaler Intelligenz ausmachen. Bei diesen Eigenschaften handelt es sich einerseits um kognitive Intelligenz, die im Erwachsenenalter nur noch sehr schwer positiv zu beeinflussen ist. Und andererseits sind es besonders zwei Facetten der Persönlichkeit, nämlich emotionale Stabilität sowie Extraversion[1], die sich auf die emotionale Intelligenz auswirken und darüber den Erfolg beeinflussen. Dummerweise stabilisieren sich auch Persönlichkeitsmerkmale ab einem Alter von etwa 30 ziemlich stark.

Das heißt konkret: Emotionale Intelligenz ist für erfolgreiches unternehmerisches Handeln sehr wichtig. Dummerweise wird der Erfolg aber maßgeblich von Faktoren beeinflusst, die sich nicht oder nur sehr schwer ändern lassen. Intelligenz und emotionale Stabilität sind leider nur sehr bedingt trainierbar. Bei der Extraversion ist das schon eher möglich, aber keineswegs leicht.

Wenn wir uns im Fußball beispielsweise Thomas Schaaf anschauen, so lässt sich feststellen, dass er durch den zwangsläufigen Kontakt mit der Öffentlichkeit über die Jahre extravertierter geworden ist. Für Angela Merkel gilt das ebenfalls. Aber das sind eher Ausnahmen und Ausdruck eines extremen Grades an öffentlicher Exposition. Auch ist der Effekt nicht sonderlich groß, denn man würde es eher nicht erleben, Angela Merkel in der Öffentlichkeit auf einem Tisch tanzen zu sehen – übrigens im Gegensatz

[1] Extraversion bezeichnet eine nach außen gewandte Haltung. Extro- oder extravertierte Menschen sind gesellig und fühlen sich in der Gruppe wohl. Unter anderem sind sie gesprächig, aktiv, heiter, abenteuerlustig, energisch, bestimmt und dominant.

zu dem sehr extravertierten Gerhard Schröder, bei dem man sich da keineswegs sicher sein konnte.

Die beiden Bundesligatrainer, die vielleicht am besten die Rollen des Facilitators und des Mentors auszufüllen imstande sind, stehen bzw. standen bei Borussia Dortmund unter Vertrag. Während es Thomas Doll jedoch bei seinen bisherigen Stationen bislang noch nicht verstand, auch die anderen Rollen eines Managers auszufüllen, verfügt Jürgen Klopp über ein breiteres Rollenrepertoire.

Dass der umgekehrte Weg möglich ist, hat Felix Magath eindrucksvoll bewiesen. War er zu Beginn seiner Karriere als Trainer noch geradezu besessen von den Funktionen der Kontrolle und der Konkurrenz, konnte man über die Jahre wunderbar beobachten, wie er immer mehr auch die beiden anderen Funktionen, nämlich Kommunikation und Kreativität, in sein Verhaltensrepertoire übernahm. Es ist auch kein Zufall, dass viele der als „Feuerwehrleute" verschrienen Trainer, wie früher Felix Magath, sich so sehr auf Kontrolle und Konkurrenz fokussieren. Kurzfristig nutzen sie die Stabilität nach innen wie außen. Gerade um mittel- und langfristigen Erfolg sicherzustellen sowie sensiblere Spieler wieder aufzurichten, sind zunächst jedoch Kommunikation und später auch Kreativität unverzichtbar.

Das Interview mit Felix Magath zeigt weitere Facetten seiner Denk- und Arbeitsweise.

Interview

Felix Magath ist seit 1. Juli 2009 Trainer und Manager sowie Mitglied des Vorstands des FC Schalke 04.

Guten Tag, Herr Magath. Sie sind ja nun schon seit gut zwei Jahren nicht nur als Trainer tätig, sondern auch als Sportdirektor bzw. Manager. Worin bestehen für Sie die wesentlichen Unterschiede zwischen Ihrem Job und dem eines Topmanagers in der Wirtschaft?

Felix Magath: Der wesentlichste Unterschied besteht darin, dass es bei uns sehr flexibel zugeht und dass schnell umgesetzt werden muss. In der Wirtschaft hat man etwas mehr Zeit. Ich hatte ja bei VW einen sehr guten Einblick; in so einem Großunternehmen werden die Dinge doch immer erst nach längerem Prozess entschieden.

Inwieweit führt denn die Kommerzialisierung im Fußball dazu, dass sich die eingesetzten Managementstrategien an die Methoden in den praktischen Wirtschaftsunternehmen anpassen?

Felix Magath: Es beginnt damit, dass sich die Strukturen der Vereine denen der Wirtschaft anpassen – aus Vereinen werden Kapitalgesellschaften, also Wirtschaftsunternehmen, die entsprechend strukturiert sind und damit anders geführt werden müssen als ein Verein früher, und es passiert eben das, was viele nie wahr haben wollen: Es geht nicht nur um den Erfolg, es geht letztendlich nur ums Geld.

Ist der alte Sportverein – der Sportverein alter Prägung – im Profigeschäft passé?

Felix Magath: Gerade wir in Deutschland halten natürlich gern am Verein fest. Wir sind traditionell Mitglied in unserem Verein und wir lieben und brauchen auch unsern alten Fußballverein. Aber er muss sich jetzt den neuen Strukturen öffnen und er muss erfolgsorientierter arbeiten als in der Vergangenheit.

Inwieweit sehen Sie so auch gerade durch die neuen Strukturen Entwicklungspotential im Profifußball und wie soll es da weitergehen?

Felix Magath: Jede Situation hat natürlich ihre Chancen. Ich glaube, dass wir, indem wir die Spieler mehr professionalisieren, mehr Potentiale heben können. Das ist z.B. der Ansatz meiner Arbeit und ich denke, das ist auch korrekt so. Dazu gehört auch, durch professionellere Arbeit Spieler noch besser zu machen.

Was heißen diese Dinge denn konkret? Dass Sie die Spieler intensiver an den Verein binden oder intensiver darauf achten müssen, wie sie sich als Arbeitnehmer präsentieren?

Felix Magath: Ja sicher, die Voraussetzung für Professionalität ist eben, dass man sich mit dem Verein und dem Unternehmen identifiziert und das Spiel professioneller betrachtet und erfolgsorientierter spielt. Sprich, dass man eben mit seinem Verhalten einen maximalen Erfolg anstrebt. Das bedeutet letztendlich, dass man Emotionen etwas zurücknimmt und versucht, durch logische Kopfentscheidungen sein Spiel zu verbessern.

Orientieren Sie sich da am Schach, da ist ja schließlich auch viel Logik dabei?

Felix Magath: Das Schöne am Schach ist, dass der Zufall ausgeschlossen ist und dass es eben nur um Logik geht. Man kann Strategien aus dem Schach auf den Fußball übertragen, und das habe ich gemacht. Ich habe vom Schachspiel sehr viel für die Theorie des Fußballspiels gelernt und versuche, das auch umzusetzen. Dabei bin ich sicher, dass ein Fußballspieler, der gut genug Schach spielt, beim Fußball davon profitieren kann.

Sie haben ja nun einen Job angetreten, in dem Sie zweigleisig fahren müssen: kurzfristig und langfristig. Wie balancieren Sie das?

Felix Magath: In meinen Augen ist das kein Widerspruch. Allerdings muss man halt manchmal eine Seite stärker gewichten als die andere. Ich versuche, die langfristigen Perspektiven immer im Auge zu behalten, auch bei kurzfristigeren Entscheidungen, was natürlich nicht sehr einfach ist. Aber ich habe insofern einen Vorteil, weil ich diese Entscheidungen mit mir selbst treffen kann. Somit ist nicht noch eine weitere Meinung zu berücksichtigen, die dann zwangsläufig ab und an zu Komten, also Wirtschaftsunternehmen, die entsprechend strukturiert sind und damit anders geführt werden müssen als ein Verein früher, und promissen führt, die dann im Grunde die Leistung bereits beeinträchtigen.

Ja, aber Kompromisse muss man doch eigentlich immer eingehen, oder?

Felix Magath: Ja, aber wenn eine andere Person ihre Meinung beiträgt und ein Kompromiss gebildet werden muss, dann sind die Reibungsverluste größer als wenn ich mit mir selbst diskutiere. Wenn kein zweiter beteiligt ist, resultiert daraus eine größere Wahrscheinlichkeit, dass der Kompromiss auch in dem Sinne rauskommt, wie er dann umgesetzt werden kann.

Ist das aber denn nicht irgendwie „patriarchalisch"?

Felix Magath: Nein, denn es geht mir nicht darum, zu dominieren. Ich habe nur die Absicht, dass in dem Bereich sportlicher Entscheidungen nicht mehr so viele Einflussmöglichkeiten da sind und dass diese Entscheidungen von einer Person getroffen werden. Das ist meines Wissens in England so gang und gäbe und die Engländer fahren damit sehr gut. Dort gibt es den Team-Manager, der diese Funktion dann auch verantworten muss. Gerade heute, wo es so viele Einflüsse gibt – auf die Spieler, die Mannschaft, die Vereine – ist es nach meiner Meinung unumgänglich, da ein bisschen mehr Konzentration hinzukriegen, um für das Kerngeschäft, eben den Fußball, effektive Entscheidungen umsetzen zu können.

Daraus ergibt sich automatisch die Frage, welche Führungsqualitäten Fußballtrainer haben müssen, die auch Manager in normalen Unternehmen verinnerlichen könnten.

Felix Magath: Klar, die Fußballwelt ist eine kleine Welt. Aber dennoch sind die Abläufe in der Wirtschaft nicht anders, und ob ich jetzt eine Gruppe von 20 Leuten führe oder eben 2000 Leute – da gibt es schon Kriterien, die immer gleich sind.

Müssen Sie auch Motivator sein für so einen Kader von 25 bis 28 Leuten?

Felix Magath: Nun ja – natürlich muss ich auch mal ein Motivator sein, aber das ist ein Bereich, den ich in meiner Arbeit eher kleiner halte. Es gibt andere im Trainerberuf, die viel mehr über die Motivation kommen. Aber ich hatte vorhin gesagt, ich glaube, dass meine Linie, die darauf abzielt, eben nicht so sehr mit Emotionen zu arbeiten, sondern eher über die Sache zu kommen, den Spieler letztendlich weiter bringt, weil die Emotionen um eine Mannschaft sowieso da sind.

In der Wirtschaft gibt es immer wieder neue strategische Konzepte. Immer wenn eine Führungsposition neu besetzt wird, dann will man alles neu machen. Im Fußball ist das doch ähnlich, oder? Früher sprach man von kontrollierter Offensive, heute spricht man von One-Touch-Fußball. Sind das alles nur Mode- oder Zeiterscheinungen?

Felix Magath: Das Spiel Fußball hat sich nicht grundlegend geändert. Es gab ein paar kleine Änderungen wie die Rückpassregel oder eben jetzt das passive Ab-seits, die aber den Charakter des Spiels nicht verändert haben. Schwieriger ist die Situation aus meiner Sicht geworden, weil sich das Umfeld geändert hat, aber dem hat man noch nicht Rechnung getragen. Man versucht im Fußballbereich, immer wieder Neuerungen herbeizuführen, aber nicht deswegen, weil etwas zum Beispiel jetzt beim FC Bayern gerade nicht so gut gelaufen ist. Ich glaube, dass dieser Ansatz falsch ist, weil sich zwar das Umfeld um den Fußball herum und dadurch die Anforderungen an den Spieler oder den Trainer verändert haben, aber nicht das Spiel selbst. Das Spiel selbst ist gleich geblieben.

Inwieweit ist das auch übertragbar auf die Wirtschaft? Ich meine, die Abläufe bleiben da auch oft gleich.

Felix Magath: Ich denke, wenn man sich jetzt ein bisschen mit der Wirtschaftskrise beschäftigt oder der Bankenkrise, dann sieht man, dass es eben auch gerade im Bankenbereich in den letzten Jahren so war, dass man jeden Tag etwas Neues machen wollte. Und jeder hat gemeint, er müsste jetzt noch ein anderes Produkt und noch ein besseres erfinden. Das hat dann letztendlich dazu geführt, dass alle die Übersicht verloren haben und eine große Krise daraus entstanden ist. Und genauso sehe ich das im Fußball auch. Man hat versucht, mit neuen Trainingsmethoden den Spieler zu verbessern, was gar nicht möglich war, weil der Spieler nicht durch den Fußball belastet worden ist, sondern durch Veränderungen im Umfeld, sprich er muss heute mehr Zeit und Energie aufwenden für die Fans, für die Sponsoren oder dafür, wie sein Berater ihn vermarktet. Das hat sich geändert, nicht das Spiel.

Andersherum gesehen: Wie weit beschäftigen Sie sich auch mit betriebswirtschaftlichen Konzepten und gibt es da Ansätze, deren Übertragung auf den Fußball Sie für sinnvoll halten?

Felix Magath: Da muss man unterscheiden. Beim VfL Wolfsburg war die Managerposition insofern anders, weil die Finanzierung des Clubs gesichert war. Anders als jetzt beim FC Schalke 04 oder bei anderen Fußball-Ligavereinen, wo man die Gelder einnehmen muss, die man dann über die Mannschaft wieder ausgibt, hatte ich ja in Wolfsburg im Grunde die schöne Situation, dass ich nur im Gespräch mit dem Aufsichtsrat mir Gelder genehmigen lassen musste. Ich war also nicht für die Beschaffung verantwortlich. So konnte ich relativ kompromisslos auf dem Markt agieren. Das wird sich jetzt ändern, das hat sich sogar schon geändert. Auf Schalke muss ich sehen, wie ich finanzielle Mittel überhaupt hereinbekomme, um dann auf dem Transfermarkt nach meinen Vorstellungen tätig werden zu können. Das ist für mich jetzt auch eine Neuerung im Aufgabenbereich, und ich habe bei Schalke bereits zu Beginn klar und deutlich gesagt, dass es für uns am wichtigsten ist, erst mal die finanzielle Basis des Clubs zu stärken, bevor sportlich weiter gedacht werden kann.

Ist das aber nicht genau heutzutage auch auf die Wirtschaft zu übertragen, gerade in der Wirtschaftskrise – den Ball flach halten, wenn die Situation es notwendig macht?

Felix Magath: Natürlich, das sehe ich ganz genau so. Ich glaube, dass man darauf achten muss, dass man immer eine Position der Stärke hat und aus einer Position der Stärke heraus agiert, statt dass man ständig agieren will, um schließlich dadurch seine Position zu verlieren.

Dankeschön, das war ein wunderbarer Schlusssatz!

Kontrolle

Monitor & Coordinator

Um Kontrolle ausüben zu können, muss ein Manager die Rollen des Monitors und des Coordinators beherrschen. Vom Manager in der Rolle des Monitors erwartet man, dass er weiß, was in seinem Verantwortungsbereich los ist, dass er ergründet, ob seine Mitarbeiter sich an die Spielregeln halten, und dass er prüft, ob die vereinbarten Ziele erfüllt werden.

Der *Monitor* sollte idealerweise ein wenig detailversessen sein und über gute analytische Fähigkeiten verfügen. Aufgaben, von denen diese Rolle verlangt wird, bestehen aus technischen Analysen, dem Verwalten von Routineinformationen und dem Lösen logischer Probleme.

Als *Coordinator* hat der Manager die Strukturen und Abläufe des Arbeitsumfelds aufrecht zu erhalten. Ein Manager in der Rolle des Coordinators muss in hohem Maße zuverlässig sein. Wichtig ist, dass Kontinuität gewahrt wird, Störungen des Betriebsablaufs minimal sind, lästiger Papierkram erledigt wird, Fortschrittsbericht verfasst werden, Budgets klar zugeteilt sind und Entwicklungspläne entwickelt und aktualisiert werden.

Generell bereiten Managern die Rollen des Monitors und des Coordinators weniger Probleme als andere Rollen. Es ist einfach leichter, so eine gängige Erklärung, sich an klaren Vorgaben zu orientieren und diese umzusetzen, als schwammigere Rollen wahrzunehmen, in denen beispielsweise kreative Ideen generiert werden oder Mitarbeiterpotentiale zu erkennen und auszuschöpfen sind. Doch die Rolle des Monitors birgt zwei

Gefahren: Erstens kann sie leicht auf Kosten anderer Aufgaben übertrieben werden und zweitens gibt es dummerweise gleich eine ganze Reihe von Wahrnehmungsverzerrungen, denen ein Manager unwissentlich unterliegen kann.

Zum ersten Punkt gibt es ein paar überzeugende Daten aus den späten 80er Jahren, die kürzlich in einer Studie erneut Bestätigung fanden. Die Forscher wollten wissen, mit welchen Tätigkeiten sich Manager wie lange beschäftigen und wie sich das auf den Erfolg auswirkt. Das Ergebnis lautet, dass es einen Hauptunterschied zwischen erfolgreichen und erfolglosen Managern gibt: Erfolglose Manager befassen sich während eines Drittels der Arbeitszeit mit traditionellen Managementmethoden, insbesondere der Planung und Kontrolle. Erfolgreiche Manager hingegen verwenden nur halb so viel Zeit auf diese Aktivitäten und betonen dafür stärker Kommunikation, Konkurrenz und Kreativität. In Kenntnis der verschiedenen Rollen eines Managers ist das für Sie jetzt natürlich nicht weiter überraschend, aber es ist ein wenig so wie mit „Wer wird Millionär?" oder einer vergebenen, „1000-prozentigen" Torchance: Wenn man sich das im Fernsehen anschaut, hätte man die Frage auch beantworten können oder das Tor problemlos geschossen. Aber in der Realität ist es dann doch leider schwieriger, und es ist in kritischen Situationen verführerisch, sich hinter seinem Bildschirm voller wichtiger Charts zu verstecken.

Ein gutes Beispiel aus dem Fußball ist Jupp Heynckes. Er gilt als vorbildlich, aber auch äußerst kompromisslos in der Rolle des Monitors. Doch manchmal hat er es auch übertrieben und Situationen falsch eingeschätzt. In der Saison 94/95 ordnete er nach einem in seinen Augen zu laxen Trainingsverhalten

Bei Jupp Heynckes haben oder hatten Disziplinlosigkeiten keine Chance.

einiger Spieler des damaligen Topteams ein Straftraining in Form eines 30-minütigen Waldlaufs an. Das führte zu großem Widerstand in der Mannschaft, und drei Stars, Gaudino, Okocha und Yeboah, meldeten sich demonstrativ am nächsten Spieltag krank ab, woraufhin sie von Heynckes für die gesamte Saison suspendiert wurden. Das mag in der Sache gerechtfertigt gewesen sein, war jedoch kontraproduktiv. Und obwohl im Falle von Okocha die Suspendierung in der Rückrunde noch aufgehoben wurde, konnte Eintracht Frankfurt ohne die Topspieler keine entscheidende Rolle in der Bundesliga spielen und verlor den Anschluss an die Spitzenteams. Es war nur ein kleiner Managementfehler, ein Lapsus in Heynckes' Rolle des Facilitators, welcher die Situation überproportional eskalierte. Bis heute konnte Eintracht Frankfurt nie wieder an frühere Erfolge anknüpfen.

Aber das ist noch nicht alles. Auch die Selbsteinschätzung von Managern ist bisweilen unrealistisch. Fragt man sie, ob sie eher produkt- oder eher personenorientiert führen (die beiden zentralen Komponenten der „situativen Führung"), so antwortet die Mehrheit voller Überzeugung: „Sowohl produkt- als auch personenorientiert natürlich! Wir können beides und beides ist wichtig!" Die Geführten und Kollegen sehen das aber ganz anders. Sie haben vielmehr am häufigsten den Eindruck, dass die meisten Führungskräfte zwar in hohem Maße produktorientiert führen, bescheinigen jedoch einen Mangel an Personenorientierung. Somit fehlen entscheidende Rollen.

Dabei ist es übrigens keineswegs verwunderlich, dass sich Führungskräfte falsch einschätzen, denn sie sind auch nur Menschen, und Menschen überschätzen sich ganz systematisch selbst. Dazu gibt es diverse Untersuchungen. Besonders amüsant (und deshalb an dieser Stelle ausnahmsweise ohne Fußballbezug): Bei einer Umfrage, ob Mutter Theresa wohl im Himmel weilt, haben das 80 % der Befragten bestätigt. Die Frage, ob man sich selbst nach seinem Tod im Himmel wähnt, bejahen hingegen 90 %.[1] Was für ein Selbstbewusstsein.

Aber es ist nicht nur Selbstüberschätzung, die unsere Wahrnehmung verzerrt. Im Kontext der Rolle des Monitors gibt es noch zahlreiche weitere Fallstricke, derer ein Manager dringend gewahr sein sollte.

So gibt es im Fußball beispielsweise zunehmend offene Kritik der Bundesligavereine am angeblichen „Zahlenfetischismus" von Jogi Löw. Hintergrund ist der Umstand, dass Löw zusammen mit seinem Chefscout Urs Siegenthaler auf der Basis numerischer Analysen diverse Schwachstellen in der Bundesliga ausgemacht zu haben glaubt. Das Spiel in Deutschland sei beispielsweise zu

[1] Nach J. Krüger, D. Dunning (1999): Unskilled and unaware of it. Journal of Personality and Social Psychology 77(6), 1121-1134.

langsam, weil die Passfrequenz zu niedrig sei, sagen Siegenthaler und Löw und ergänzen, dass in England schneller gespielt werde und dies ein entscheidender Indikator von Qualität sei.

Stimmt diese Analyse? Vielleicht. Wir wollen und können uns in dieser Frage kein fundiertes Urteil erlauben. Wohl aber kennen wir den sogenannten *Confirmation Bias*, dem auch viele Manager unterliegen. Dieser Wahrnehmungsfehler besagt, dass wir insbesondere Informationen registrieren, die unsere bereits bestehende Meinung bestätigen, und uns widersprechende Informationen weniger leicht auffallen. Besonders gemein an diesem Effekt ist, dass er umso stärker wird, je mehr Informationen vorliegen. Vielleicht unterlagen Jogi Löw und Urs Siegenthaler diesem Fehler und interpretierten Zahlen in dem von ihnen gewünschten Sinne. Das zumindest behaupten die Bundesligavereine. In noch extremerer Form könnten Sie in ihrem Unternehmen jedoch dem Confirmation Bias unterliegen. Täglich werden Charts erstellt, Analysen durchgeführt und Hochrechnungen geschrieben. Ihnen werden vielleicht oft derartige Ergebnisse unter die Nase gehalten und helfen Ihnen bei der Entscheidungsfindung. Doch wie oft, meinen Sie, sind Sie dem Confirmation Bias erlegen. Nie? Unwahrscheinlich.

Probieren Sie sich doch einmal an einem Gedankenexperiment: Lesen Sie morgen eine Tageszeitung Ihrer gegenteiligen, politischen Ansicht. Sollten Sie also in Bayern die CSU wählen, schauen Sie sich die nächste Ausgabe der taz oder, wenn Sie ganz tapfer sind, Neues Deutschland an. Umgekehrt könnten Sie sich vielleicht das Handelsblatt oder Die Welt zu Gemüte führen. Wenn Sie sich auf diese Weise quasi künstlich einem Gegenentwurf aussetzen, achten Sie bitte einmal auf die Argumente, welche zu einem Sie interessierenden Thema angeführt werden. Natürlich werden Sie dabei nicht über Nacht die Meinung wechseln. Wohl aber könnten Ihnen mit dieser Strategie des sogenannten Advocatus Diaboli Aspekte auffallen, die Sie in dieser Form noch nicht bedacht hatten.

Außerdem mögen es die Menschen nicht, zu verlieren. Deshalb werden sie der Rolle eines Monitors häufig nicht so gut gerecht, wie sie es eigentlich könnten. Diesem Umstand liegen zwei weitere Effekte zugrunde, die das Urteilsvermögen eines Monitors trüben: Escalation of Commitment und Framing.

Escalation of Commitment bezeichnet die Tendenz, Fehlentscheidungen nicht akzeptieren zu wollen und deshalb einen Fehler immer weiter mit sich zu ziehen und zu verschlimmern. Besonders an der Börse ist dieses Phänomen weithin bekannt. Broker verkaufen Aktien gerne und problemlos, wenn damit ein Gewinn eingefahren werden kann. In diesem Fall hat man einen guten Deal getätigt und kann diesen durch den Vergleich von Ankaufs- und Verkaufspreis glasklar nachvollziehen. Dummerweise gilt das aber auch im umgekehrten Fall. Fällt eine Aktie unter den Kaufpreis, so würde ein Verkauf analog einen ebenso glasklaren Verlust bedeuten. Dieser Verlust kratzt am Ego, er verletzt das Selbstbild. Als Folge klammert man sich an Strohhalme, die eigentlich offenkundig die Lage noch verschlimmern, ignoriert die Warnzeichen und verkauft in der Folge nicht, was die Lage häufig noch weiter verschlimmert. Männer können das übrigens schlechter verwinden als Frauen. Besonders leistungsorientierte Personen mit ausgeprägtem Selbstwertgefühl unterliegen ebenfalls häufig dieser Fehleinschätzung.

Und da haben wir den Salat: Nicht nur im Fußball, sondern auch in der Wirtschaft rennen vorzugsweise und mehrheitlich leistungsorientierte, ausgesprochen selbstbewusste Männer herum. Und da soll noch einmal jemand fragen, wie all die Finanzskandale zustande kommen? Wir müssen auch nicht weit in die jüngere Vergangenheit blicken, um haarsträubende Hasardeure in der Finanzwirtschaft zu finden. Es ist einfach zu verführerisch, über gewaltige Budgetverantwortung in einer vergleichsweise niedrigen Position zu verfügen, wenn man parallel kaum beaufsichtigt wird, das Risiko weitgehend selbst bestimmen kann und zusätzlich im Erfolgsfall mit Lob und Anerkennung überschüttet wird, während bei Misserfolgen einzig Sanktionen warten. Erinnern Sie sich noch an Nick Leeson oder John Rusnak? Oder sollen wir nach Asien blicken: Sind Ihnen Yasuo Hamanaka oder Toshihide Iguchi ein Begriff? Die Liste ist nahezu endlos.

Es handelt sich dabei um Personen, die Ihre Arbeitgeber um Millionen- und Milliardenbeträge brachten, weil sie unverantwortlich mit dem ihnen übertragenen Risiko umgingen: Escalation of Commitment. Parallel zu ihrem Verhalten kamen deren Führungskräfte ihrer Monitorfunktion nur unzureichend nach und das führte zum Desaster.

Es gibt aber auch abseits dieser Extremfälle Beispiele zuhauf. Und das nicht erst seit ein paar Jahren, sondern auch schon früher. So kaufte Robert Campeau 1988 nach einer überaus aggressiven Übernahmeschlacht das berühmte Versandhaus Bloomingdale's zu einem Preis, der laut Analysten geschätzte 600 Millionen Pfund über dem eigentlichen Wert der Firma lag. Das Wall Street Journal kommentierte damals entsprechend, dass in diesem Fall „weniger um den Preis als um Egos verhandelt" wurde. Campeau meldete kurz darauf Insolvenz an.

Haben Sie sich parallel einmal gefragt, weshalb es so viele haarsträubende Fehleinkäufe ausländischer Spieler im Profifußball gibt, die auf schlechtem Scouting beruhen? Natürlich gibt es eine ganze Reihe guter Gründe, von schlechter Akklimatisierung über Heimweh oder Probleme bei der Anpassung an das hiesige, teilweise erheblich unterschiedliche Spiel. Aber ein

Scout erhält Anerkennung für die erfolgreiche Suche nach potenziellen Verstärkungen. Da liegt es insbesondere nach einer längeren Durststrecke bei der Suche nahe, auch mal ein Auge zuzudrücken und vielleicht Spieler zu empfehlen, die ohne die vorherige Erfolglosigkeit nicht vorgeschlagen worden wären. Das wiederum erhöht die Chance für Fehleinschätzung, was einzusehen sehr schwer fällt, wenn man „Opfer" der Escalation of Commitment ist.

Parallel dazu unterliegen wir dem sogenannten *Framing Effect*. Lassen Sie uns dazu kurz ein Gedankenexperiment durchführen.[1]

Problemstellung: Stellen Sie sich vor, dass in Deutschland der Ausbruch einer seltenen Epidemie bevorsteht, der nach Schätzungen 600 Menschen zum Opfer fallen werden. Zur Bekämpfung der Epidemie stehen zwei alternative Programme zur Auswahl:

> Bei Programm A werden 200 Menschen gerettet.
>
> Bei Programm B werden mit einer Wahrscheinlichkeit von 1/3 alle 600 Menschen gerettet und mit einer Wahrscheinlichkeit von 2/3 wird niemand gerettet.

Für welche Alternative würden Sie sich entscheiden?

Und nun aus einer anderen Perspektive.

Problemstellung: Stellen Sie sich vor, dass in Deutschland der Ausbruch einer seltenen Epidemie bevorsteht, der nach Schätzungen 600 Menschen zum Opfer fallen werden. Zur Bekämpfung der Epidemie stehen zwei alternative Programme zur Auswahl.

> Bei Programm A sterben 400 Menschen.
>
> Bei Programm B wird mit einer Wahrscheinlichkeit von 1/3 niemand sterben und mit einer Wahrscheinlichkeit von 2/3 werden alle 600 Menschen sterben.

Für welche Alternative entscheiden Sie sich nun?

Hätten Sie im ersten Fall Programm A gewählt? Diese Präferenz teilen Sie mit 72 % der Weltbevölkerung. 28 % wählen Programm B.

Und im zweiten Fall? Dort wählen nur 22 % Programm A, während 78 % Programm B wählen.

Das ist höchst erstaunlich und rational nicht zu erklären, denn der zu erwartende Nutzen ist statistisch für alle vier Alternativen der gleiche und

[1] Nach A. Tversky, D. Kahnemann (1981): The Framing of Decisions and the Psychology of Choice. Science, 211, 453-458.

die Aussagen für Programm A sind in beiden Fällen sogar inhaltlich identisch, ebenso die Aussagen für Programm B. Offenbar lassen sich Menschen durch die Art, wie eine Aufgabe formuliert wird, in ihrer Entscheidung auf irrationale Weise beeinflussen. Abhängig davon, ob eine Situation positiv oder negativ formuliert wird, passen wir unsere Entscheidung an. Auch hier gilt wieder: Menschen verlieren nicht gerne. Deshalb reagieren sie auf erwartete Verluste mit einem größeren Risiko als bei einem Gewinn.

Nicht wenige Bundesligisten, bei denen sich in der ersten Halbserie kein ausreichender Erfolg einstellte, kauften in der Winterpause mit extrem hohem Risiko neue Spieler, die sich häufig nicht nur keineswegs als Verstärkungen entpuppten, sondern die zudem auch noch das Budget der folgenden Jahre erheblich belasteten. Im Abstiegsfall sind das dann Hypotheken, die den Verein über Jahre an der schweren Last tragen lassen. Befragen Sie doch einmal die aktuellen Vereinsführungen von Borussia Mönchengladbach oder vom 1. FC Kaiserslautern über deren Einschätzungen vergangener Transferpolitik. Und weshalb halten sich Clubs wie Bielefeld oder Bochum seit Jahren mindestens so gut wie beispielsweise die rheinischen Konkurrenten aus Köln oder Mönchengladbach, obwohl ihnen weniger als die Hälfte des Etats zur Verfügung stehen?

Es ist ein Management mit Augenmaß und Konstanz, welches zum Erfolg führt. Entscheidend dafür ist unter anderem die Fähigkeit, unbeeinflusst von Wahrnehmungsverzerrungen prüfen und aus den vorliegenden Informationen die richtigen Schlüsse ziehen zu können – die Rolle des Monitors.

Konkurrenz

Producer & Director

Das vierte Aufgabengebiet eines Managers umfasst die Rollen des Producers und des Directors.

Der *Producer* ist aufgaben- und ergebnisorientiert und fördert Motivation, Energie und persönlichen Einsatz. In dieser Rolle erwartet man vom Manager, dass er Verantwortlichkeit zeigt, Aufgaben innerhalb des gesetzten Zeit-, Kosten- und Qualitätsrahmens beendet sowie zur Produktivität des Unternehmens beiträgt. Diesen Aufgaben kommen Manager innerhalb der Rolle des Producers über das Motivieren der Mitarbeiter sowie über die Steuerung der Arbeitszufriedenheit nach.

Bereits im Führungskapitel hatten wir ja festgestellt, dass die transformationale Führung die Mitarbeiter emotional anspricht. Dadurch werden sie wie beschrieben so transformiert, so beeinflusst, dass sie sich aus sich selbst heraus für die Ziele des Unternehmens einsetzen. Aus einer vorherigen Motivation durch externe Anreize (zum Beispiel Gehalt oder Leistungszulagen) wird somit eine Motivation, die von innen kommt – intrinsische Motivation. Wie jeder weiß, ist es aber nicht immer möglich, dass alle Mitarbeiter vollkommen und umfassend glücklich sind und dies auch bleiben. Nicht jeder Mitarbeiter kann immer vollauf zufrieden sein. Noch klarer wird das im Fußball: Die Trainer können nun einmal lediglich 11 Spieler aufstellen. Der Rest sitzt entweder auf der Bank oder auf der Tribüne und wird, so es sich nicht um absolute Nachwuchsspieler oder Rekonvaleszenten handelt, kaum vor Freude ein paar Luftsprünge machen. Kurzum: Sie können die perfekte Führungskraft sein, aber das bedeutet nicht, dass Ihr gesamter Kader, Ihr gesamtes Team, Ihre gesamte Abteilung zu allen Zeiten ein Ausbund des Glücks und der Zufriedenheit ist.

Die Arbeitszufriedenheit lässt sich nicht bei allen Spielern zu allen Zeiten am Limit halten. Vielen Managern ist das nicht klar.

Wer nun aber glaubt, dass man es mit dieser Erkenntnis bewenden lassen sollte, irrt ebenfalls. Arbeitszufriedenheit ist nämlich eine Einstellung, die erheblich komplizierter ist, als es vielen auf den ersten Blick erscheint. Die Arbeitszufriedenheitsforschung hat ihren Ursprung in den 70er Jahren. Damals hatte man noch ein etwas naiveres Bild der psychischen Vorgänge bei Mitarbeitern und versuchte sich am Nachweis von recht einfachen, kausalen Beziehungen, zum Beispiel dem Zusammenhang zwischen Arbeitszufriedenheit und Arbeitsleistung. Sie können sich die Überraschung der Forscher angesichts des folgenden, empirischen Ergebnisses aus dieser Zeit feststellen: Zwischen der Arbeitszufriedenheit von Mitarbeitern und deren Arbeitsleistung besteht kein Zusammenhang.

Das muss man sich auf der Zunge zergehen lassen. Da kommen Heerscharen von Beratern, Motivationsgurus, Tschaka-Experten und selbstverständlich auch Wirtschaftsprofessoren wie wir daher und erzählen von der Kraft der Motivation, intrinsischen Anreizen und emotionaler Führung – und dann soll das alles vollkommen nutzlos sein?

Die Profis von Bayer Leverkusen mussten bei Christoph Daum über brennende Kohlen laufen. Alles umsonst? Unterstützt von „Motivationsguru" Jürgen Höller mussten sich die Spieler gegenseitig ihre Bestärkung und Zuversicht zubrüllen: „Tschaka!!!" Und das soll nicht funktionieren? Klaus Toppmöller brachte zur Motivation einen leibhaftigen Adler, das Wappentier der Frankfurter, mit in die Kabine. Wirkungslos?

Aber wenn wir diese etwas bösartige Ironisierung einmal beiseite lassen: Heißt solch ein Ergebnis, dass Motivation unbedeutend ist? Die Antwort lautet selbstverständlich: NEIN, NATÜRLICH NICHT! Engagement ist als

Klaus Toppmöller setzte sogar einen echten Adler zur Motivationsförderung ein.

Resultat von Motivation ein ganz ausgezeichneter Indikator für Erfolg. Aber weshalb gilt das nicht für die Arbeitszufriedenheit? Ist eine ausgeprägte Arbeitszufriedenheit nicht genau das gleiche wie eine hohe Motivation? Auch hier lautet die Antwort: NEIN! Allerdings lassen wir an dieser Stelle das etwas arrogante „NATÜRLICH NICHT" weg, denn so natürlich und offensichtlich ist das gar nicht. Die Forschung hat sich nämlich lange Zeit sehr schwer getan, diesen Befund zu verstehen und zu erklären.

Mittlerweile liegt diese Erklärung aber vor und mithilfe eines Ausfluges in die Stresstheorie auch sehr griffig in der Hand. Richard Lazarus, ein Psychologe, hatte sich nämlich Mitte der 70er Jahre Gedanken darüber gemacht, weshalb einige Leute in bestimmten Situationen Stress empfinden, andere jedoch in der gleichen Situation nicht. Er formulierte die Idee, dass Stress das Ergebnis eines zweistufigen Bewertungsprozesses ist.

- Im ersten Schritt wird überprüft, ob eine Abweichung der aktuellen Situation von der eigentlich erwarteten Situation vorliegt. In anderen Worten: „Läuft alles glatt oder gibt es kein Problem?"

  Beispiel: „Verdammt, das Haus brennt! Sch...e!"

  Diese sogenannte primäre Bewertung läuft manchmal, wie im Beispiel des brennenden Hauses, bewusst, in vielen Fällen aber auch völlig unbewusst ab und erzeugt im Ergebnis noch keinerlei Stress oder Emotion. Selbst das brennende Haus nicht. Wenn wir bei der primären Bewertung zum Ergebnis kommen, dass alles in bester Ordnung ist: wunderbar. Abgehakt.
- Es ist die sekundäre Bewertung, die entscheidend für die Entwicklung und Entstehung von Stress ist. Dort klären wir, ob wir Kon-

trolle über die aktuelle Situation haben und gehen der Frage nach, wie wir uns augenblicklich aus der misslichen Situation befreien können. Der erste Blick richtet sich also auf den Umstand, dass das Haus brennt. Aber erst wenn wir feststellen, dass wir nicht aus dem Haus herauskommen, dass wir keine Chance haben, noch jemanden zu retten, dass wir also keine Kontrolle über die Situation haben, empfinden wir Stress.

Welche Rolle spielt der Begriff „Stress“ in diesem Kontext?

Die äußeren Einflüsse, die auf einen Menschen einwirken, werden generell Belastung genannt. Art und Umfang dieser Belastung hängen beispielsweise von der genauen Arbeitsaufgabe und Tätigkeit, der Arbeitsorganisation (Arbeitszeiten), den zur Verfügung stehenden Arbeitsmitteln (Computer, Maschinen), von der physikalischen (Schall, Licht) und sozialen (Führung, Betriebsklima) Arbeitsumgebung sowie der unmittelbaren Umgebung des Arbeitsplatzes (Büro, Fließband) ab. Belastung ist gemäß des Vorschlags von Lazarus per se als neutral anzusehen.

Erst in Abhängigkeit von den individuellen psychischen Voraussetzungen wie Fähigkeiten, Erfahrung, Motivation, Einstellung, Konstitution usw. entscheidet sich, ob eine Belastung zu einer positiven Beanspruchung (Anregung) oder zu einer negativen Beanspruchung (Beeinträchtigung) wird. Anregung führt zu Aufwärmung und Aktivierung und kann langfristig zu einer positiven persönlichen Entwicklung und Gesunderhaltung beitragen. Beeinträchtigung führt zu Ermüdung, Monotonie, Sättigung und zu Stress und kann mittel- oder langfristig Burn-out oder psychosomatische Erkrankungen zur Folge haben.

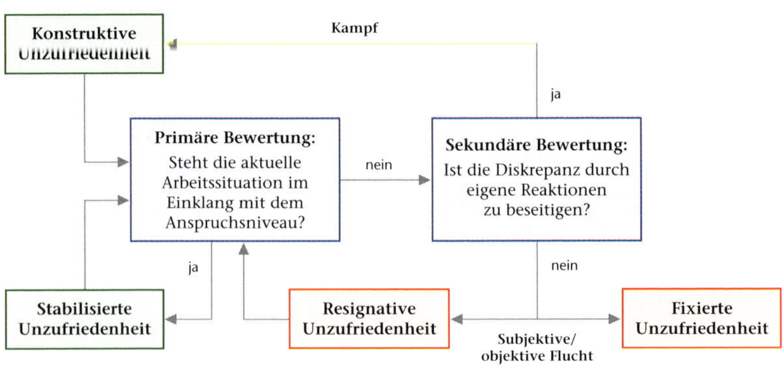

Die Quelle der Arbeitszufriedenheit: Steht die Situation im Einklang mit dem eigenen Anspruch? Und falls nein: Lässt sich das durch eigene Initiative ändern?

Doch wie hängen diese Erkenntnisse mit der Arbeitszufriedenheit zusammen? Wir haben versucht, die Antwort darauf in einer Grafik schematisch darzustellen. Danach lassen sich vier verschiedene Formen der Arbeitszufriedenheit unterscheiden.

In der primären Bewertung fragt sich der Mitarbeiter, ob seine momentane Jobsituation ungefähr mit seinen Vorstellungen übereinstimmt: „Passt meine Situation zu meinen Erwartungen?“ Wenn die Antwort positiv ausfällt, liegt bei ihm eine *stabilisierte Zufriedenheit* vor. Alles ist in bester Ordnung, und der Mitarbeiter zeigt das auch durch viel Engagement. Das ist die erste Kategorie der Arbeitszufriedenheit und gleichzeitig die einzige, bei der der Mitarbeiter wunschlos glücklich ist: Es besteht keine Diskrepanz zwischen Wunsch und Realität. Stabil zufriedene Mitarbeiter bilden das Rückgrat des Unternehmens. Wenn es irgendwo brennt, werden es mit hoher Wahrscheinlichkeit genau diese Mitarbeiter sein, auf die sich ein Unternehmen verlassen kann. Sie zeigen ein hohes Engagement auch in Situationen, in denen sie eigentlich gar nicht zwingend zuständig wären. Sie erkennen Arbeit und helfen eigeninitiativ dort aus, wo es notwendig ist. Kurzum: Stabil zufriedene Mitarbeiter tragen in außerordentlichem Maße zur organisationalen Effizienz bei. Sie sorgen dafür, dass das Unternehmen Kosten- und Zeitziele einhält. Sie springen auch dann ein, wenn einmal ein Wochenende geopfert werden muss, weil ihnen ihre Arbeit gefällt und sie exakt das tun, was sie auch tun wollen. In der Wissenschaft wird ein solches Verhalten etwas ungelenk als „Organizational Citizenship Behavior“, mit etwas mehr Glück auch „Extra-Role Behavior“ genannt. Das bedeutet beispielsweise, dass sich der Mitarbeiter altruistisch verhält, indem er weitgehend selbstlos Interesse am Wohlbefinden der Kollegen zeigt. Er hilft anderen, die gegenwärtig einen hohen Work Load, eine hohe Belastung, aufweisen, und vertrödelt nicht unnötig viel Zeit mit Beschwerden über Banalitäten, sondern konzentriert sich stattdessen auf die positiven Aspekte des jeweiligen Sachverhalts.

Stabil zufriedene Mitarbeiter sind auch dann produktiv und halten sich an die vereinbarten Regeln, wenn garantiert niemand ihre Arbeit oder ihr Wirken kontrollieren kann. Insbesondere aber springen sie genau dann in die Bresche, wenn gerade etwas besonders kritisch ist, sie aber formal dazu nicht verpflichtet wären. Mit Sicherheit kennen und schätzen Sie Kollegen, die genau in diese Kategorie fallen. Solche Kollegen sind großartig und ihr Gewicht in Gold wert.

Bei den anderen drei Gruppen besteht hingegen eine Diskrepanz zwischen Wunsch und Wirklichkeit. Die Realität weicht negativ von den eigenen Vorstellungen ab und es kommt zur entscheidenden sekundären Bewertung: Kann ich die Dinge ändern, die mir stinken? Ja oder nein?

Wenn wir uns beispielsweise an Lukas Podolski bei den Bayern unter Klinsmann erinnern, so ist sehr wahrscheinlich, dass dieser Lukas Podolski mit seiner abonnierten Rolle als Bankdrücker unzufrieden war. Er sah sich nicht als Ersatzspieler, sondern erhob den Anspruch zu spielen. Eben das war bei den Bayern jedoch in weite Ferne gerückt, obwohl Klinsmanns Äußerungen vor der Saison durchaus hoffnungsvoll für den Stürmer geklungen haben mussten. So merkte Podolski vor der Saison an: „In der nächsten Saison haben alle Stürmer die gleichen Chancen. Alle fangen bei Null an, keiner ist gesetzt." Nachdem Podolski in der Hinrunde jedoch trotz diverser Verletzungen oder Rekonvaleszenzen seiner Sturmkollegen Toni und Klose lediglich 4 Spiele von Anfang an absolvieren konnte, kehrte Ernüchterung ein.

Podolski allein auf der Auswechselbank: sichtbare Diskrepanz zwischen Arbeitssituation und persönlichem Anspruch.

Podolskis primäre Bewertung ergab also eine Diskrepanz zwischen der angestrebten und der tatsächlichen Situation. Doch das ist, ganz analog zum Stressverständnis von Lazarus, noch nicht entscheidend, denn der folgende Schritt ist ungleich wichtiger.

Glaubt der Mitarbeiter nämlich, dass er sein eigenes Schicksal beeinflussen kann, dass er also über Situationskontrolle verfügt, so wird die sekundäre Bewertung positiv beantwortet und der Mitarbeiter befindet sich in der sogenannten *konstruktiven Unzufriedenheit*. Wenn Sie diesen Mitarbeiter nach seiner Zufriedenheit fragen, werden Sie eine negative Antwort erhalten. Allerdings ist diese Unzufriedenheit für ein Unternehmen keineswegs schlecht, sondern extrem förderlich. Und das ist der springende Punkt.

Konstruktiv unzufriedene Mitarbeiter versuchen nämlich aktiv etwas an ihrer Situation zu verändern. Sie kommen mit Vorschlägen, wie die von ihnen wahrgenommenen Probleme gelöst werden können. Sie entwickeln Ideen für andere Vorgehensweisen. Sie sind kreativ, um Lösungen zu finden, die sowohl dem Unternehmen als auch ihnen selbst weiterhelfen. Konstruktiv unzufriedene Mitarbeiter sind zwar (wenig überraschend) unzufrieden, aber sie engagieren sich außerordentlich stark und sind ein entscheidender Faktor organisationaler Innovation. Während also die stabil zufriedenen Mitarbeiter für die Effizienz sorgen, sind die konstruktiv Unzufriedenen für die Innovativität und notwendige Veränderung im Unternehmen zuständig. Beide Gruppen sind aber hoch engagiert und für jedes Unternehmen unabdingbar.

Anfangs war Podolski vermutlich noch in einer Phase der konstruktiven Unzufriedenheit. Er äußerte das deutlich und begann, sich im Training so richtig reinzuhängen. „Er gibt ordentlich Gas", würden Fußballer wohl sagen, und Klinsmann bestätigte diese Sachlage auf Nachfrage bei mehreren Gelegenheiten. Das ist für Trainer natürlich der Wunschzustand. Stabil zufriedene Spieler stehen auf dem Platz und geben alles für die Mannschaft und den Verein, während der Rest sich im Training voll reinhängt und somit Leistungs- und Konkurrenzdruck auf die Spieler in der ersten Elf ausübt. Gäbe es nur stabil zufriedene und konstruktiv unzufriedene Spieler im Team, wäre das resultierende Engagement und mit ihm die sportliche Leistung maximal.

Dummerweise bleiben konstruktiv unzufriedene Spieler nicht endlos in diesem Stadium und hinterfragen die Situation nach erfolglosen Änderungsversuchen. Wenn sich nämlich die ergriffenen Strategien zur Veränderung der Situation als wirkungslos herausstellen und das Problem, die Differenz zwischen Anspruch und Wirklichkeit, nach wie vor existiert, wird irgendwann die sekundäre Bewertung anders ausfallen. Es wird als unrealistisch wahrgenommen, dass man die Situation selbst verändern kann. Die Einschätzung, man verfüge über Situationskontrolle, wird revidiert und weicht einem Gefühl der Machtlosigkeit. Das Ergebnis ist eine Fluchtreaktion, die zu den beiden anderen Kategorien der Arbeitszufriedenheit führt, die ein Unternehmen bei seinen Mitarbeitern tunlichst vermeiden sollte.

Ein Mitarbeiter, der seine als misslich empfundene Situation nicht als veränderbar wahrnimmt, kann einerseits die objektive Flucht antreten. Das Resultat nennt sich *fixierte Unzufriedenheit* und ist gekennzeichnet durch klar nach außen getragenen Unmut. Der Mitarbeiter wird das Unternehmen bei der nächsten Gelegenheit verlassen und macht das auch deutlich. Er schiebt „Dienst nach Vorschrift" und wird ein erheblich reduziertes Engagement zeigen. Von fixiert unzufriedenen Mitarbeitern ist aus Unternehmenssicht wenig zu erwarten. Die Arbeitsleistung bricht massiv ein, da der Mitarbeiter mehr oder weniger offen mit seiner jetzigen Tätigkeit abgeschlossen hat und sich bereits mit Alternativen beschäftigt oder sich in die innere Kündigung zurückzieht, sofern diese Alternativen nicht verfügbar sind. Mitarbeiter, die sich in dieser Kategorie befinden, sind nur sehr schwer wieder in das Unternehmen integrierbar und ein sauberer Schnitt sowie die Vermeidung weiterer Fälle von fixierter Unzufriedenheit ist oftmals die beste Alternative.

Wie im Fall von Lukas Podolski. Nachdem sich Podolski auf der Ersatzbank wiederfand, versuchte er ein paar Wochen lang, analog den Empfehlungen von Klinsmann, im Training mächtig Gas zu geben, um sich so für die Startelf aufzudrängen. Entgegen seiner Hoffnungen änderte sich allerdings wochen- und monatelang nichts an der Situation. Die Erwartung, dass bei genügend großen Anstrengungen im Training mittelfristig ein Platz in der Startelf herausspringen könnte, löste sich langsam auf. Deshalb mühte und rackerte er nach und nach weniger, da er glaubte, die Situation eben nicht selbst in der Hand zu haben. Die Lage wurde verfahren, als Klinsmann im September 2008 folgende Äußerungen tätigte: „Lukas muss sich hier durchbeißen. Mir ist klar, dass bei ihm eine große Unzufriedenheit herrscht. Wenn er mit seiner Situation zufrieden wäre, wäre ich unzufrieden." Und weiter: „Er muss aber weiterhin zeigen, dass er besser sein will und besser sein muss als die beiden anderen. Das ist ein langwieriger Prozess, der nicht innerhalb weniger Monate abgeschlossen ist – dieser Prozess kann ein oder zwei Jahre dauern. Und es gibt keine Hintertür für ihn."

Aus Sicht der Arbeitszufriedenheitsforschung war das der Sargnagel für die bereits trübe Befindlichkeit von Lukas Podolski. Der Ausblick, dauerhaft auf der Ersatzbank zu versauern, war zuviel für Podolski und er versuchte fortan nicht mehr, seine Situation zu verändern oder Unzufriedenheit zu verhehlen. Er war von der konstruktiven in die fixierte Unzufriedenheit gewechselt und es ist auf der Basis der empirischen Erkenntnisse kein Wunder, dass fortan keine Leistung mehr „abrufbar" war. So entwickelte sich ein Teufelskreis der Demontage, an dessen Ende ein unwiederbringlich fixiert unzufriedener Podolski auch bei bestem Willen nicht mehr leistungsfähig war. Zu einem Transfer bestand angesichts dieser Konstellation keine Alternative.

Das änderte sich erst mit dem Trainerwechsel. Plötzlich taute Podolski auf, weil er wieder an die Veränderungsfähigkeit der Situation glaubte. Aus dem fixiert unzufriedenen Podolski wurde so der konstruktiv unzufriedene Podolski, jener Podolski also, der sich im Training voll reinhängt. Jupp Heynckes erkannte das als erfahrener Trainer sofort und stellte ihn in den verbleibenden Spielen auf.

Das Ergebnis war geradezu ein Aufblühen Podolskis und die Verantwortlichen der Bayern rieben sich verwundert die Augen.

Der andere Umgang mit einer als defizitär, aber unveränderlich wahrgenommenen Situation besteht darin, sich die Situation „schön zu reden". Im Fachjargon nennt sich das dann intrapsychische Anpassung und die entsprechende Kategorie heißt *resignative Zufriedenheit*. Zufriedenheit? Ja genau. Und so funktioniert es: Stellen Sie sich vor, Sie würden sich eigentlich diverse Veränderungen wünschen, da zwischen der aktuellen Lage der Dinge und dem, wie Sie sich eigentlich Ihre Situation vorstellen, erhebliche Lücken klaffen. Dummerweise können Sie aber nichts ändern, um zu einer Verbesserung beizutragen. Anders ausgedrückt: Sie verfügen über keinerlei Situationskontrolle. Das ist natürlich misslich und erfordert eine Reaktion. Anstatt sich diesem misslichen Umstand aber durch eine Flucht in die fixierte Unzufriedenheit zu entziehen, manipulieren Sie stattdessen ein wenig an Ihrer Wahrnehmung herum. Das kann entweder bewerkstelligt werden, indem die eigene IST-Situation in einem günstigeren Licht dargestellt wird. Das könnte ungefähr so klingen:

„Natürlich ist auch hier nicht alles Gold, was glänzt. Meine Kollegen sind aber ganz nett, das Gehalt wird pünktlich überwiesen, ich bin in dem neuen Vertriebsgremium vertreten und darf in drei Wochen an einer Konferenz teilnehmen. Und obwohl ich immer noch keine Budgetverantwortung trage, darf ich doch immerhin ein paar kleinere Dinge entscheiden. Das ist doch für den Anfang eigentlich gar nicht mal so schlecht."

Das Prinzip ist also, die positiven Aspekte ein bisschen aufzubauschen und die negativen herunterzuspielen. So wird die gegenwärtige Situation künstlich besser dargestellt als sie in der „unverfälschten" Wahrnehmung eigentlich ist. Als Resultat wird die Diskrepanz zum SOLL etwas kleiner und der Veränderungsbedarf der Situation weniger dringlich und dramatisch.

Parallel (oder alternativ) dazu kann wunderbar auch das SOLL künstlich heruntergespielt werden. Das liest sich dann vielleicht so:

„Ich sollte froh sein, dass ich in der aktuellen Finanzkrise überhaupt einen Job habe. Schließlich wären die meisten Leute froh, wenn sie in meiner Situation wären. Außerdem darf ich einfach nicht erwarten, nach nur drei Jahren schon wieder befördert zu werden. Der Kollege in der Nachbarabteilung wartet schon erheblich länger. Es ist ja auch gar nicht alles schlecht an der Firma. Unsere Produkte sind ganz interessant, ich habe ausreichend viel Urlaub und der Arbeitsweg hält sich in Grenzen." Unerwähnt bleiben dann das zu niedrige Gehalt, der grauenhafte Chef, die fehlenden Karrieremöglichkeiten, die monotone Tätigkeit oder dergleichen mehr.

Die resignative Arbeitszufriedenheit beinhaltet also im Kern eine Selbstillusion, denn man redet sich die Situation künstlich häufig aus zwei Seiten schön: Das SOLL wird heruntergeschraubt und das IST wird gleichzeitig überhöht, bis im Ergebnis die vormalige SOLL-IST-Differenz auf wundersame Weise hinweg geschmolzen ist. Löst das jedoch die Probleme? Nein, keineswegs. Und darin liegt die Gefahr. Fragt man einen solchen Mitarbeiter, wie zufrieden er mit seiner Arbeit ist, so erhält man ein wenig begeistertes, aber nichtsdestotrotz klar positives Signal: „Ja, danke der Nachfrage, ich bin mit meinem Job sehr zufrieden."

Dennoch nagt aber die Unzufriedenheit just außerhalb der Reichweite des kunstvollen Selbstbetrugs. Das kostet Zeit und Nerven, denn es muss ein gehöriges Maß Energie darauf verwendet werden, sich in der selbstkonstruierten Wohlfühloase auch weiterhin einzurichten. Resignativ zufriedene Mitarbeiter zeigen ein entsprechend des individuellen Ausmaßes der Illusion deutlich reduziertes Engagement, das sich selbstverständlich in niedriger Arbeitsleistung niederschlägt. Und so ist dann schließlich niemandem wirklich gedient. Dem Mitarbeiter nicht, weil die Situation einfach nur umgedeutet wurde, eigentlich aber deprimierend ist. Und der Firma auch nicht, denn sie hat einen Mitarbeiter, der weit unter seinen Möglichkeiten bleibt und seltsam gedämpft am Arbeitsplatz wirkt.

Angesichts dieser vier ganz unterschiedlichen Formen der Arbeitszufriedenheit ist es wenig überraschend, dass sich empirisch kein bedeutsamer Zusammenhang zwischen der Arbeitszufriedenheit und der Arbeitsleistung feststellen lässt, obwohl das aus der Arbeitszufriedenheit entstehende Engagement und die Arbeitsleistung sehr wohl eng miteinander verbunden sind.

Es sind die stabil Zufriedenen sowie die konstruktiv Unzufriedenen, die über ihr großes Engagement für die Effizienz und Innovationskraft einer Firma maßgeblich verantwortlich sind. Und es sind die fixiert Unzufriedenen sowie die resignativ Zufriedenen, die über ihr deutlich reduziertes Engagement zu den organisationalen Minderleistern zählen.

Ein guter Producer ist imstande, diesen Umstand zu verstehen und im Falle der konstruktiv Unzufriedenen Lösungen zu suchen und zu finden, welche sowohl das Unternehmen als auch den Mitarbeiter befriedigen. Es ist müßig darüber nachzudenken, ob im Falle der komplizierten Konstellation mit Jürgen Klinsmann und Bayern München das Abrutschen Podolskis in eine fixierte Arbeitsunzufriedenheit mit entsprechendem Leistungsabfall hätte verhindert werden können. Allerdings zeigen andere Fälle und Trainer, dass es durchaus möglich ist, die zum Teil überraschend empfindsamen Seelen von Profifußballern adäquat zu motivieren und anzusprechen.

Ottmar Hitzfeld gelang mit dem Rotationsprinzip 2008 in München das „Double“. Nur wenige Trainerverabschiedungen verlaufen emotional so positiv wie seine beim FC Bayern.

Ottmar Hitzfeld und Thomas Schaaf setzen beispielsweise nicht nur deshalb auf Rotation im Kader, weil sie Überbelastungen vorbeugen und Verletzungen ausgleichen wollen. Vielmehr dient diese Maßnahme bei nicht allzu großem Leistungsabfall auch der Motivation der Spieler, die sonst seltener eine Chance bekommen. Felix Magath und Lucien Favre lösen die gleiche Problematik durch die Autorität, die sie sich über die Kaderzusammenstellung erworben haben. Wir schauen mit großem Interesse auf Markus Babbel und dessen Strategie in einer so schwierigen und heiklen Lage. Bislang hat sich Babbel durch sein beeindruckend kompetentes Führungsverhalten eine Menge Anerkennung erworben. Allerdings hängt ihm dabei der Makel an, dass sein Team unter seiner Regie noch keine schwierigen Situationen, von Fußballreportern so gern „Krise“ genannt, meistern musste. Dann wird sich zeigen, ob und wie Babbel neben seiner unbestreitbaren Führungskompetenz auch den Rollen eines Managers generell sowie spezifisch dem Anspruch an einen Producer gerecht wird.

Übrigens haben deutsche Firmen in der Tat in dieser Hinsicht noch ein gewaltiges Entwicklungspotential. Die amerikanischen Konkurrenten sind bei der systematischen Entwicklung der Rolle des Producers auf Unternehmensebene deutlich weiter. Aber da es sich dabei um ein strukturelles und kein individuelles Problem handelt, werden wir diesen Punkt im nächsten Kapitel diskutieren.

Als kleine Randnotiz ließe sich an dieser Stelle vielleicht noch erläutern, weshalb im öffentlichen Dienst die Arbeitsunlust so überproportional stark ausgeprägt zu sein scheint. Aufgrund eines im Vergleich mit der

Privatwirtschaft äußerst rigiden und bürokratischen Systems ist die Situationskontrolle des einzelnen Beamten extrem gering ausgeprägt. Auf die Kategorie der stabil Zufriedenen wirkt sich das nicht aus, die aber zahlenmäßig vergleichsweise klein ausgeprägt sein sollte. Im Falle einer SOLL-IST-Differenz werden hier die Mitarbeiter sehr schnell aus einer anfänglichen konstruktiven Unzufriedenheit in eine der beiden Kategorien dauerhaft negativer Arbeitsleistung gelangen.

Bei der fixierten Arbeitsunzufriedenheit kommt erschwerend hinzu, dass im Falle eines Beamten die Wahrscheinlichkeit und die Wirksamkeit eines Jobwechsels relativ klein wären. Es wird sich nämlich weder leicht noch schnell eine externe Alternative finden, welche die Annehmlichkeiten einer Beamtenposition bei vergleichbarem Arbeitsaufwand bietet. Anstatt den Arbeitgeber zu wechseln, bleiben viele der fixiert Unzufriedenen daher in den jeweiligen Institutionen hocken und begeben sich in eine innere Kündigung.

Neben der Rolle des Producers muss schließlich noch die Rolle des Directors ausgefüllt werden.

Als *Director* muss der Manager Erwartungen über Planungsprozesse und Zielvereinbarungen kommunizieren, sowie als Initiator Probleme definieren und zwischen Alternativen wählen. Er muss Ziele setzen, Rollen und Aufgaben zuweisen, Regeln und Strategien erarbeiten, Leistung bewerten und Instruktionen geben.

Der Director stellt unter den acht hier diskutierten Rollen eine kleine Ausnahme dar, da wir seine spezifischen Rollenaufgaben in anderen Kapiteln tiefergehend diskutieren: Das Entwickeln von Visionen haben wir bereits im Zusammenhang mit der transformationalen Führung erörtert und das Setzen von Zielen wurde im Rahmen der transaktionalen Führung thematisiert.

Wir möchten aber zur Rolle des Directors an dieser Stelle noch kurz ein paar Worte über Werte verlieren. Werte spielen nämlich nicht nur in aktuellen Diskussionen über die Gründe der Finanzkrise, das Gehalt von CEOs oder Staatshilfen für insolvenzbedrohte Firmen eine entscheidende Rolle. Was für uns hier wichtig ist: Werte fließen als Anschauungen darüber, was richtig und falsch ist, auch stark in persönliche Entscheidungen ein.

Uli Hoeneß hat immer betont, dass der FC Bayern sich niemals in Risikozonen oder Abhängigkeiten begeben würde, in denen englische, italienische oder auch spanische Clubs sich bewegen. Solch ein Risikomanagement ist selbstverständlich auch wertegetrieben. Dass solche Werte sich über die Jahre ändern können, bewies Hoeneß dann erstmals 2007 mit den Einkäufen von Ribery, Klose & Toni, für die nach Abzug der Transfereinnahmen fast 40 Millionen Euro investiert wurden. Die Fortführung dieser Politik der Abkehr von früheren Werten ließ sich erneut 2009 mit den Transfers insbesondere von Mario Gómez und Arjen Robben beobachten.

Insofern üben bei der Rolle des Directors immer auch die persönlichen Wertmaßstäbe einen großen Einfluss aus. Das ist weniger offensichtlich als es erscheint, denn Zielvereinbarungen wirken bisweilen sachlicher als sie in Wirklichkeit sind.

Werte sind zum Verständnis von Personen wie auch von Unternehmen wichtig, weil sie die logische Verbindung zwischen Einstellungen und Motivationen einerseits und dem Verhalten oder der Strategie von Unternehmen andererseits liefern. Außerdem beeinflussen sie unsere eigene Wahrnehmung in hohem Maße. Wir alle haben Vorstellungen davon, wie die Dinge zu sein haben – und wie nicht. Und das funktioniert eben keineswegs losgelöst von Werten, sondern wird im Gegenteil stark davon geprägt. Insofern implizieren Werte, dass bestimmte Verhaltensweisen oder Ergebnisse erstrebenswerter sind als andere, und trüben so ein bisschen unser Denken und Wahrnehmen.

Stellen Sie sich als kleines Beispiel vor: Sie kommen mit einem sehr leistungsorientierten Wertebild neu in ein Unternehmen, welches nach dem Senioritätsprinzip vergütet. Je älter ein Mitarbeiter ist, desto mehr Gehalt gibt es. In Tabellen lassen sich die Gehaltsprogressionen streng nach der Anzahl der Dienstjahre ablesen und vorhersehen. Vermutlich wären Sie aufgrund Ihrer abweichenden Werthaltung enttäuscht und irritiert. Nach ein paar fehlgeschlagenen Versuchen zur Veränderung der Situation geben Sie Ihre Bemühungen schließlich frustriert auf und ziehen sich entweder zurück, unterwerfen sich ebenfalls dem Senioritätsprinzip oder wechseln das Unternehmen.

Wie meinen Sie? Das Senioritätsprinzip sei weitgehend abgeschafft? Dann sollten Sie sich aber niemals bei einem Arbeitgeber der öffentlichen Hand bewerben. Und die internationale Zusammenarbeit fällt ebenfalls aus, denn die Europäische Union oder die Vereinten Nationen funktionieren nach dem gleichen Prinzip. Wenn Sie ohnehin nicht an einem Job dort interessiert sind: Ihr Glück. Aber stellen Sie sich vor, Sie sehen Ihre berufliche Zukunft in eben diesem Bereich. Dann haben Sie ein Problem, da Ihre Wertestruktur mit der des potenziellen Arbeitgebers kollidiert.

Das Ausmaß für die Homogenität der Werte zwischen einer Organisation und Person nennt sich gemeinhin „Person-Organization-Fit". Ist die Wichtigkeit von Werten für die Rolle des Directors nun gleichbedeutend mit einem zwangsläufigen und aufoktroyierten Gutmenschentum? Die klare Antwort lautet: nein. Lassen Sie sich diesbezüglich nicht von einem

Heer wohlgemeinter, aber oftmals wenig fundierter Trainings und Konzepte verwirren. Das Thema der werteorientierten Führung war nämlich in der Tat für einige Zeit ein Modethema und Sie finden noch heute ein gigantisches Angebot an halbseidenen Beratern im Internet. Der Kern der Idee jedoch, die Beeinflussung des Verhaltens durch die eigenen Werte sowie die Auswirkungen von Person-Organization-Fit, ist heute ebenso gültig wie vor ein paar Jahren.

Wenn wir uns die Wirkungen eines Versagens in der Rolle des Directors anhand eines Beispiels aus dem Fußball anschauen wollen, müssen wir übrigens gar nicht weit blicken. Jogi Löw, der sonst zumindest aus Führungs- und Managementperspektive einen sehr beachtlichen Job macht, verzettelt sich in dieser Hinsicht nämlich immer wieder. Und das führt zu Unmut, Missverständnissen und Reibungen, die schlicht vermeidbar wären.

Auch der Konflikt zwischen Ballack und Löw war eine Folge dieses Versagens von Jogi Löw in der Rolle des Directors. Löw hat es in seiner Gesamtzeit als Co-Trainer wie auch als Cheftrainer der Nationalmannschaft nie hinreichend gut verstanden, Erwartungen über Zielvereinbarungen zu kommunizieren, daraus resultierend klare Ziele abzuleiten und dieser Priorisierung entsprechend die Leistung der Spieler zu bewerten.

Vermutlich erinnern Sie sich an ein paar Äußerungen Ballacks in einem Interview mit der FAZ: „Vielleicht befindet sich Torsten aktuell nicht in Top-Form, aber er spielt immer noch auf einem sehr hohen Niveau. Dieses Faktum kann niemand wegdiskutieren. Ich habe deshalb ein ungutes Gefühl, dass er diesen Konkurrenzkampf nicht gewinnen kann."

Das ist eine eigenartige Aussage, denn Jogi Löw hatte immer die Leistung als einzige Richtgröße für Entscheidungen ausgegeben. Warum hat Ballack daran auf einmal Zweifel und fordert im gleichen Interview bestimmte Werte ein, nämlich im Prinzip Respekt, Loyalität und Ehrlichkeit? Ging es eventuell bei diesem Konflikt nur vordergründig um die Ausmusterung von Ballacks Freund Torsten Frings aus der Startelf der Nationalmannschaft? Wenn Ballack bezweifelt, dass der Bremer realistische Chancen für das erfolgreiche Bestreiten des von Löw ausgerufenen Konkurrenzkampfes hat, dann bezweifelt er parallel, dass Löw das so oft und klar propagierte Leistungsprinzip bei der Berufung und Aufstellung der Nationalspieler auch tatsächlich anwendet. Damit stellt er selbstverständlich die Glaubwürdigkeit von Joachim Löw ganz grundsätzlich infrage.

Hintergrund von Ballacks Kritik waren diverse ebenso merkwürdige wie umstrittene Personalentscheidungen, an denen Löw als Co-Trainer von Jürgen Klinsmann, aber anschließend auch als Bundestrainer beteiligt war.

Schauen wir uns beispielhaft den Fall des Christian Wörns an. Der äußerte sich zu seiner Ausbootung vor der WM 2006 in der Süddeutschen Zeitung wie folgt: „Da wurde nach außen hin immer davon gesprochen, dass es nur nach Leistungskriterien geht. Im Verein hatte ich die Saison komplett durchgespielt. Außer Per Mertesacker hat damals sonst keiner der Innenverteidiger im Verein gespielt. Klinsmann hat dann allerdings einen Innenverteidiger nominiert [Wörns' Clubkollegen Christoph Metzelder], der in Dortmund aus Leistungsgründen nicht gespielt hat. Es ist genau diese Art der Heuchelei, die ich als ungerecht empfand."

Christian Wörns galt zu dieser Zeit aufgrund seiner kritischen – andere würden sagen: mündigen – Art als Profi, der nicht ganz „pflegeleicht" ist. Parallel herrschte im Vorfeld der WM ein akuter Mangel an Innenverteidigern. Christoph Metzelder und Christian Wörns waren beide ernsthafte Kandidaten für die Nationalmannschaft. Während Wörns aber als Abwehrchef des BVB auflief und eine sehr überzeugende Saison gespielt hatte, schmorte der ebenfalls fitte Metzelder aus Leistungsgründen auf der Bank.

Vermutlich mit dem Ziel, einen atmosphärisch harmonierenden Kader bei der WM beisammen zu haben, entschieden sich Löw und Klinsmann gegen Wörns und für Metzelder. Damit stellten sich die beiden jedoch gleichfalls gegen zwei Prinzipien, die sie selbst aufgestellt hatten. Es sollte nämlich alleinig die regelmäßig auf dem Platz nachgewiesene Leistung zählen. Weder stand aber Metzelder regelmäßig auf dem Platz noch brachte er im Gegensatz zu Wörns Leistung. Es ist sicherlich verständlich, dass Wörns auf die Ausbootung angefressen und mit Unverständnis reagierte.

Ballack hatte aber bei seiner Kritik wohl auch Jens Lehmann im Hinterkopf, der bei der EM 2008 im Tor stand, obwohl er bei Arsenal nur auf der Bank saß. Oder Lukas Podolski, für den das gleiche bei den Bayern galt. Damals blieb auch der nicht nur über Wochen, sondern sogar über Monate in einer tiefen Formkrise befindliche Miroslav Klose im Kader. Und ein Kevin Kuranyi wurde wegen einer vergleichsweisen Nichtigkeit, nämlich dem unentschuldigten Verlassen des Dortmunder Stadions in Richtung Gelsenkirchen, ohne Aussicht auf Rehabilitation für immer aus der Nationalmannschaft geworfen, während Lukas Podolski für eine Tätlichkeit gegen Michael Ballack auf dem Rasen während eines Spiels nur eine verbale Ermahnung erhielt.

Dies sind allesamt Beispiele für ein Versagen in der Rolle des Directors, wie sie für erhebliche Unstimmigkeiten innerhalb von Teams oder Unternehmen sorgen, aber vollkommen vermeidbar sind. Selbst im Falle des so erfolgreichen und souveränen Jogi Löw sorgen solche Fehler im Team für gewaltigen Unmut und eine Missstimmung, die bei einer kompetenteren Rollenübernahme des Directors ausgeblieben wäre.

Auch für den Mitarbeiter lassen sich als Resultat des oben erwähnten Person-Organization-Fit ähnliche Effekte beobachten. Podolski ist laut Klinsmann „nicht der Typ, der sich im Haifischbecken FC Bayern durchsetzen kann und möchte", während Tim Borowski zwar sportlich momentan bei den Bayern nicht zum Zuge kommt, aber erheblich besser dorthin passt, wenn man dem Kicker Glauben schenken darf: „Tim Borowski, bei Bayern auf dem Abstellgleis, gilt intern als einer, der einen Schuss positive Arroganz mit einbringen könnte." Das oft zitierte „Bayern-Gen" ist nichts anderes als ein von der Organisation gelebter Wert, den ein Spieler idealerweise mittragen sollten – sonst wird er schnell zur Belastung. Nichts anderes ist damit gemeint, wenn man hört, dass dieser oder jener Spieler besonders gut zu den Bayern oder auch zum HSV passt. Passt Jürgen Klopp zu Borussia Dortmund und sorgt diese Passung für bessere Leistung? Ja klar, werden Sie sagen. Wir stimmen dem zu und behaupten sogar, dass diese Passung bei Führungskräften in hohem Maße leistungsförderlich ist. Mehr dazu findet sich in Kapitel 4.

Vor diesem Hintergrund ist es kein Wunder, dass sich in der Zwischenzeit sogar die Deutsche Post stolz auf die Fahnen schreibt, Mitarbeiterbeurteilungen nicht mehr nur anhand der reinen Arbeitsleistung durchzuführen, sondern anhand von sieben für die Post zentralen Werten auch die Passung zum Unternehmen, den Person-Organization-Fit, gleichberechtigt zu berücksichtigen. Diese Werte werden dann ganz im Sinne von Jack Welch für das Performance Management in einer 2x2-Matrix, bestehend aus individueller Leistung einerseits und Werteübereinstimmung andererseits, abgetragen. Der französische Automobilzulieferer Faurecia geht noch einen Schritt weiter und verknüpft aus Kernwerten des Unternehmens abgeleitete und konkret messbare Handlungsempfehlungen mit der Unternehmensstrategie, der Vision und Mission. Chapeau!

Kreativität

Innovator & Broker

In seiner Rolle als *Innovator* erwartet man vom Manager, dass er sich auf neue Marktsituationen vorbereitet und Veränderungen einführt. Der Innovator bringt frischen Wind ins Team und kümmert sich um notwendigen Wandel. Im Gegensatz zur Rolle des Monitors, die vom Manager das rigide Befolgen von Vorgängen sowie das Hantieren mit Zahlen abverlangt, geht es bei der Rolle des Innovators vornehmlich darum, kreativ zu träumen, neue Perspektiven für die Zukunft auszumachen sowie Innovationspotentiale freizulegen.

Hm, Kreativität und Innovation? Wo ist da eigentlich der Unterschied? Die kurze Antwort lautet: Kreativität kommt von Personen und bezeichnet die Fähigkeit, mit neuen und brauchbaren Ideen aufzuwarten. Diese Ideen weichen vom bisherigen Status quo ab, sind der Sachlage aber mindestens ebenso angemessen. Kreativität bildet die Basis für Innovationen.

Aber weshalb soll Kreativität so wichtig für Manager sein?

Kreativität erlaubt dem Entscheider, ein Problem in seiner Gänze wahrzunehmen und zu verstehen. Das beinhaltet auch Aspekte, die andere eben nicht sehen. Die Kraft von Kreativität liegt darin, mehr Alternativen sichtbar zu machen oder nutzlose Alternativen auszuschließen. Kreative Manager sind imstande, zu komplizierten Fragestellungen Lösungen zu entwickeln, auf die weniger kreative Manager eben nicht kommen.

Solche Lösungen müssen nicht immer wahnsinnig kompliziert sein. Oft genügt eine einfache Idee, um ein Problem zu lösen. Im Fußball werden verschiedene Trainer für ihre besonderen Motivationskünste gelobt. Dabei hat das oftmals sehr wenig mit Motivation zu tun, sondern vielmehr mit Kreativität.

So besagt eine Legende, dass die deutschen Nationalspieler 1974 vor dem Finale gegen Holland ein bisschen verunsichert waren, da sie in den Holländern das überlegene Team sahen. Fußballer würden vermutlich davon sprechen, dass einige Spieler die „Hosen voll" hatten. Helmut Schön bemerkte das, redete seine Profis daraufhin stark und gab ihnen mit auf den Weg, den Holländern bereits beim Auflaufen im Stadion so entschlossen in die Augen zu schauen, dass deren vermeintliche Arroganz ob der beeindruckenden Selbstsicherheit der Deutschen einer Mischung aus Angst und Verunsicherung weichen sollte. Das ist heute Standard und wir alle kennen das vom Boxen. Damals jedoch war es genau die richtige Idee zur richtigen Zeit, sein ganzes Team spezifisch auf das Einschüchtern des Gegners einzuschwören, was bei den Holländern übrigens auch einen entsprechenden Eindruck hinterlassen haben soll. Das ist eine geradezu brachial simple Idee, auf die man aber erst einmal kommen muss: Kreativität.

So schwierig ist das Erzeugen kreativer Ideen aber gar nicht, denn Kreativität ist entgegen der landläufigen Meinung eine ziemlich verbreitete Eigenschaft. Jedoch zögern viele Manager, dieser Kreativität freien Raum zur Entfaltung zu lassen. Es ist einerseits einfach leichter, sich am Schreibtisch „wichtigen" Charts und Tabellen zu widmen. Andererseits schreiben sich viele Manager keine große Kreativität zu. Doch das ist ein Irrtum. Es stimmt zwar, dass außergewöhnliche Kreativität relativ selten ist und nur bei rund 1 % der Menschen zutage tritt. 10 % sind jedoch bereits hoch kreativ veranlagt und satte 60 % können als kreativ gelten.[1]

Im Gegensatz zu vielen anderen Merkmalen von Personen wie Extraversion oder Intelligenz folgt Kreativität nicht der Verteilung einer Glockenkurve, der sogenannten „Normalverteilung". Die Mehrheit von uns hat also durchaus kreatives Potential – aber sie weiß nicht, wie sie es freilegen oder gar nutzen soll.

Dem kann Abhilfe geschaffen werden! Es gibt nämlich genau drei klar benennbare Komponenten, die kreative Ideen begünstigen und zugleich (zumindest innerhalb gewisser Grenzen) trainierbar sind. Dabei handelt es sich um Fachkompetenz, persönliche Begabung und „intrinsische" Motivation. Je stärker diese drei Komponenten zugleich ausgeprägt sind, desto größer ist die Kreativität einer Person. Daraus folgt übrigens gleichzeitig, dass man Kreativität auch ohne eine wahnsinnige persönliche Begabung steigern kann, wenn man erstens genug über ein Thema weiß und zweitens eigeninitiativ kreativ tätig sein möchte. Also: Trauen Sie sich ruhig!

Aber verschaffen Sie sich dabei ein wenig Ruhe. Wenn Sie eine Lösung für ein schwieriges Problem suchen, sollten Sie nicht im Stress sein. Besonders negative Emotionen wie Ärger hindern daran, kreative Ideen zu entwickeln. Menschen, die sich in positiven Gefühlslagen befinden, produzieren mehr und bessere Ideen. Es hat den Anschein, dass sich positive Gefühle förderlich auf die Flexibilität und Offenheit des Denkens auswirken. Das gilt übrigens auch für Ihre Mitarbeiter. Zufriedene oder gar glückliche Mitarbeiter sind kreativer – ein weiterer Grund, nicht nur über Bestrafung zu führen, sondern, wie im ersten Kapitel bereits vorgeschlagen, aktiv nach gelungenen Beiträgen Ihrer Mitarbeiter Ausschau zu halten, um so den Selbstwert und die Zufriedenheit der Mitarbeiter zu stärken. Die drei genannten Komponenten sind übrigens nicht nur bei Fußballern wichtig für Kreativität, sondern gemäß verschiedenen Studien auch noch für eine große Bandbreite von Personen in verschiedensten Berufen, zum Beispiel Bauingenieure, in der Kindererziehung oder – selbstverständlich – auch für Schriftsteller.

Wir hatten ja unserer Anerkennung für die transformationalen Führungsqualitäten von Jürgen Klinsmann mehr als deutlich Ausdruck verliehen. Doch bei den Rollen, die ein Manager auszufüllen hat, versagte er gleich mehrfach. Wir werden das unten noch ein wenig ausführlicher beleuchten, aber da wir gerade über die Rolle des Innovators sprechen, liegt ein

[1] Nach R. W. Woodmann, L. F. Schoenfeldt (1989): Individual differences in creativity. In: J. A. Glover, R. R. Ronning, C. R. Reynolds (Eds.): Handbook of creativity: 77-92. New York, Plenum.

kurzer Ausflug in die andere Rollenanforderung eines Managers nahe, die sich der Kreativität widmet: der Broker.

Ein *Broker* beschäftigt sich primär damit, die Legitimität seiner Arbeitsgruppe nach außen zu vertreten und Ressourcen zu sichern. In dieser Rolle muss ein Manager politisch sensibel, überzeugend, einflussreich und machtvoll sein. Image, Auftreten und Ruf sind in dieser Hinsicht von großer Bedeutung. In der Rolle des Brokers erwartet man vom Manager, dass er mit Personen außerhalb seines Teams spricht, repräsentiert, verhandelt oder auch dass er Netzwerke pflegt und erweitert.

Einer der besten Manager der Bundesliga ist nach allgemeinem Dafürhalten Uli Hoeneß. Es ist angesichts der überwältigenden Erfolge der Bayern in der Zeit seiner Ägide aber auch nahezu unmöglich, eine andere Meinung zu vertreten, ohne sich komplett der Lächerlichkeit preiszugeben. Eine besonders geschickte, in dieser Form allerdings selten erwähnte Strategie fährt Uli Hoeneß dabei in der Rolle des Brokers. Diese ist für ihn sehr schwierig auszufüllen und das vor allem aus zwei Gründen. Erstens ruft der Erfolg der Bayern natürlich viel Neid und Abgrenzung hervor. Und zweitens hatten wir im ersten Kapitel bereits festgestellt, dass das von den Bayern so sehr gepflegte „Bayern-Gen" und die „Mir san mir"-Mentalität zwar aus sportlicher Sicht ein sehr funktionales Mittel sind, das jedoch auf Betrachter, Journalisten, Fans und Konkurrenten extrem arrogant wirkt. Die Strategie von Hoeneß in der Rolle des Brokers besteht darin, das von den Bayern nach außen getragene Selbstbewusstsein einerseits aktiv zu unterstützen. Er agiert in diesem und vielen weiteren Punkten wie ein Prototyp des FC Bayern (was übrigens ebenfalls erfolgsförderlich ist; mehr dazu in Kapitel 4). Andererseits jedoch betont Hoeneß bei allen Gelegenheiten, dass er felsenfest zu einem einmal gegebenen Wort stehe und überhaupt ein äußerst zuverlässiger Geschäfts- und Ehrenmann sei. Ob dies auf Hoeneß speziell und die Bayern generell stärker zutrifft als auf andere Vereine, vermögen wir nicht zu beurteilen. Durch diese offensiv nach außen getragene Bodenständigkeit und Zuverlässigkeit, flankiert von den berühmten Hinweisen auf das vereinseigene Festgeldkonto, transportiert Hoeneß aber in der Rolle des Brokers selbstverständlich ein ganz bestimmtes Bild, welches mittlerweile fest in der Öffentlichkeit verankert ist.

Parallel nimmt Hoeneß gezielt Angebote für Benefizspiele wahr und engagiert sich in sozialen Projekten, um so auch eine menschliche Seite zu zeigen und den negativ wahrgenommenen Seiten des FC Bayern einen positiven, freundlichen Aspekt zu verleihen. Benefizspiele für St. Pauli, Darmstadt, Cottbus, Kassel und viele weitere Vereine zeugen davon. Und auch persönlich können wir bestätigen, dass sich die Bayern in dieser Hinsicht als zuverlässiger erweisen als andere Vereine. Im Rahmen eines Projekts der Entwicklungszusammenarbeit suchten wir vor etwa 8 Jahren unter anderem auch Kooperationspartner aus der Bundesliga. Von den 6 damals angeschriebenen Vereinen waren es jedoch alleinig die Bayern, die mit einem ausführlichen Schreiben antworteten.

Auf diese Weise hat Hoeneß über die Jahre in der Rolle des Brokers ein bestimmtes Bild von sich selbst als Prototyp der Kultur des FC Bayern mit großer Sorgfalt gepflegt. Das Ergebnis wird ihm mit hoher Wahrscheinlichkeit genau in dieser Form sehr recht sein. Gut gemacht, Herr Hoeneß!

Der FCB: ein Verein, der Fußballdeutschland spaltet. Nichtsdestotrotz gibt der Rekordmeister in regelmäßigen Charity-Aktionen etwas zurück und tritt unter Verzicht der eigenen Gage bei verschiedenen, zum Teil finanziell angeschlagenen Vereinen an – hier Uli Hoeneß nach einem „Retter"-Spiel für den FC St. Pauli.

Gerade bei der Außendarstellung wirkte Klinsmann in seiner Funktion als Bayerntrainer und in der Rolle des Brokers im Gegensatz dazu nie wirklich schlüssig. Das lag einerseits an Umständen, die in der Struktur von Bayern München begründet und somit nur bedingt unter seiner Kontrolle waren. Vermutlich war sich Jürgen Klinsmann sogar der wirren Machtstrukturen bei den Bayern bewusst, denn mit Rummenigge, Beckenbauer und Hoeneß gab es neben ihm schließlich gleich drei vereinsinterne Schwergewichte, die sich jederzeit das Recht herausnahmen, aktuelle Entwicklungen sehr freimütig und oftmals zum Nachteil der externen Integrität des Trainers zu kommentieren.

Wenn dazu noch kommt, dass etwa ein Franz Beckenbauer eine sehr innige Beziehung zu den Intimfeinden Klinsmanns von der BILD-Zeitung pflegt, so muss man sich als Außenstehender kaum wundern, dass die Demontage Klinsmanns so frühzeitig begann. Und es mag zwar ursprünglich honorig von Klinsmann gemeint gewesen sein, BILD zu boykottieren. Allerdings erzürnte

„Schwergewichte" unter sich: Vorstandsvorsitzender Karl-Heinz Rummenigge und Präsident „Kaiser" Franz Beckenbauer.

er somit natürlich in außerordentlichem Maße ein Medium, in dem neben Beckenbauer mit Breitner ein weiterer Ex-Bayer Klinsmanns Autorität untergraben konnte und wo mit Lothar Matthäus zu allem Überfluss auch noch ein weiterer Intimfeind zu den regelmäßigen Kolumnisten zählt. Zudem sind weder Beckenbauer noch Breitner oder Matthäus für ihre zurückhaltende Art bekannt und BILD hat diese für Klinsmann äußerst unglückliche Konstellation genussvoll und nach Kräften ausgenutzt. Klinsmann war in diesem Fall das Gegenteil von mächtig – er musste ohnmächtig verfolgen, wie viele seiner Ansätze auf breiter Front lächerlich gemacht wurden. Denn seien wir mal ehrlich: Teilen Sie ernsthaft die Ansicht, dass Klinsmann die aufgestellten Buddha-Figuren zum Aufzwingen einer religiösen Weltanschauung nutzen wollte? Ist es nicht vielmehr so, dass solche Figuren mittlerweile als modisches Accessoire für Örtlichkeiten weit verbreitet sind, an denen der Entspannung große Bedeutung zukommt? Wir jedenfalls waren schon in diversen Örtlichkeiten, wo ebensolche Buddha-Figuren aus unserer Sicht aus klar nicht-religiösen Gründen platziert wurden. Außerdem war Jürgen Klinsmann gar nicht für das Aufstellen der Figuren verantwortlich. Das war vielmehr der Innenarchitekt Jürgen Meißner, nach dessen Plänen die Gebäude und das Gelände bei den Bayern vom reinen Funktionsraum zum „Power-Areal" umgebaut wurden. Aber die BILD hat diese Kurzsichtigkeit selbstverständlich dankend aufgenommen und in epischer Breite ausgewalzt, unterstützt vom hauseigenen Schwesterblatt Die Welt. Sie meinen, das sei nicht fair? Mag sein, aber wer fragt danach?

Ein guter Broker hätte sicherlich einerseits im Vorfeld die Frontalopposition der BILD inklusive der fatalen Kommentare vorausgesehen und wäre ein wenig offener auf BILD im Speziellen sowie den Springer-Verlag im

Allgemeinen zugegangen. Klinsmann hat etwas unterschätzt, was bei der Diskussion um das Thema Macht eine entscheidende Rolle spielt: Abhängigkeit. Macht wird gemeinhin definiert als die Fähigkeit, andere dazu zu bringen, das zu tun, was man selbst möchte. Bisweilen werden Macht und Einfluss dabei noch getrennt und es werden verschiedene Ausgangspunkte für Macht diskutiert, die sogenannten „Machtbasen". Das spielt für unsere Perspektive auf den Broker aber momentan keine Rolle.

Wichtig ist, dass Macht genau dort entsteht, wo eine Abhängigkeit existiert. Sobald jemand etwas von mir möchte, habe ich Macht.

Diese Abhängigkeit kann dabei an drei Dingen hängen:

1. der Wichtigkeit der begehrten Ressource
2. der Seltenheit der begehrten Ressource
3. der Ersetzbarkeit der begehrten Ressource

Ein kleines Beispiel aus dem Motorsport soll an dieser Stelle ausnahmsweise einmal den Fußball ersetzen. Ihnen ist vermutlich die italienische Sportwagenmarke Lamborghini ein Begriff. Die Gründung von Lamborghini geht der Legende zufolge auf eine Auseinandersetzung zwischen Ferruccio Lamborghini und Enzo Ferrari zurück.[1]

Nach dem Krieg baute Lamborghini seine Firma auf, indem er Militärfahrzeuge aus Restbeständen der Armee aufkaufte und zu landwirtschaftlichen Fahrzeugen umbaute. Nach einigen weiteren, klugen Geschäftsentscheidungen gehörte ihm Ende der 50er Jahre eine erfolgreiche Traktorenfirma und er konnte ausgiebig seiner Leidenschaft frönen: dem Fahren und Sammeln von Sportwagen. Allerdings war er mit der Kupplung seines Ferraris nicht zufrieden, fuhr daraufhin zu Enzo Ferrari und schlug diesem eine Konstruktionsänderung vor. Daraufhin soll dieser gespottet haben, dass Lamborghini wieder zu seinen Traktoren zurückkehren und das Bauen edler Sportwagen besser Leuten überlassen solle, die sich damit auch auskennen. Wutentbrannt beschloss Lamborghini, seinem Widersacher Ferarri zu zeigen, was eine Harke ist. In Anlehnung an das Wappentier von Ferrari, das Pferd, gründete er die Sportwagenmarke Lamborghini mit dem Wappentier des Stieres und baute fortan die in ihrer Brachialität weltweit wohl konsequentesten Sportwagen.

Ähnlich konsequent – und damit nähern wir uns dem eigentlichen Thema des Beispiels und entschuldigen uns gleichfalls für den kleinen Abstecher ins Reich der Legenden – ging Lamborghini auch bei der Entwicklung des Grundsteins seines legendären Rufes vor und offenbarte dabei ein gehöriges Maß an Kaltschnäuzigkeit und Machtbewusstsein. Während des Zweiten Weltkrie-

[1] Nach N. Foulkes: Tractor Boy. High Life, Oktober 2002, S. 90.

ges diente Lamborghini als Mechaniker in der Kraftfahrzeugdivision der italienischen Armee auf Rhodos. Nach wenigen Monaten bereits umgab den umtriebigen Mechaniker ein Ruf wie Donnerhall: Nur Lamborghini war imstande, diverse Reparaturen vorzunehmen. Seine Vorgesetzten waren extrem beeindruckt, denn scheinbar unabhängig von der Gattung zeigte Lamborghini eine geradezu unheimliche Affinität für die Reparatur und Instandsetzung der jeweiligen Fahrzeuge, und zwar an einem Punkt, an dem alle anderen Mechaniker bereits gescheitert waren.

Nach dem Krieg gab Lamborghini zu, dass dieser Ruf vor allem durch den Umstand bedingt wurde, dass er selbst als erster die Reparaturanleitungen erhielt und diese dann in der Folge und nach intensivem Eigenstudium zerstörte. Lamborghini hatte also seine eigene Machtbasis erheblich gesteigert, indem er die Abhängigkeit der italienischen Armee auf Rhodos von seiner eigenen Person auf die Spitze getrieben hatte. Denn selbstverständlich ist die Reparatur defekter oder beschädigter Fahrzeuge im Krieg von außerordentlicher Bedeutung. Insofern handelte es sich um eine äußerst wichtige Ressource. Zudem war Lamborghini zu dieser Zeit der einzige Mechaniker, der viele der notwendigen Reparaturen vollbringen konnte. Er war also nicht nur wichtig, sondern auch noch selten. Hinzu kam, dass die Alliierten das Mittelmeer kontrollierten und die italienische Armee ohne gigantische Umstände keine weiteren Mechaniker nach Rhodos transportieren konnte. Lamborghini war also nicht nur wichtig und selten, sondern auch noch unersetzlich, und hatte somit auf brillante, aber natürlich gleichsam verschlagene Weise seine Macht erheblich ausgeweitet.

Wir wollen Sie mit dieser kleinen Geschichte natürlich nicht auffordern, Ihren Arbeitgeber auf eine ähnlich unverfrorene Art zu hintergehen. Dennoch ist an dieser Stelle klar erkennbar, wie Macht und Abhängigkeit in einer wechselseitigen Beziehung stehen. Ein guter Manager hat diese Konstellationen in der Rolle des Brokers immer im Blick, zieht die entsprechenden Konsequenzen und handelt.

Als der Hamburger SV nach der Saison 2008/2009 etwas voreilig die Verpflichtung von Bruno Labbadia verkündet hatte, erkannte Bayer-Geschäftsführer Wolfgang Holzhäuser die Gunst der Stunde. „Ich bin sehr verärgert über die Berichterstattung vom Freitag. Ich kann zwar bestätigen, dass der HSV Kontakt zu uns aufgenommen hat. Ich habe allerdings den Hamburgern deutlich erklärt, dass Herr Labbadia noch ein Jahr Vertrag bei uns hat, und ich bitte, dies zu respektieren", so Holzhäuser. Und weiter führte er aus, dass er bereit sei, ein Exempel zu statuieren: „Ich kann ihn zwar nicht zwingen, aber ich kann verhindern, dass er woanders arbeitet. Dieses Job-Hopping muss aufhören." Der Hamburger SV hatte sich vollkommen unnötig in Abhängigkeit von Bayer Leverkusen begeben. Ohne Zustimmung der Leverkusener wäre ein Transfer Labbadias jedenfalls nicht möglich gewesen und der HSV hätte einem

Leverkusens Geschäftsführer Wolfgang Holzhäuser, setzte seine Macht über die begehrte Ressource – Bruno Labbadia – gewinnbringend ein.

gehörigen Gesichtsverlust entgegengeblickt. Anstatt nun also einem intern mehr als umstrittenen Coach eine Abfindung zahlen zu müssen, strichen die Leverkusener vom HSV auch noch eine satte Ablöse ein, die einigen Medien zufolge bei 1,5 Millionen Euro lag. Nicht schlecht für eine schnelle Auffassung und eine direkte Anwendung der Rolle des Brokers.

Fazit

Alle Rollen sind wichtig

In diesem Kapitel haben wir uns ausführlich den verschiedenen Rollen eines Managers gewidmet und dargestellt, weshalb es bisweilen schwierig ist, die Rollen zugleich auszufüllen. Dieser Herausforderung müssen sich Manager jedoch stellen, da die Erfolgsbedeutsamkeit gerade darin begründet liegt, nicht nur ein paar, sondern ALLE Rollen ausfüllen zu können.

Wenn wir uns beispielsweise Felix Magath einmal näher anschauen, so ist festzustellen, dass sein Erfolg über die Jahre gemeinsam mit seiner Fähigkeit gewachsen ist, nach und nach sein Rollenspektrum zu erweitern. Mit den Rollen des Monitors und des Directors hatte Magath nie Probleme. Schon immer war er für seine klaren Ziele und deren Umsetzung und Kontrolle ebenso berühmt wie berüchtigt und seinen Ruf als Schleifer hat er sich in den Augen vieler Profis wirklich verdient. Berühmt geworden ist in diesem Zusammenhang die Aussage der Frankfurter Spielerlegende Jan Åge Fjørtoft nach dem Klassenerhalt der Eintracht im Saisonfinale 2000: „Ob Felix Magath die Titanic gerettet hätte, weiß ich nicht. Aber die Überlebenden wären topfit gewesen.“ Von Spielern erfundene Spitznamen wie Saddam oder Quälix sprechen diesbezüglich ebenfalls eine eindeutige Sprache.

Auch als Mentor brillierte Felix Magath bei seinen Karrierestationen durchgehend. So erinnern sich viele von Ihnen sicherlich noch an seine Zeit beim VfB Stuttgart, wo er junge, hungrige Spieler wie Philipp Lahm, Andreas Hinkel, Kevin Kurányi, Timo Hildebrand oder Aljaksandr Hleb zu einem schlagkräftigen Team formte, das sich hervorragend entwickelte und in den Medien den Beinamen „die jungen Wilden“ erhielt.

Entscheidende Fortschritte machte Magath über die Jahre jedoch in den Rollen als Broker, als Producer und als Facilitator. Der vor zehn Jahren noch sehr sperrig und griesgrämig wirkende Magath bewegt sich heute mit einer erheblich größer wirkenden Selbstverständlichkeit in den Medien; viele Beobachter können den bisweilen verstockt und verkniffen erscheinenden Magath älterer Tage schon lange nicht mehr erkennen. Vorbei die Zeiten früherer Stationen, als Magath über Defizite in der Brokerrolle mit der Presse über Kreuz lag und zudem seine Anforderungen in der Rolle des Producers nur unzureichend erfüllen konnte. Gleiches lässt sich übrigens auch bei Jupp Heynckes feststellen.

Ebenso vergangen ist mittlerweile Magaths mangelnde Konfliktfähigkeit beim Umgang mit schwierigen Charakteren in der Rolle des Facilitators, die ihn nach gerade geglücktem Aufstieg in die 1. Bundesliga zur Kündigung in Nürnberg veranlasste.

Nach seiner Karriere als Stürmer saß Bruno Labbadia schon in der nächsten Saison auf der Trainerbank.

Diese Lernschritte haben Bruno Labbadia und Jürgen Klinsmann beide noch vor sich. Wir können empirisch nicht begründen, ob junge Fußballtrainer generell Schwierigkeiten beim Ausfüllen genau derjenigen Rollen haben, die auch Felix Magath in der Frühphase seiner Karriere zu schaffen machten. Aber es sind gerade der Facilitator, der Producer und der Broker, an denen auch Labbadia und Klinsmann noch zu knabbern haben. Oder ob es eine Eigenheit der Offensivspezialisten ist? Dafür spräche, dass beispielsweise Thomas Schaaf die zur Übernahme eines funktionalen Rollenprofils notwendigen Lernschritte sehr frühzeitig und souverän vollziehen konnte und viele ähnlich junge Trainerkollegen zumindest im Hinblick auf die Fähigkeit zur Erfüllung der Rollen eines Managers bereits weit hinter sich gelassen hat.

Selbsttest 3

Die acht Rollen eines Managers

Im Folgenden bitten wir Sie wieder um eine kurze Selbsteinschätzung; für jede Antwort zu den Ausprägungen A1 bis A16 gibt es minimal einen, maximal fünf Punkte. Wenn Sie die unten stehenden Fragen beantworten, erhalten Sie gemäß der unten erklärten Auswertung für sich eine grobe Einschätzung. Auf der folgenden Seite finden Sie Mittelwerte von 10 Bundesligatrainern sowie einer Stichprobe von Topmanagern aus der Wirtschaft, mit denen Sie sich gerne vergleichen dürfen. Zwar genügen dabei weder das Verfahren noch die Fragebögen gehobenen wissenschaftlichen Anforderungen, für ein paar interessante Erkenntnisse eignet sich das Vorgehen aus unserer Sicht jedoch durchaus.

Und nicht vergessen: Je ehrlicher und selbstkritischer Sie antworten, desto aufschlussreicher sind die Ergebnisse!

		nein	eher nein	neutral	eher ja	ja
A1	Ich bringe öfter neue Ideen ins Spiel.	1	2	3	4	5
A2	Ich bin den Mitarbeitern gegenüber sensibel und mache mir um sie Gedanken.	1	2	3	4	5
A3	Ich sorge für klare Prioritäten und eine klare Zielausrichtung der Arbeitseinheit.	1	2	3	4	5
A4	Ich übe Einfluss innerhalb der Hierarchie gegenüber meinen eigenen Vorgesetzten aus.	1	2	3	4	5

		nein	eher nein	neutral	eher ja	ja
A5	Ich ermutige innerhalb der Arbeitsgruppe zur Partizipation.	**1**	**2**	**3**	**4**	**5**
A6	Ich beeinflusse Entscheidungen, die auf höheren Führungsebenen getroffen werden.	**1**	**2**	**3**	**4**	**5**
A7	Ich konzentriere mich (gegebenenfalls) auf den wesentlichen Dissens zwischen Gruppenmitgliedern und versuche dann, diesen Dissens partizipativ abzubauen	**1**	**2**	**3**	**4**	**5**
A8	Ich achte darauf, dass unsere Arbeitseinheit (Gruppe, Abteilung usw.) die Arbeitsergebnisse wie abverlangt liefert.	**1**	**2**	**3**	**4**	**5**
A9	Ich antizipiere Arbeitsablaufprobleme und beuge Krisen vor.	**1**	**2**	**3**	**4**	**5**
A10	Ich prüfe Berichte und Indikatoren, um Soll-Ist-Differenzen festzustellen.	**1**	**2**	**3**	**4**	**5**
A11	Ich experimentiere mit neuen Konzepten und Ideen.	**1**	**2**	**3**	**4**	**5**
A12	Ich sorge dafür, dass unsere Arbeitseinheit den erwarteten Zielen entspricht.	**1**	**2**	**3**	**4**	**5**
A13	Ich zeige Einfühlungsvermögen und Rücksichtnahme im Umgang mit Mitarbeitern.	**1**	**2**	**3**	**4**	**5**
A14	Ich bringe Ordnung in die Arbeitseinheit.	**1**	**2**	**3**	**4**	**5**
A15	Ich verdeutliche die Rolle/Aufgabenstellung der Arbeitseinheit klipp und klar.	**1**	**2**	**3**	**4**	**5**
A16	Ich sorge für einen wasserdichten Kontrollprozess.	**1**	**2**	**3**	**4**	**5**

Auswertung des Selbsttests zu den acht Rollen eines Managers

Ihre persönlichen Ausprägungen in den acht Management-Rollen können Sie nach den hier angegeben Formeln ganz einfach berechnen:

Facilitator:	(A5+A7)/2 =	**Producer:**	(A8+A12)/2 =
Mentor:	(A2+A13)/2 =	**Director:**	(A3+A15)/2 =
Monitor:	(A10+A16)/2 =	**Innovator:**	(A1+A11)/2 =
Coordinator:	(A9+A14)/2 =	**Broker:**	(A4+A6)/2 =

- **Facilitator**
  Trifft Entscheidungen und managt Konflikte.
- **Mentor**
  Fördert und unterstützt Mitarbeiter.
- **Monitor**
  Analysiert Prozesse, strukturiert und überwacht.
- **Coordinator**
  Bekommt alles unter einen Hut.
- **Producer**
  Erzielt Ergebnisse und geht mit Stress um.
- **Director**
  Bewahrt den Überblick.
- **Innovator**
  Treibt Kreativität effektiv voran und nutzt sie.
- **Broker**
  Meistert den Auftritt nach außen.

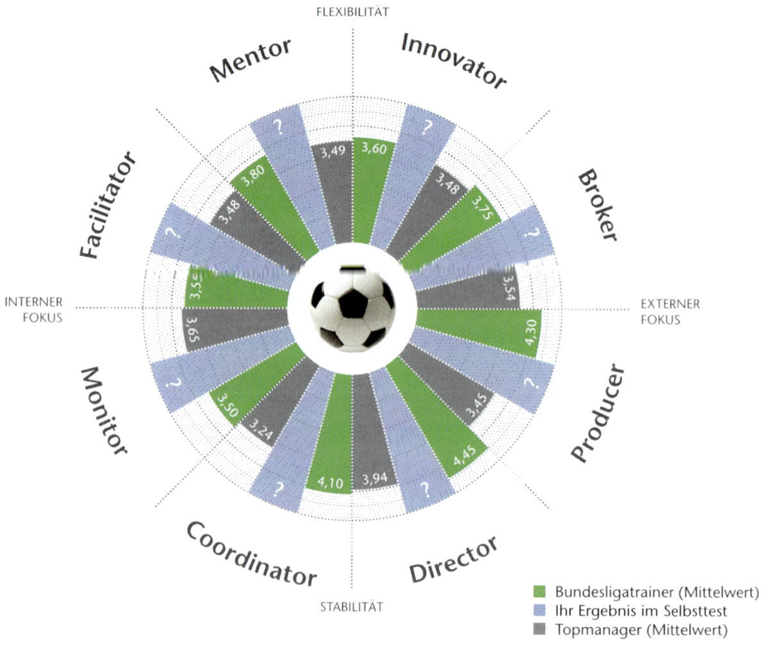

Kapitel 3

Struktur

Anfang der 80er Jahre prägte Otto Rehhagel den Begriff der „kontrollierten Offensive". Sein Team Werder Bremen schaffte mit einem Zweitligapunkterekord 1980 nach einem Jahr Zweitklassigkeit den direkten Aufstieg und etablierte sich in der Folge als Spitzenteam der Bundesliga.

Viele Fußballinteressierte belächeln Otto Rehhagel heute wegen seines angeblich so defensiven, unmodernen Fußballs. Durch seine beizeiten oberlehrerhaft wirkende Gesprächsführung sowie sein ausgeprägtes Selbstbewusstsein, gepaart mit unbedingtem Autoritätsanspruch, kam es immer wieder zu Konflikten mit Journalisten. In der Tat kämen wir bei näherer Betrachtung nicht umhin, diese Defizite als unzureichendes Ausfüllen der Brokerrolle aufzufassen. Und es ist auch ebendiese spezifische, manageriale Inkompetenz, welche letztendlich zu seinem Rauswurf bei Bayern München führte.

Doch war sein Fußball bei Werder Bremen tatsächlich so defensiv? Nein. Im Gegenteil! Werder Bremen war in Rehhagels Zeit nach einhelliger Meinung in der Offensive eine ausgesprochen starke und gefährliche Mannschaft und diese Tradition hat sich der Club bis in die Gegenwart bewahrt. Parallel konnten die Bremer jedoch damals defensiv „beißen". Wenn wir uns die großen Spieler des Clubs aus dieser Zeit anschauen, können wir diesen Spagat wunderbar nachvollziehen.

Selbstverständlich gingen nämlich ein Klaus Fichtel, Bruno Pezzey, Jonny Otten oder auch Thomas Schaaf selbst nicht aufgrund überragender technischer Fähigkeiten oder Furcht einflößender Torgefahr in die Annalen der Fußballgeschichte ein. Aber mit Wolfgang Sidka, Benno Möhlmann und Norbert Meier förderte Rehhagel damals systematisch Mittelfeldspieler mit Offensivqualitäten, und in Stürmern wie Frank Ordenewitz, Uwe Reinders und Rudi Völler manifestierte sich zwar weniger Eleganz, dafür aber umso mehr „ehrliche Arbeit" und Torgefahr. Und Rudi Völler ist als nahezu reiner Strafraumstürmer das komplette Gegenteil eines Konterspezialisten. Nur über ein druckvoll aufgezogenes Offensivspiel konnte man ihn gut in Szene setzen, was einer rein defensiven Ausrichtung diametral entgegenläuft. Die Annahme, dass unter „kontrollierter Offensive" ursprünglich also alleinig ein defensives Mauern zu verstehen war, entpuppt sich bei näherer Betrachtung als Mär. Vielmehr handelte es sich dabei um einen kraftraubenden, zähen, widerborstigen und körperbetonten Fußball, der bereits viel von dem vorwegnahm, was 25 Jahre später zum Standard erklärt werden würde.

Insofern gelang es Rehhagel damals, strukturell und systematisch die augenscheinlichen Gegensätze offensiven und defensiven Spiels zu kombinieren, was sich sprachlich in der „kontrollierten Offensive" widerspiegelt. Rehhagel war also eine Balance geglückt und damit hatte er Erfolg.

Und wie ist das bei Ihnen im Unternehmen?

Produktivität und Stabilität sind üblicherweise schon lange nicht mehr alleiniges Ziel von Unternehmen. Zu schwierig ist es, beispielsweise die Chinesen und Inder beim Preis zu schlagen. Insofern sind deutsche Firmen in Zeiten der Globalisierung zunehmend gezwungen, vor allem über Qualität und Neuartigkeit ihrer Produkte zu konkurrieren. Und so ist es auch durchaus verständlich, dass landauf und landab immer wieder die Bedeutung von Flexibilität generell und von Innovationsfähigkeit im Speziellen hervorgehoben wird. Dass dabei die Produktivität selbstverständlich auf keinen Fall auf der Strecke bleiben soll, wird oftmals gar nicht einmal mehr betont, sondern stillschweigend vorausgesetzt.

Doch wie soll das zusammen funktionieren? Unglücklicherweise liegt nämlich – analog zu unseren Ausführungen zu Führung und Management in den ersten beiden Kapiteln – auch bei der Struktur von Unternehmen offensichtlich ein Zielkonflikt vor. Je mehr ein Unternehmen strukturell an Schräubchen dreht, um die Produktivität zu steigern, desto mehr werden den Mitarbeitern Freiräume und damit auch Kreativitätspotentiale genommen. Je stärker sich eine Firma der Fähigkeit zur Innovation verschreibt, desto stärker muss sie imstande sein, mit dem Chaos des Kreativen umzugehen. Oder doch nicht? Wenn wir uns den Grad der Aufgabenspezialisierung als eine der klassischen Fragen für die Strukturierung von Organisationen einmal näher anschauen, verdeutlicht sich das Balancedilemma:

Bis zu welchem Ausmaß sollen beispielsweise die Jobs im Unternehmen spezialisiert werden? Je stärker die Spezialisierung der einzelnen Arbeitsplätze vorangetrieben wird, desto mehr kann das Unternehmen Einsparungen vornehmen, indem beispielsweise die Maschinen besser auf den einzelnen Platz abgestimmt werden. Außerdem können die Mitarbeiter ihre Fähigkeiten effizienter nutzen und durch die mit der Spezialisierung zunehmende Wiederholung konstant trainieren und perfektionieren. Es gibt bei hohen Spezialisierungsgraden zumeist weniger Leerlauf der Maschinen und die Personalentwicklung kann besser den Bedürfnissen angepasst werden. Leider stehen diesen Vorzügen irgendwann große Nachteile gegenüber, denn viele Mitarbeiter sind von der Monotonie gelangweilt, ermüdet und gestresst. In der Folge begehen betroffene Mitarbeiter durch Unkonzentriertheiten viele Fehler, was zu einer niedrigen Qualität führt. Sie müssen Aufgaben oft wiederholen, was die Produktivität drosselt.

Und drittens können mehr Fehlzeiten und höhere Mitarbeiterfluktuation entstehen, was sich beides negativ auf die Effizienz auswirkt.[1] Ein Unternehmen muss insofern bei Maßnahmen der Aufgabenspezialisierung strukturell eine gelungene Balance finden, welche zwar einerseits die Produktivität steigert, andererseits aber eben auch exakt gegenläufige Effekte mit sich bringt.

Sie kennen es selbst: Je mehr Aktivitäten im Unternehmen durch Routinen ersetzt werden, desto schlechter kann das Unternehmen hinzulernen und umso starrer und unflexibler wird es.

Im Fußball kennen wir solche schwierigen Balancen ebenfalls aus ganz verschiedenen Perspektiven. War es die richtige Entscheidung von 1860 München, zusammen mit dem FC Bayern das Bauprojekt der Allianz Arena anzugehen? Heute wissen wir, dass es sich dabei um einen Fehler handelte. Die langfristige Perspektive der Arena samt des entsprechenden Investments konnte der Kurzfristigkeit der sportlichen Entwicklung nur unzureichend Rechnung tragen. Klinsmann scheiterte am Gegenteil: Ein zu stark auf die langfristige Entwicklung ausgelegter Handlungsplan wurde obsolet, weil kurzfristig

Servus Bayern: Felix Magath wurde nach zwei Doubles in Folge in seiner dritten Saison vom FC Bayern beurlaubt, mit dem VfL Wolfsburg schaffte er kurz darauf wieder einen Meistertitel.

[1] Wir wollen der Vollständigkeit halber erwähnen, das dies in der Realität zwar meistens, aber nicht immer so verläuft. Gerade in unteren Hierarchieebenen wird von weniger gebildeten Mitarbeitern die Monotonie bisweilen als Konstante empfunden, die Sicherheit schafft. Auch wird vereinzelt von hoch spezialisierten Mitarbeitern berichtet, die ihre „Spezialisierung" im positiven Sinne als Alleinstellungsmerkmal in der Firma verstehen und gerade deshalb sehr konzentriert arbeiten und selten fehlen.

keine Erfolge erzielt werden konnten. Das Gegenteil wurde damals bei Ottmar Hitzfeld vor seiner ersten Trennung von Bayern München konzidiert: Hitzfeld hatte sich abgenutzt. Sein System war erfolgreich und es reizte die verfügbaren Strukturen und Spieler voll aus, aber die Vision für die mittelfristige Entwicklung von Mannschaft und Verein fehlte. Deshalb entschlossen sich die Bayern, mit Felix Magath den langfristigen Umbau einer nach vielen Erfolgen als satt wahrgenommenen Mannschaft zu gestalten. Doch Magaths Wirken wurde als unzureichend empfunden, Ottmar Hitzfeld kehrte als Bewahrer zurück und der große Umbau sollte mit Jürgen Klinsmann angegangen werden. Der Ausgang ist bekannt.

Doch warum treibt einen Verein wie Bayern München diese Unsicherheit um? Der Kern dieser Fragestellung liegt in Zielen, die sich gegenseitig zumindest teilweise ausschließen. Natürlich wollen die Bayern jeweils im nächsten Jahr Meister werden, aber sie möchten parallel auch noch in zehn Jahren erfolgreich sein. Selbstverständlich könnte man jederzeit das berühmte Festgeldkonto plündern, aber beraubt man sich dadurch nicht der eigenen Zukunftsfähigkeit? War es richtig, für die Saison 2009/2010 Mario Gómez für viel Geld zu kaufen oder hätte man nicht vielleicht doch in ein besseres Scouting investieren sollen?

Alle Welt schwärmt heute von Barcelona, aber der aktuelle Triumphzug ist eine Frucht langfristiger Planung, einer Strategie. Die beiden Säulen sind erstens ein klares Konzept, welches ganz darauf ausgerichtet ist, mit dem Ball intelligent umzugehen. Körperliche Robustheit und eine überragende Physis werden bei der Zusammenstellung der Kader aller Mannschaften der technischen Finesse der Spieler untergeordnet. Und zweitens betreibt Barcelona an vielen Orten auf der Welt eigene Jugendcamps, darunter La Macia, von wo aus es mittlerweile über 30 Spieler in die erste Mannschaft schafften. Im Jahr 2009 stammten 11 von 24 Spielern aus der eigenen Jugend.

Dieses Thema des kombinierten Umsetzens entgegengerichteter Handlungsstrategien wie auch des parallelen Erreichens sich ausschließender Ziele rückt seit einigen Jahren nicht nur zunehmend in das Zentrum der Wahrnehmung betriebswirtschaftlicher Forschung, sondern findet auch in der Öffentlichkeit breite Beachtung. So analysierte etwa der SPIEGEL 2006 in einem politischen Essay:

„Aber wer genau hinhörte, der erkannte das wahre Dilemma des bürgerlichen Lagers […]. Das bürgerliche Lager zerfällt in Reformbürger und Altbürger […]. Die einen Bürger wollen Sicherheit, Stabilität und Schutz vor Risiken, sie wollen einen starken Staat und ein soziales Netz. Die anderen Bürger wollen radikale Reformen, mehr Eigeninitiative, mehr Risiko, sie wollen weniger Staat und mehr Markt; die einen wollen immer noch ‚Keine Experimente‘ wie in den fünfziger Jahren und wählen deshalb CDU, die anderen wollen ‚Mehr Freiheit wagen' und wählen deshalb CDU oder FDP."

Vor dem Hintergrund eines Dilemmas, welches Ausdruck entgegengerichteter Ziele ist, wird ganz analog zu den obigen Beispielen aus Fußball und Wirtschaft für die politische Führung der CDU eine problemadäquate Führungsstrategie gefordert.

Doch was ist eigentlich ein Dilemma? Das Wort stammt aus dem Griechischen (von δί-λημμα: „Doppelgriff") und bezeichnet gemeinhin eine Situation, die zwei sich ausschließende Wahlmöglichkeiten bietet. Organisationen sollen durch Investitionen die langfristige Konkurrenzfähigkeit sicherstellen, gleichzeitig aber kurzfristig gute Quartalszahlen vorweisen. Teams sollen einen eng gesteckten Kosten- und Zeitrahmen einhalten, unterwegs aber parallel innovative Ideen für neue Patente liefern. Führungskräfte sollen ihren Mitarbeitern Raum zur Entfaltung von Entwicklungspotentialen bieten, aber zugleich deren Arbeitsfortschritt kontrollieren. Das sind die wesentlichen Themen dieses Buches und zugleich einige der drängendsten Fragen für moderne Führungskräfte und Unternehmen.

Der Schlüssel zum Verständnis eines erfolgreichen Umgangs mit solchen Dilemmata besteht im Verständnis eines erfolgreichen Umgangs mit Balancen entgegengerichteter Handlungsstrategien. Der dilemmatheoretischen Sachlage muss also ein balancetheoretischer Lösungsansatz gegenübergestellt werden, der einen solchen Spagat ermöglicht.

Dabei wird vor allem ein Ansatz diskutiert, der diesem Umstand Rechnung tragen soll und in den letzten Jahren breite Beachtung sowohl in der Theorie als auch in der Praxis erfuhr: die Theorie organisationaler Beidhändigkeit.

Weg aus dem Dilemma der Widersprüche?

Das Konzept organisationaler Beidhändigkeit

Die Literatur zu dem Thema organisationaler Beidhändigkeit geht auf ein Konzept zurück, dessen ursprüngliches Ziel die Klärung der Frage war, wie sich einerseits kurzfristiger Erfolg erzielen lässt, zugleich aber auch Wachstum und Erfolg nachhaltig und langfristig gesichert werden können.

Auch im Fußball ist das selbstverständlich kein Geheimnis. So antwortete beispielsweise Jürgen Klinsmann im Handelsblatt auf die Frage, ob seine anfängliche Experimentierfreude der Einsicht gewichen sei, dass der Fußball vor allem ein Tagesgeschäft ist:

„Nein. Ich bin nach wie vor nicht davon gefangen, dass nur das nächste Spiel zählt. Von mir wird erwartet, dass wir Dinge mittel- und langfristig entwickeln. Das ist natürlich einfacher, wenn der Erfolg da ist. Wenn man 2:5 daheim gegen Bremen und danach auch in Hannover verliert, muss man schauen, dass man das sofort anpackt, ohne den Blick für die nächste und übernächste Saison zu verlieren. Dieser Spagat ist die größte Herausforderung."

Aus heutiger Sicht wissen wir, dass Klinsmann ziemlich eindeutig die langfristige Sichtweise zu stark in den Vordergrund stellte. Demgegenüber steht in der aktuellen Finanzkrise eine Firma wie General Motors, die es trotz starker äußerer Zwänge und klarer Signale des Marktes eine gefühlte Ewigkeit lang versäumte, sich hinreichend für die Zukunft vorzubereiten. Während Klinsmann die langfristige Sicht überzog, führte bei GM eine zu krasse Konzentration auf das Tagesgeschäft und das schnelle Geld in den Untergang.

Die Beschäftigung mit der sogenannten Beidhändigkeit reicht bis in die 60er Jahre zurück. Die ursprüngliche und auch heute wie beschrieben noch gültige Argumentation lautet, dass die Anforderungen an eine wettbewerbsfähige Organisation grundsätzlich dilemmatischer Natur sind. Sowohl Strategien als auch Ziele sind durch Widersprüchlichkeiten gekennzeichnet, die nur durch eine erfolgreiche Balance von Anpassung und kurzfristiger Orientierung (Exploitation) einerseits sowie Anpassungsfähigkeit und langfristiger Orientierung (Exploration) andererseits aufgelöst werden können.

Exploitation meint dabei das Ausloten und Erweitern existierender Kompetenzen, Technologien und Paradigmen, Exploration hingegen die Suche nach und das Experimentieren mit neuen Möglichkeiten. Die Kunst liegt darin, beides gemeinsam unter einen Hut zu bekommen.

Eine solche Suche nach der richtigen Balance hängt natürlich sehr eng mit der Marktentwicklung zusammen. Dazu braucht es Daten. Für den Fußball veröffentlicht die Sport Business Gruppe der Prüfungs- und Beratungsgesellschaft Deloitte in regelmäßigen Abständen Studien zur wirtschaftlichen Entwicklung im europäischen Fußball, an denen sich die Manager zumindest für die Finanzplanung wunderbar orientieren können. Wir finden die Erkenntnisse außerordentlich spannend und haben uns deshalb im Rahmen eines Interviews mit den Experten von Deloitte über die aktuellen Trends und Entwicklungen unterhalten.

Interview

Die Sport Business Gruppe der Prüfungs- und Beratungsgesellschaft Deloitte veröffentlicht mit der „Football Money League" und dem „Annual Review of Football Finance" in regelmäßigen Abständen Studien zur wirtschaftlichen Entwicklung im europäischen Fußball. Anfang Juni erschien bereits die 18. Ausgabe des Annual Review of Football Finance. Dazu interviewten wir die beiden Fußballexperten der Sport Business Gruppe von Deloitte, Stefan Ludwig, Senior Manager, und Christian P. Schneider, Senior Professional.

Hallo Herr Ludwig, hallo Herr Schneider. Es freut uns, dass Sie uns Ihre Fußballexpertise zur Verfügung stellen. Wie hat sich gemäß Ihrer Analyse der europäische Fußballmarkt in den letzten Jahren entwickelt?

Stefan Ludwig: Der generelle Trend zeigt, dass der weltweite Fußballboom mit weiteren Umsatzzuwächsen auf Club- und Ligaebene sowie höheren Zuschauerzahlen anhält. Das Gesamtvolumen des europäischen Fußballmarktes stieg dabei in der Saison 2007/08 um eine Milliarde Euro auf 14,6 Mrd. Euro an. Dies entspricht einem prozentualem Wachstum von 7 % im Vergleich zur Saison 2006/07.

Christian P. Schneider: Auffallend dabei ist die Dominanz der fünf größten europäischen Ligen, der sogenannten „Big Five" aus England (Premier League), Deutschland (Bundesliga), Spanien (Primera Division), Italien (Serie A) und Frankreich (Ligue 1). Sie generieren mit Umsatzerlösen in Höhe von 7,7 Mrd. Euro mehr als die Hälfte des europäischen Gesamtvolumens (53 %).

Welche dieser fünf Top-Ligen dominiert denn in wirtschaftlicher Hinsicht? Ist die Premier League wirklich die wirtschaftlich stärkste Liga der Welt?

Stefan Ludwig: Ja, zweifelsohne. Die englische Premier League dominiert seit Beginn unserer Analyse in der Saison 1996/97 den wirtschaftlichen Vergleich der europäischen Top-Ligen. Während sie bereits in der Saison 1996/97 mit Gesamtumsätzen von 685 Mio. Euro die umsatzstärkste Liga der Welt war, generierten die 20 Clubs der höchsten englischen Spielklasse in der Spielzeit 2007/08 Gesamtumsätze von mehr als 2,4 Mrd. Euro. Dies bedeutet einen Vorsprung von ca. einer Milliarde Euro auf die zweitumsatzstärksten Ligen in Europa, die deutsche Bundesliga und die spanische Primera Division, sowie die nur knapp dahinter rangierende italienische Serie A. Während diese drei Ligen jeweils etwa 1,4 Mrd. Euro erzielen konnten, erreichte die französische Ligue 1 989 Mio. Euro Umsatz.

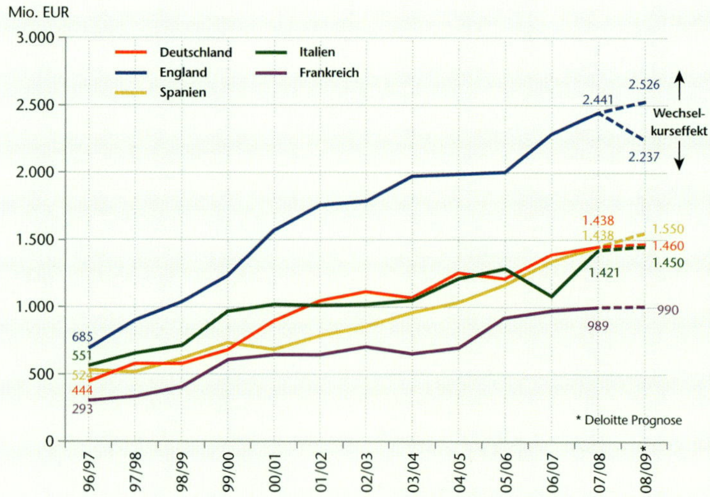

Die europäischen „Big Five"-Ligen: Verdreifachung des Gesamtumsatzes der Ligen in 14 Jahren.

Wodurch ist diese Dominanz der englischen Premier League bestimmt und wie ist die deutsche Bundesliga im Vergleich dazu aufgestellt?

Stefan Ludwig: Die Dominanz der englischen Premier League Clubs basiert auf den lukrativen TV-Verträgen. Die Saison 2007/08 war die erste Saison der neuen Vertragsperiode mit den nationalen TV-Partnern Sky, Setanta und BBC. In Summe generierte die Premier League insgesamt ca. 825 Mio. Pfund (1,042 Mrd. Euro) pro Saison an TV-Erlösen, legt man den Wechselkurs zum 30. Juni 2008 zugrunde. Die hohen TV-Erlöse in England sind ein Beweis dafür, dass auch die zentrale TV-Vermarktungsstruktur, die in England, Deutschland und Frankreich vorherrscht, zu hohen Umsätzen im medialen Bereich führen kann. Das Potential eines Marktes hängt nicht nur vom Produkt, sondern wesentlich von der Medienlandschaft ab, die im Falle von England aufgrund eines erfolgreichen Pay-TV-Senders Sky und eines Wettbewerbers Setanta sehr positiv für den Fußball ist.

Christian P. Schneider: Im Vergleich dazu generierte die Bundesliga in der Saison 07/08 lediglich 476 Mio. Euro aus TV-Erlösen, wodurch die 18 Clubs innerhalb der „Big Five"somit weiterhin die geringsten Erlöse aus dem medialen Bereich erzielen. Während die Premier League 48 %, die Ligue 1 56 % und die Clubs der Primera Division sowie der Serie A 40 % bzw. 61 % ihres Gesamtumsatzes durch TV-Erlöse erwirtschaften, tragen die medialen Erlöse in der Bundesliga nur 33 % zum Gesamtumsatz bei.

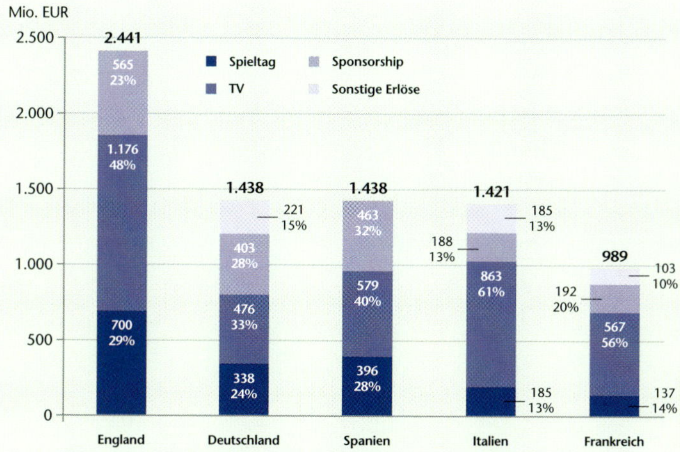

Für die englische Premier League und die spanische Liga gibt es keine Aufteilung zwischen Sponsorship und Sonstigen Einnahmen. Die Aufteilung der Einnahmen der spanischen Liga ist geschätzt

Die Umsatztreiber der europäischen „Big Five"-Ligen 2007/08: geringere TV-Einnahmen in Deutschland.

Was sind die Hauptgründe dafür, dass die Bundesliga trotz der geringen TV-Erlöse gemeinsam mit der Primera Divison die zweitumsatzstärkste Liga der Welt ist?

Stefan Ludwig: Die 18 Clubs der Bundesliga erzielten ihr Umsatzwachstum der Saison 07/08 im Wesentlichen durch einen 13-prozentigen Anstieg der Sponsoringerlöse auf 403 Mio. Euro und einen 9-prozentigen Anstieg der Spieltagerlöse auf 338 Mio. Euro. Zudem generiert die Bundesliga mit kumulierten 624 Mio. Euro aus den Umsatzpositionen Sponsorship und Sonstige Erlöse im internationalen Vergleich die höchsten kommerziellen Erlöse aus diesen Bereichen.

Christian P. Schneider: Gleichzeitig boomt die Bundesliga wie nie zuvor, denn der weitere Zuschaueranstieg auf knapp 40.000 in der Saison 2007/2008 ließ die Bundesliga zum sechsten Mal zum weltweiten Zuschauermagneten im Profifußball werden. Diese Entwicklung setzt sich auch in der gerade abgelaufenen Bundesligasaison mit einem Zuschauerschnitt von ca. 42.600 fort. Der durchschnittliche Zuschauerschnitt der anderen vier „Big Five"-Ligen lag 2007/08 bei 26.400 Zuschauern.

Trotz der modernen Stadioninfrastruktur erscheint diese positive Zuschauerentwicklung der Bundesliga doch etwas erstaunlich, wenn man bedenkt, dass die Weltklassespieler aufgrund der höheren Gehälter eher in England, Spanien oder Italien spielen. Wie haben sich denn die Löhne und Gehälter in den

Top-Ligen zuletzt entwickelt und wie wirkt sich die aktuelle wirtschaftliche Situation auf die kommenden Spielzeiten aus?

Stefan Ludwig: Alle europäischen Top-Ligen verzeichneten in der Saison 2007/08 einen Anstieg der Lohn- und Gehaltskosten. Mit kumulierten 4,8 Mrd. Euro weisen die fünf großen Top-Ligen ein Wachstum der Lohn- und Gehaltskosten von 588 Mio. Euro bzw. 14 Prozent auf, wobei die Serie A aufgrund der Rückkehr Juventus Turins in die Liga mit 250 Mio. Euro das höchste Wachstum verzeichnete. Während die französische Ligue 1 in der Saison 2007/08 71 Prozent ihres Umsatzes in Spielergehälter investierte, betrug das Verhältnis von Gehaltskosten zu Umsatz in der Premier League, Primera Division und Serie A jeweils mehr als 60 Prozent. Die Clubs der Bundesliga investierten mit 50 Prozent zwar den geringsten Anteil ihres Umsatzes in die Löhne und Gehälter der Profis, allerdings übertraf das Gehaltswachstum in der Bundesliga – ebenso wie in der Ligue 1 – sogar das Umsatzwachstum.

Christian P. Schneider: Unsere Analysen zu den kommenden Spielzeiten werden Aufschluss darüber geben, inwieweit die aktuelle wirtschaftliche Situation Auswirkungen auf den Fußball-Markt haben wird. Zwar profitieren die europäischen Clubs und Ligen von den langfristigen Fixerlösen ihrer TV-Verträge und die deutschen Clubs zudem von ihren treuen Fans, allerdings zeichnen sich bereits für die Saison 2008/09 Rückgänge bei den Sponsoring- und Hospitality-Erlösen ab. Demnach ist ein vernünftiges Kostenmanagement auf Clubseite und insbesondere

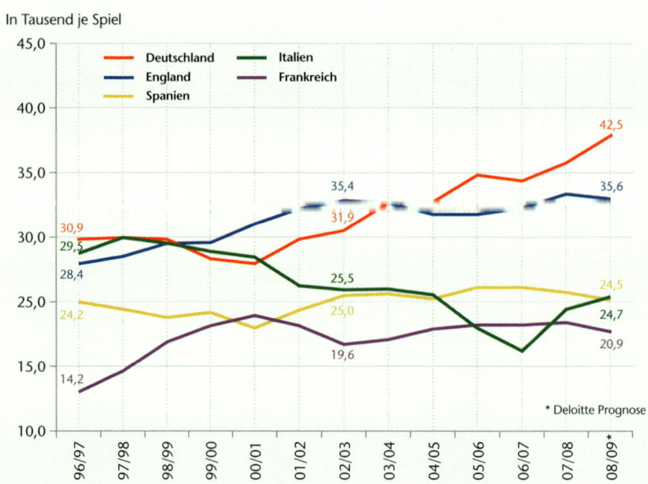

Die 1. Bundesliga: Beste Zuschauerentwicklung unter den europäischen „Big Five"-Ligen.

eine Anpassung der Spielergehälter und -transfers entlang des aktuellen Marktumfelds zu empfehlen.

Wie wirken sich letztlich die gesteigerten Gesamtumsätze und das Wachstum der Lohn- und Gehaltskosten der europäischen Ligen auf das operative Ergebnis aus?

Stefan Ludwig: Die deutsche Bundesliga und die englische Premier League bleiben nach wie vor die profitabelsten Ligen in Europa, mit positiven Betriebsergebnissen in Höhe von 136 Mio. Euro bzw. 234 Mio. Euro. Trotz des Verlustes der Spitzenposition hinsichtlich des Betriebsgewinns, der sich insbesondere durch die höheren Personalaufwendungen der 18 Bundesligisten in Höhe von 105 Mio. Euro in 2007/08 im Vergleich zum Vorjahr begründet, weist die Bundesliga mit 9,5 % eine nahezu identische Umsatzrendite wie die Premier League mit 9,6 % auf und bleibt daher weiter interessant für einen möglichen Einstieg von Investoren.

Christian P. Schneider: Die wirtschaftliche Ausnahmestellung von Bundesliga und Premier League wird untermauert durch den Vergleich mit den negativen Betriebsergebnissen der Serie A und Ligue 1. Mit einem operativen Verlust von 66 Mio. Euro von 2007/08 kumulierten sich die Gesamtverluste der Serie A seit Beginn unserer Analyse in 1996/97 auf über 1,4 Mrd. Euro. Die Clubs der Ligue 1 mussten nach zwei Jahren mit positiven Betriebsergebnissen wieder einen operativen Verlust in Höhe von 84 Mio. Euro hinnehmen. Über die Primera Divison wurden uns keine detaillierten Informationen zur Verfügung gestellt.

Wie haben sich denn nach Ihrer Einschätzung die Umsätze der europäischen Clubs in der Saison 2007/08 entwickelt?

Stefan Ludwig: Neben unserer Studie „Annual Review of Football Finance", die die wirtschaftliche Entwicklung auf Ligaebene analysiert, stellen wir innerhalb der „Football Money League" die Umsatzentwicklung der 20 umsatzstärksten europäischen Top-Clubs gegenüber. Die 20 Top-Clubs erzielten in der Saison 2007/08 einen Gesamtumsatz von 3,9 Mrd. Euro. Dies ist gleichbedeutend mit einem Umsatzwachstum von 6 Prozent im Vergleich zur Vorsaison. Dabei dominieren die englischen Premier League-Clubs mit insgesamt sieben Vertretern vor der Bundesliga und der Serie A mit je vier Clubs. Wie in den vergangenen drei Spielzeiten führt auch in der Saison 2007/08 Real Madrid mit 365,8 Mio. Euro die Liste der umsatzstärksten Clubs an. Die Finalisten des UEFA-Champions-League-Finales 2009, Manchester United und FC Barcelona, folgen auf den Plätzen zwei und drei. Der FC Bayern München kehrt mit 295,3 Mio. Euro zum ersten Mal seit fünf Jahren unter die fünf umsatzstärksten Clubs zurück. Dies verdankt er in erster Linie den Mehrerlösen, die der Club als nunmehr alleiniger Gesellschafter der Allianz Arena München erzielen konnte, nachdem der FC Bayern den bisherigen

50-Prozent-Anteil des TSV 1860 München erworben hat. Mit dem FC Schalke 04, dem Hamburger SV und dem VfB Stuttgart sind zudem drei weitere deutsche Clubs in der Football Money League platziert.

Christian P. Schneider: Nicht nur die vier deutschen Clubs, die in der aktuellen Football Money League vertreten sind, sondern auch Borussia Dortmund und der SV Werder Bremen, die mit Umsätzen von 102 Mio. Euro bzw. 91 Mio. Euro nur knapp eine Position innerhalb der Top 20 verfehlten, bestätigen den positiven Trend der Bundesligisten in wirtschaftlicher Hinsicht.

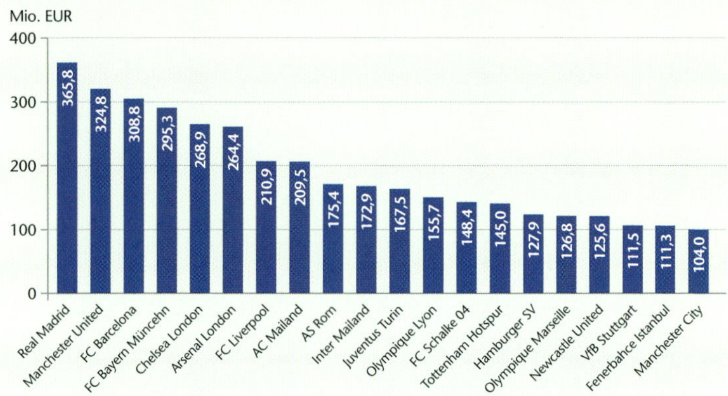

Die Gesamtumsätze der Top-20 umsatzstärksten europäischen Clubs 2007/08: Ein halbes Dutzend „Schwergewichte".

Eine weitere Studie stammt vom SCORE-Team der Wirtschaftsprüfungsgesellschaft Ernst & Young. Sie bietet neben einer Umfrage zur wirtschaftlichen Lage des Profifußballs in Deutschland Aussagen zur Competitive Balance in den europäischen Top-Ligen, ein Thema, das natürlich perfekt in den Zusammenhang dieses Buchs passt. Die Studie ist ganz knapp vor der inhaltlichen Fertigstellung dieses Buchs erschienen und wir haben es gerade noch geschafft, ein Interview mit Arnd Hovemann, einem der beiden Autoren der Studie, in das Buch aufzunehmen.

Interview

Arnd Hovemann ist Manager des SCORE-Teams von Ernst & Young in Essen sowie Dozent an der Hennes-Weisweiler-Akademie und am IST Studieninstitut und einer der Autoren der von Ernst & Young herausgegebenen Studie „Bälle, Tore und Finanzen VI", aus der auch die Grafiken in diesem Interview stammen.

Lieber Herr Hovemann, Sie bezeichnen die ligainterne Homogenität, insbesondere die Konkurrenzfähigkeit der kleineren Vereine, als „Competitive Balance". Können Sie uns erklären, was genau Sie darunter verstehen?

Arnd Hovemann: Unter „Competitive Balance" wird im Teamsport die Ausgeglichenheit des sportlichen Wettbewerbs zwischen verschiedenen Ligen einer Sportart oder innerhalb einer Liga bzw. eines Wettbewerbs verstanden. Die Competitive Balance wird für Sportligen häufig als unabdingbarer Erfolgsfaktor gesehen. Das zentrale Argument, das diese Ansicht stützt, geht aus empirischen Studien hervor. Sie belegen, dass die Competitive Balance bzw. die daraus abgeleitete Ergebnisoffenheit vor einer Partie einen positiven Einfluss auf die Anzahl der Zuschauer im Stadion und vor dem Fernseher hat.

Weitere wissenschaftliche Studien zeigen zudem drei Risiken im Zusammenhang mit unausgeglichenen Ligen auf:

1. Fortwährendes, verstärktes Auseinanderdriften der finanziellen Situation einzelner Klubs und die Tendenz zur Überinvestition in Spielerkader
2. Insolvenzgefahr der schwächeren Klubs
3. Gefahr der Abspaltung der Top-Klubs und Reorganisation in einer Konkurrenzliga

Die diskutierte Aufnahme der beiden schottischen Teams Celtic Glasgow und Glasgow Rangers in die Premier League ist ein sehr aktuelles Beispiel für eine derartige Abspaltungsgefahr. Es ist eben eine Besonderheit des Sports, dass Teams, die in einen organisierten Wettbewerb, also eine Liga integriert sind, im Gegensatz zu Unternehmen in Industriebranchen grundsätzlich ein „angeborenes" Interesse an der Wettbewerbsfähigkeit und dem „Überleben" der Konkurrenten haben. Obwohl die Teams miteinander um Titel und Plätze konkurrieren, müssen sie daher zudem kooperieren, um die Spannung im Wettbewerb und damit einhergehend die Attraktivität des Wettbewerbs aufrechterhalten zu können.

Sie haben in diesem Zusammenhang empirisch eine kuriose Wechselwirkung festgestellt, die viele Fußballfans intuitiv schon lange vermuten: Je spannender sich der nationale Wettbewerb, also die Meisterschaft, darstellt, desto erfolgloser sind die Vereine der entsprechenden Ligen international.
Wie erklären Sie dieses Phänomen?

Arnd Hovemann: Die sogenannte Königsklasse Champions League wird zunehmend von nur einigen wenigen Klubs aus England, Spanien und mit Abstrichen Italien beherrscht, für deutsche und französische Klubs ist meist schon vor dem Viertelfinale Endstation. In Deutschland und Frankreich hingegen sind die Ligen mit Abstand am spannendsten und abwechslungsreichsten. Beim Forschen nach Erklärungen stellt man fest, dass die erstgenannte Entwicklung aus finanziellen Vorteilen der ausländischen Wettbewerber resultiert. Insbesondere die dezentrale Vermarktungsstruktur in Spanien und Italien sorgt für ein Ungleichgewicht. Real Madrid zum Beispiel erlöst aus Medienrechten mit über 150 Mio. Euro nicht nur mehr als das 15-fache eines kleineren spanischen Klubs, sondern auch wesentlich mehr als der Deutsche Meister, der derzeit maximal 29 Mio. Euro aus dem zentralen Vermarktungstopf erhalten kann. Darüber hinaus haben in England die hohen Mittelzuflüsse von Klubeignern den Wettbewerb entscheidend beeinflusst.

Um die Siegchancen deutscher Klubs in der Champions League zu erhöhen, wären signifikante Einnahmensteigerungen nötig. Jedoch sind dem deutschen Fußball dabei durch die Entscheidung des Kartellamts hinsichtlich der zentralen Vermarktung der Medienrechte aus dem Jahr 2008 und durch das Werbeverbot für Wettanbieter enge Ketten angelegt. Ohne diese Regelungen juristisch zu werten, stellt man dennoch fest, dass auch sie eine starke Benachteiligung deutscher Klubs gegenüber den europäischen Wettbewerbern bedeuten.

Dem deutschen Fußballfan muss darüber hinaus klar sein, dass der wirtschaftliche und sportliche Erfolg der englischen Klubs – von den hohen Vermarktungserlösen für Auslandsmedienrechte der Premier League einmal abgesehen – vor allem unmittelbar zulasten des verfügbaren Einkommens der Zuschauer im eigenen Land geht: Stadion-Eintrittspreise und Pay-TV-Gebühren übertreffen das deutsche Preisniveau deutlich. Ein Nachahmen der englischen Erfolgsstory bekäme der deutsche Fan sehr deutlich im eigenen Portemonnaie zu spüren.

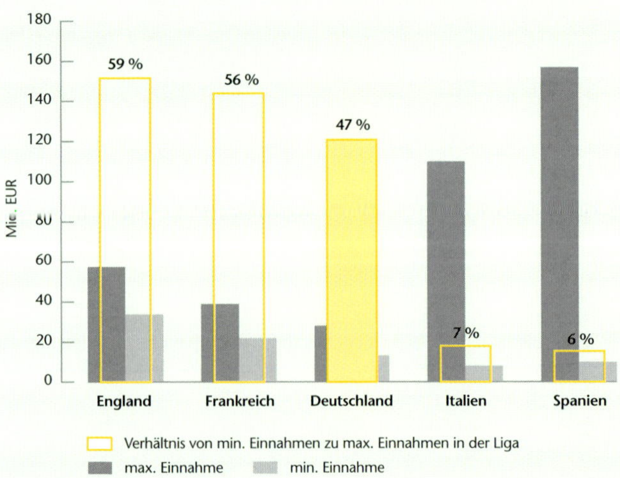

Quelle: EY-Research und Schätzungen

Spreizung der Medieneinnahmen der Vereine in den großen europäischen Ligen: Große Unterschiede gibt es insbesondere in Italien und Spanien.

Was würden Sie insbesondere den großen Vereinen als Handlungsstrategie raten? Oder konkreter: Ist es aus Sicht von Bayern München aus Ihrer Sicht schlau, die eigene Vormachtstellung auszubauen, indem beispielsweise aus der Zentralvermarktung ausgeschert wird?

Arnd Hovemann: Eine stärkere Verteilung der Medieneinnahmen zugunsten der Spitzenklubs oder gar die Einführung einer dezentralen Vermarktung müsste die gesamte Bundesliga sehr teuer, nämlich mit der Spannung und Abwechslung des eigenen, nationalen Wettbewerbs bezahlen. Dies zeigt noch einmal, dass eine ausgeglichene nationale Liga in der Regel zulasten des internationalen Erfolgs geht und umgekehrt.

Sehen Sie entsprechende Auswirkungen auf das langfristige Wachstumspotenzial der Bundesliga im Vergleich zu den Konkurrenzligen in Spanien und England?

Arnd Hovemann: Ich denke, dass der englische Fußball derzeit auf ein Problem zusteuert. Zu groß ist die Vormachtstellung der großen vier Klubs. In dieser Saison wird sich mit Manchester City ein fünfter hinzugesellen. In Kombination mit den sehr hohen Eintrittspreisen in der Premier League kann ich mir schon vorstellen, dass der eine oder andere Fan einfach zu Hause bleibt und sich ein anderes Hobby sucht. In Deutschland sind diese extremen Tendenzen hinsichtlich der Wettbewerbsintensität noch nicht zu beobachten, was die Bundesliga sicherlich in vielerlei Hinsicht attraktiv macht und weswegen sie Wachstumspotenzial verspricht.

Sie führen insbesondere die enormen finanziellen Erlöse aus der Champions League als Grund an, dass die Leistungsschere immer weiter auseinanderklafft. Würden Sie vor dem Hintergrund der gerade diskutierten Punkte dieser Entwicklung gegensteuern? Welche Möglichkeiten böten sich aus Ihrer Sicht in diesem Zusammenhang?

Arnd Hovemann: In der Tat wurde in der Vergangenheit das Auseinanderdriften zwischen „Arm" und „Reich" und infolgedessen auch die sich öffnende Leistungsschere vor allem durch die kontinuierliche Teilnahme der Top-Klubs an der Champions League verstärkt. Insbesondere seit der Modusänderung zur Jahrtausendwende sind in diesem Wettbewerb die Prämienausschüttungen stark angestiegen. Eine Veränderung der Ausschüttungsmodalitäten scheint dringend nötig zu sein, um diesen Trend zu stoppen. Es bleibt abzuwarten, ob die Neustrukturierung und die zentrale Vermarktung der Europa League, des ehemaligen UEFA-Cups, einen Beitrag zu einem fließenderen Übergang zu den Champions-League-Teilnehmern leisten oder das Absinken der Competitive Balance noch verstärken werden. Die UEFA hat darüber hinaus bereits angekündigt, eine Kommission zu bilden, die Maßnahmen zur Schaffung eines

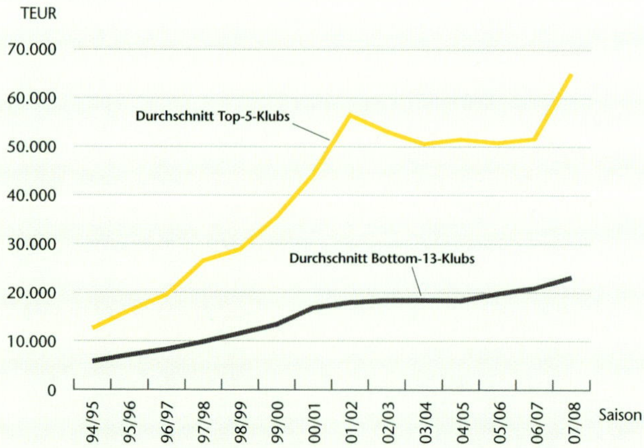

Personalaufwand für den Spielbetrieb der Bundesliga: Die Schere zwischen Top- und Bottom-Klubs öffnet sich weiter.

finanziellen Fairplay zwischen den europäischen Klubs erarbeiten soll. Dabei soll das deutsche Lizenzierungsverfahren als Basis herangezogen werden. Dies erscheint im Sinne der Competitive Balance sinnvoll.

Es wird viel über neue Märkte und Einnahmequellen im Profifußball gesprochen. Aktuell sind dies beispielsweise die Auslandsvermarktung in Asien, eine europäische Liga der Topvereine oder veränderte Anstoßzeiten der Bundesliga. Früher waren es Businesslogen und noch viel früher das heute vollkommen selbstverständliche Merchandising oder Trikotsponsoring. Halten Sie die aktuellen Vermarktungsstrategien des deutschen Fußballs mittel- und langfristig für Erfolg versprechend? Welche zusätzlichen Märkte sehen Sie in der Zukunft?

Arnd Hovemann: Die Gründung einer Tochtergesellschaft zur Auslandsvermarktung der Medienrechte seitens der DFL war sicherlich sinnvoll und trägt bereits erste Früchte. Dort verbirgt sich aus deutscher Sicht momentan sicherlich das größte Potenzial. Vorschläge aus der Premier League, einen zusätzlichen Spieltag im Ausland bzw. in Asien auszutragen, zeigen darüber hinaus, wo die Reise hingehen könnte.

Abschließend: Schießt Geld wirklich Tore?

Arnd Hovemann: Selbstverständlich schießt Geld Tore, allerdings kann man auch dabei einen abnehmenden Grenznutzen beobachten. Das bedeutet, dass Punkte in oberen Tabellenregionen teurer sind als im Abstiegskampf. Der statistische Zusammenhang zwischen Personaletat und erzielten Punkten in der Meisterschaft ist über die Jahre sogar immer größer geworden. Das liegt u. a. daran, dass die Spielermärkte durch ausgefeiltere Scouting-Systeme immer transparenter werden und Ausländerbeschränkungen über die Jahre liberalisiert wurden. Beides führt dazu,

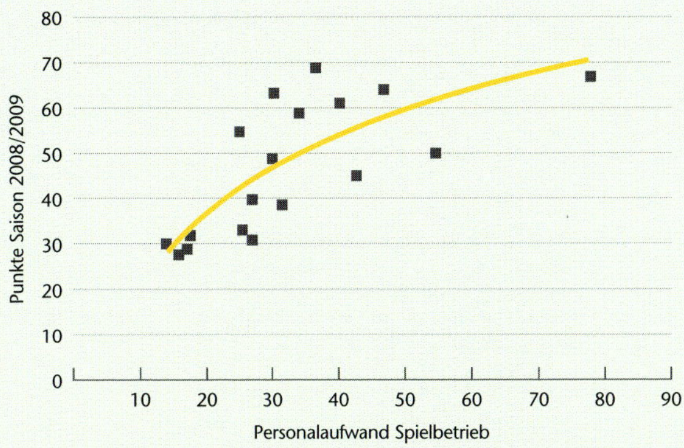

Geld schießt doch Tore: Der Zusammenhang zwischen Personalaufwand und Punkten ist unverkennbar.

dass sich finanzielle Mittel immer effektiver in Spielstärke umwandeln lassen. Die derzeit stattfindenden Transfer-Exzesse einiger europäischer Top-Klubs lassen folglich nicht vermuten, dass der Trend der abnehmenden Wettbewerbsintensität in deren Heimatligen kurzfristig gestoppt wird.

Das Konzept organisatorischer Trennung

Strukturale Beidhändigkeit

Doch wie kann man zeitgleich die Sicherstellung von Exploration und Exploitation erreichen? Zunächst wird die Einrichtung dualer Strukturen vorgeschlagen, also die strukturale Trennung von Geschäftseinheiten. Diese lassen sich aufteilen in „Explorative Units", die klein, dezentral und durch lockere Kultur und Prozesse geprägt sind, sowie „Exploitative Units", die größer, zentralisierter und durch wenige Freiheitsgrade sowie dichte Prozesse charakterisiert sind. Einige Schweizer Kollegen[1] empfehlen dafür vier verschiedene Vorgehensweisen:

- den zyklischen Wechsel,
- die räumliche Trennung,

[1] Die oben diskutierten Passagen machen nur einen kleinen Teil eines auch sonst sehr empfehlenswerten Buches aus, das sich mit dem Thema Wachstum beschäftigt: „Wege zum Wachstum: Wie Sie nachhaltigen Unternehmenserfolg erzielen" von Raisch, Probst & Gomez (Gabler 2007).

- die Parallelorganisation und
- integrierte Netzwerke.

Schauen wir uns das im Folgenden genauer an.

Zyklischer Wechsel

Das Prinzip des zyklischen Wechsels beinhaltet ein Oszillieren zwischen dezentralen und zentralen Strukturen. Doch was bedeutet das? In manchen Unternehmen treffen die Topmanager sämtliche Entscheidungen. Die einzige, wesentliche Aufgabe des mittleren Managements besteht darin, diese Entscheidungen auszuführen. Der Grad der Zentralisierung entspricht dann dem Ausmaß dieser Konzentration von Entscheidungsbefugnissen in einem einzelnen Punkt des Unternehmens. Üblicherweise kann man davon ausgehen, dass ein Unternehmen ohne weit reichende Befugnisse des mittleren und unteren Managements zentralisiert ist. Schließlich besteht der große Vorteil einer zentralistischen Struktur in deren überlegener Effizienz sowie in der Fähigkeit, klare Entscheidungen schnell durch das gesamte Unternehmen zu kommunizieren. Mit der Zeit treten jedoch die Nachteile immer stärker zutage. Wir werden diesen Prozess noch eingehender im vierten Kapitel unter dem Stichwort der „negativen Sekundäreffekte" der Unternehmenskultur diskutieren. An dieser Stelle reicht es erst einmal aus zu betonen, dass sowohl zentralistische wie dezentralistische Strukturen ihre Vorteile haben, aber gleichwohl leider auch heftige Nachteile, die sich mit der Zeit verstärken.

So entstehen bei zunehmender Zentralisierung zwar Effizienz-, Kooperations- und Größenvorteile, aber dabei leiden auch die Innovationsfähigkeit und die Flexibilität. Zudem fühlen sich die Mitarbeiter in den starren Strukturen immer unwohler, was sich in reduzierter Motivation und deren Folgen (Fehlzeiten, Mitarbeiterfluktuation, Qualität) niederschlägt.

Die Gründe für das zyklische Wechseln zwischen den Polen der Zentralisierung und Dezentralisierung liegen also weniger in den spezifischen Vorteilen, sondern vor allem in der Vermeidung der Nachteile zentraler Strukturen, im Wissenschaftsjargon „negative Sekundäreffekte" genannt.

Wir sehen darin jedoch weniger eine strukturelle, sondern vielmehr eine kulturelle Herausforderung, die sich letztendlich nur in strukturellen Veränderungen niederschlägt. Entsprechend wenden wir uns diesem Thema ausführlich auch erst in Kapitel 4 zu, wenn es um die Gestaltung der Unternehmenskultur geht.

Räumliche Trennung

Der zweite Vorschlag für die Balance von Exploitation und Exploration besteht in einer räumlichen Trennung. Dieser Idee wird in der Wirtschaft zahlreich gefolgt. So balancieren diverse Topmanagementteams mit Blick auf eine zukünftig hohe Anpassungsfähigkeit insbesondere durch die Gründung von Venture Units im F&E-Bereich. Eine sehr einflussreiche Analyse der Festplattenindustrie kommt beispielsweise zu dem Ergebnis, dass *jedes* Unternehmen aus diesem Bereich gescheitert ist, das bisher den Versuch gewagt hat, etablierte („Sustained Technologies") und bahnbrechende Geschäftsmodelle („Disruptive Technologies") in ein und derselben Organisation zu managen. Als Konsequenz wird nachdrücklich empfohlen, bahnbrechende Geschäftsmodelle nicht nur in unabhängigen Strukturen weiterzuverfolgen, sondern diese Unabhängigkeit auch später gegen alle Versuchungen und Widerstände zu verteidigen.

Eine erfolgreiche Weiterentwicklung dieser Grundidee besteht darin, dass nicht nur Strukturen, sondern auch Fähigkeiten und Kulturen im Sinne einer strukturalen Beidhändigkeit balanciert werden. Organisationen müssen nun einmal auf Marktveränderungen mit inkrementellen Verbesserungen im Sinne von Exploitation reagieren, um konkurrenzfähig zu bleiben, gleichzeitig jedoch Fähigkeiten und Potential für eine eventuell in der Zukunft notwendige Kapitalisierung im Sinne von Exploration entwickeln. Über die Balance einer strukturalen Beidhändigkeit ist es möglich, einen solchen schrittweisen (evolutionären) und radikalen (revolutionären) Wandel in großen Organisationen systematisch zu erfassen und potenziell handhabbar zu machen.

Solch eine Balance ist nach Meinung einiger Experten alleinig durch strukturale Trennung möglich, da Revolution und Evolution konzeptionell für Unternehmen so unterschiedlich sind, dass sie unmöglich koexistieren können.

Im Fußball gibt es dieses Prinzip in vielen Bereichen. So wurden nicht umsonst mit dem Auf- und Ausbau der Jugendabteilungen vereinsinterne Strukturen geschaffen, deren Hauptaugenmerk darauf ausgerichtet ist, mittel- und langfristig Talente an die Bundesliga heranzuführen. Wenn man sich Bayern München anschaut, so kommt man nicht umhin, den Erfolg festzustellen, denn die Effekte haben nicht lange auf sich warten lassen. Allein mit dem Verkauf von Hargreaves für die kolportierten 30 Mio. Euro an Manchester United wird man das Jugendausbildungszentrum ein paar Jahre unterhalten können. Bedenkt man, dass die Bayern in der Bundesliga aktuell mit Trochowski, Lahm, Ottl, Rensing, Lell, Badstuber, Niedermeyer, Müller oder Kroos fast ein ganzes Team hoch veranlagter Spitzenspieler ausgebildet haben, so wird man sich bildlich vorstellen können, wie sich Uli Hoeneß zufrieden ob der gelungenen, strukturalen Trennung in seinem Sessel zurücklehnt.

Erfolgreich in der Jugendarbeit und beim Aufbau neuer Talente: der FC Bayern München.

In Unternehmen fehlt Managern häufig eine zündende Idee, wie man sich auf die Zukunft vorbereiten könnte. Man ist sich zwar darüber bewusst, dass die Zukunft Ungewissheiten bereithalten mag, welche sich negativ auf das Stammgeschäft auswirken könnten. Eine eigene Forschungs- und Entwicklungsabteilung scheut man jedoch, oder es besteht Unklarheit darüber, wie so etwas aussehen könnte. Was bedeutet schließlich F&E beispielsweise in der Bauindustrie? Aber auch für den Fußball ist diese Frage auf den zweiten Blick gar nicht so leicht zu beantworten: Gäbe es andere Möglichkeiten als eine Jugendabteilung? Sicherlich. Neben der Scoutingabteilung, von der später noch zu sprechen sein wird, gibt es im Fußball durchaus innovative Ideen, welche sich mittel- und langfristig äußerst positiv auf die Wettbewerbsfähigkeit auswirken können.

In der Wirtschaft wird man bei der Suche nach der Antwort auf die Frage nach der richtigen Vorbereitung auf die Zukunft selten so wirklich fündig. Das bedauern wir selbstverständlich, doch auch in diesem Punkt bestehen Parallelen zum Sport. So erläuterte Joachim Mester, Sprecher des Deutschen Forschungszentrums für Leistungssport und Leiter des Instituts für Trainingswissenschaft und Sportinformatik an der Deutschen Sporthochschule Köln, in einem Interview mit dem SPIEGEL seinen Eindruck, weshalb die Wissenschaft den Sport nicht erreiche. Dabei stellte Mester erstens eine Sprachbarriere fest. Relevante wissenschaftliche Erkenntnisse erscheinen nun einmal auf Englisch und nicht auf Deutsch. Das ist in der Wirtschaft noch anders, denn an Praktikerinteressen ausgerichtete Magazine wie Harvard Business Manager, Manager Magazin oder brand eins berichten für gewöhnlich zwar ein wenig verzögert, aber durchaus fundiert, spannend und kenntnisreich in deutscher Sprache von aktuellen Entwicklungen.

Gerade aber bei den ausgefalleneren Ideen, die manchmal entscheidend sein können für den Fortbestand des Unternehmens, ist eine gewisse Zögerlichkeit festzustellen. Die Exploration bereitet Unbehagen, das Unscharfe ist unangenehm. Grundlagenforschung in der Wirtschaft wie im Sport wird ignoriert oder kleingeredet, die „Employability", die sofortige Anwendbarkeit von Wissen, ist das überwältigende Credo der Stunde. Doch ist das begründbar und sinnvoll? Joachim Mester bezweifelt das und führt im SPIEGEL aus, dass „alles praktisch und sofort anwendbar sein muss. Aber manchmal braucht man eben einfach eine grundlagenorientierte Forschung, um eine Anwendung, also Training, zu konzipieren. Wenn man nur auf die direkte Anwendbarkeit schaut, kann man sich leicht vertun – und wird nur schwer zu eigenen Erkenntnissen kommen, die andere Länder vielleicht noch nicht haben. Aber man hört immer wieder: Das dauert viel zu lange. Dabei stammt dieses Argument noch aus Zeiten, als eine Forschung mehrere Jahre dauerte. Heute kann alles viel schneller gehen."

Ein erstes Beispiel für eine neue Technologie auf dem Vormarsch haben wir bereits in Kapitel 1 mit dem Entwicklungsorientierten Scanning vorgestellt. Ein weiteres, wunderbares Beispiel für eine abwegige Idee, die sogar noch erheblich näher am eigentlichen Fußballspiel ist als die psychologischen Vorgänge von EOS, findet sich im sogenannten „Footbonaut" des Berliner Tüftlers Christian Güttler. Ob es sich beim Footbonaut um ein Allheilmittel oder eine Wunderwaffe handelt? Das können wir beim besten Willen nicht beurteilen. Aber bilden Sie sich doch einfach selbst ein Urteil, denn Sie finden weitere Informationen zu dieser zumindest bemerkenswerten Erfindung im Exkurs zu diesem Thema.

Exkurs

Der Footbonaut – ein Beispiel für „F&E" im Fußball

Die CGoal GmbH des Berliners Bastlers Christian Güttler hat mit dem Footbonaut Pro™ ein Produkt entwickelt, das nach Aussage des Unternehmens im Profifußball sowohl bei der Leistungsdiagnostik als auch beim Techniktraining strategische Vorteile bietet.

Von außen betrachtet kaum besonders aufregend: der Footbonaut.

Überall dort, wo es um Leistung und Wettkampf geht, sollen strategische Faktoren den Erfolg bestimmen und somit über zukünftige Siege oder Niederlagen entscheiden. Im Fußball sind dies – neben einem grundsätzlichen Spielverständnis – nach Auffassung der Footbonaut-Entwickler in erster Linie Präzision und Geschwindigkeit: präziser spielen, schneller spielen. Genau da setzt der Footbonaut an. Mithilfe von 3,5 Mio. Euro Risikokapital wurde eine Hochleistungs-Trainingsanlage auf einer Fläche von 400 m^2 aufgebaut, die auf höchstem Anforderungsniveau die „Reaktion-Entscheidung-Abschluss-Umgebung" von Fußballern simuliert.

Der Footbonaut besteht aus einem Kunstrasenfeld (14 x 14 Meter), 72 Toren mit einer Zielfläche von jeweils 1,5 m^2 und acht computergesteuerten Ball units und funktioniert so: Der Spieler stellt sich auf das Feld und empfängt ein akustisches und optisches Signal, aus dessen Richtung er den Ball bekommen wird. Im Moment des Zuspiels – also noch bevor der Ball den Spieler erreicht – empfängt der Spieler weitere Signale, die ihm die Richtung des Weiter- oder Abspiels vorgeben. Mit Hilfe einer hochentwickelten Software und den acht individuell ansteuerbaren Ballmaschinen wird der Spieler so unter Zeitdruck mit ständig wechselnden Spielsituationen konfrontiert.

Dieser vom Spieler nicht vorhersehbare Ablauf wiederholt sich nach dem Zufallsprinzip je nach Kondition des Spielers innerhalb einer Session bis zu hundertmal. Man kann damit also nicht nur punktuell, sondern über einen längeren Zeitraum das Verhalten eines Spielers in „zufälligen" Situationen messen. Konditionell und technisch gut ausgebildete Spieler (1. bis 3. Liga) sind nach Aussage des Herstellers in der Lage, bis zu vier Trainingseinheiten á 40 Zuspiele zu absolvieren. Es gibt (bisher) jedoch noch keinen Profi, der in der Lage wäre, länger als 10 Minuten „am Stück" im Footbonaut zu trainieren, da die konditionelle Belastung extrem hoch ist.

Während der Trainingseinheiten wird jede Aktion des Spielers von einem speziell entwickelten Softwareprogramm erfasst, analysiert und grafisch aufbereitet. Im Rahmen dieses Monitorings messen Computer zum Beispiel die Zeit zwischen Zuspiel des Balls und dem Passieren der Torlinie. Dadurch kann sich das Trainingsprogramm sukzessive an den individuellen Leistungsstand eines Spielers anpassen und den persönlichen Lernerfolg vergrößern. So können durch die Steuerung z.B. Trainingszeit, Geschwindigkeit der Zuspiele oder auch der Schwierigkeitsgrad der Übung variiert werden.

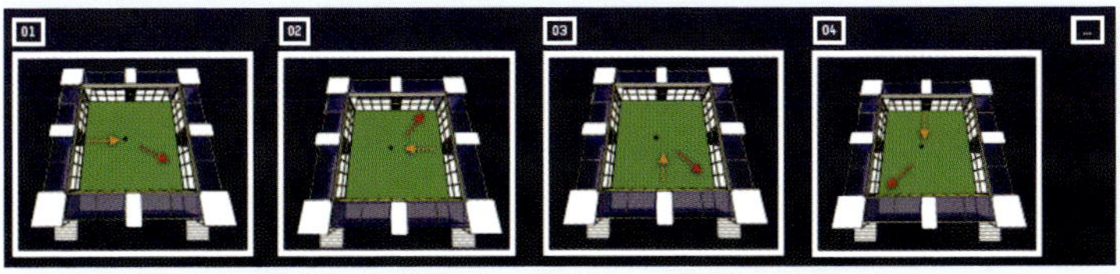

Arbeitsweise des Footbonauten: Gefragt sind Reaktion, Koordination, Präzision, Kondition.

Ähnliche Ansätze wie den Footbonaut gibt es übrigens auch für Potentialanalysen von Eigenschaften und Fähigkeiten. Allerdings ist die Entwicklung solcher sogenannter adaptiver Testverfahren bislang noch extrem aufwendig und so werden derartige Verfahren bisher vornehmlich in groß angelegten Studien genutzt, beispielsweise im PISA-Test zur Ermittlung des Bildungsstands von Schulkindern. Abgesehen von einigen Einzelanwendungen vor allem in der Intelligenzdiagnostik existieren noch nicht viele Anwendungen für die Wirtschaft. So wird es noch einige Jahre dauern, bis elegante und vor allem bezahlbare Entwicklungstools zur Verfügung stehen, mit denen eine individualisierte Entwicklung für die unternehmenseigene Führungskräfteanalyse und -entwicklung möglich wird.

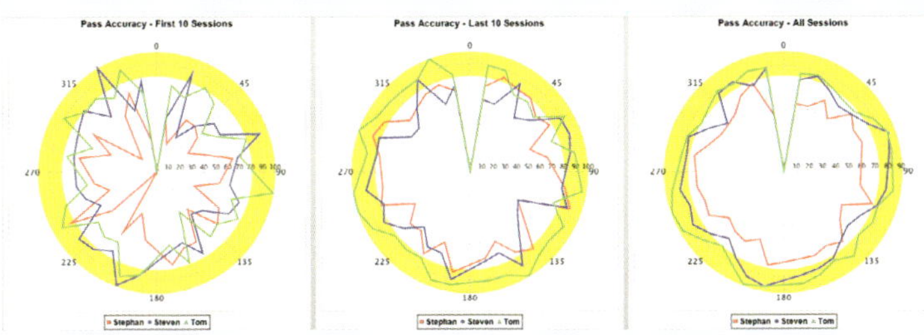

Die Ergebnisse und die Fortschritte eines Spielers im Footbonaut lassen sich in Spinnennetzdiagrammen übersichtlich darstellen.

Doch zurück zum Footbonaut, denn dort ist die adaptive Diagnostik ja bereits Realität: ein Beispiel aus der Footbonaut-Praxis sind die so genannten Koordinationsprofile: Nach ca. 200 zufälligen Zu- und Abspielen erhält man ein erstes Koordinationsprofil. Daraus lässt sich die Passgenauigkeit eines Spielers erkennen, und nach Herstellerangaben sollen sich nach ca. 70 bis 80 weiteren Trainingseinheiten (á 40 Bälle) massive Verbesserungen einstellen.

Im Ergebnis verbessern die Spieler also erwartungsgemäß mit jeder Trainingssession ihre Technik, die Koordinationsfähigkeit sowie die Handlungsschnelligkeit – kurzum: Sie spielen in der Folge schneller und präziser. Neben der Möglichkeit, Spieler auf diese Weise individuell zu benchmarken, lässt sich aber auch ein Vergleich innerhalb einer ganzen Mannschaft durchführen. So ließen sich durch den bei Leistungssportlern gemeinhin ausgeprägten Ehrgeiz über Fragen nach dem schnellsten Spieler, der steilsten Lernkurve und der besten Trefferquote angespornt durch den teaminternen Wettbewerb auch noch ein paar zusätzliche Prozent an Leistungsmotivation herauskitzeln.

Das Marktumfeld

Um im Profifußball als Verein den Sprung unter die Top-Clubs zu schaffen, gibt es laut Footbonaut-Gründer Christian Güttler eigentlich nur zwei Möglichkeiten: „viel Geld" und „noch mehr Geld". Entweder man kauft die besten Spieler oder man trainiert die eigenen zu den besten Spielern – beides ist mit Kosten verbunden.

Ein Argument für die besondere Bedeutung der Inhouseausbildung guter Spieler besteht in der Tatsache, dass der Transfermarkt häufig ebenso überhitzt wie unberechenbar ist und Ablösesummen daher ganz oft schlicht verpufftes Kapital darstellen. Die Entwicklung eines Spielers hingegen stellt neben der Erfolgsverbesserung des eigenen Spiels eine wertschöpfende Maßnahme dar, weil der Marktwert des Spielers (z.B. durch den Footbonaut) stark ansteigen, aber kaum fallen kann. Das Risiko ist also übersichtlich und die Kosten halten sich gemessen an den im Profifußball üblichen Zahlen durchaus in Grenzen.

In diesem Umfeld hat sich in Europa geradezu ein „trainingsmethodisches und sportwissenschaftliches Wettrüsten" entwickelt, weil die Verantwortlichen der Clubs die Verantwortung für den Marktwert eines Kaders und auch die langfristigen Erfolgsaussichten nicht alleine den methodischen „Eingebungen" eines (einzigen) Trainers und dem Zufall überlassen wollen. Es besteht ein großer Bedarf an langfristigen Konzepten, nach einer Abkehr von Kurzfristigkeit, nach einer Reduktion der Abhängigkeit von Einzelnen, kurzum: nach Exploration.

Der Footbonaut setzt passend dazu bei der Spielerentwicklung an und wirbt dabei mit drei zentralen Vorteilen:

1. der Messbarkeit des technisch-koordinativen Leistungsvermögens der Spieler,
2. der Verbesserung der technisch-koordinativen Fähigkeiten,
3. der Vereinfachung und Objektivierung des Scoutings.

Dies passt zu der Beobachtung, dass im Sinne der individuellen Unterstützung transformationaler Führung die Trainingstendenzen und -philosophien immer stärker vom klassischen Gruppentraining abkehren und sich dem individuell gestalteten Einzeltraining zuwenden.

Marktakzeptanz

Wir können als Betriebswirte fachlich nur unzureichend beurteilen, ob der Footbonaut tatsächlich leistet, was er verspricht. Die Reaktionen auf den Footbonaut können sich jedoch durchaus sehen lassen, was sich in den nachfolgende Statements von Spezialisten auf den Prototyp und die Nullserie des Footbonaut verdeutlicht.

So meint etwa der von uns bereits für sein intuitives Verständnis von transformationaler Führung hervorgehobene Direktor für Sport- und Nachwuchsförderung der TSG 1899 Hoffenheim, Berhard Peters: „Die Fortschritte sind messbar. Man bekommt klare Entwicklungsverläufe. Ich bin davon überzeugt, daß selbst Klassespieler wie Ballack oder Kuranyi sich dadurch verbessern können." Und Sie erinnern sich übrigens richtig: Bernhard Peters ist der ehemalige Trainer (und in dieser Funktion auch mehrmalige Weltmeister) der deutschen Hockey-Nationalmannschaft der Herren, den Jürgen Klinsmann anstelle von Matthias Sammer zum Sportdirektor des DFB machen wollte. In diesem Punkt ist er aber ganz einer Meinung mit Sammer, denn der äußerte: „Der Footbonaut ist für jedes Nachwuchsleistungszentrum Pflicht."

Auch Oliver Bierhoff spricht im Zusammenhang mit dem Footbonaut von einem „absoluten Hammer" und fügt hinzu: „Wir haben das ausprobiert und sind zu dem Ergebnis gekommen: Die Spieler verbessern sich ständig, was Reaktion und Technik anbetrifft."

Felix Magath schließlich äußerte im Mai 2009: „Zweifelsohne ist der Footbonaut eine bemerkenswerte Erfindung. Ich kann mich den positiven Kommentaren meiner Fachkollegen nur anschließen, dass hier Koordination und Reaktion einzigartig geschult und verbessert werden."

Das könnte in Summe doch für einen Proficlub eine durchaus sinnvolle Investition im F&E-Bereich sein, oder?

Vielleicht fühlen Sie sich nach den Ausführungen zum Footbonaut inspiriert, auch einmal für Ihr Unternehmen nach Möglichkeiten zu suchen, die Exploration voranzutreiben? Nicht nur General Motors und Quelle mussten schließlich nach jahrelang unzureichender Exploration Konkurs anmelden.

Parallelorganisation und integrierte Netzwerke

Neben den räumlichen Trennungen nennen unsere Schweizer Kollegen für die Privatwirtschaft noch einerseits die sogenannte Parallelorganisation und andererseits integrierte Netzwerke. Beide Konzepte sind jedoch im Fußball in dieser Form kaum zu finden, kommen in Unternehmen nur selten zum Tragen und sollen daher an dieser Stelle nur der Vollständigkeit halber angerissen werden.

Für eine Parallelorganisation sind Strukturen zu schaffen, welche die Mitarbeiter zwischen einer Primärstruktur und einer Parallelstruktur hin- und herwechseln lassen. Diese beiden, parallelen Strukturen folgen dabei unterschiedlichen Zielen. Als Beispiel für eine auf Effizienz ausgerichtete Primärstruktur wird üblicherweise Siemens genannt, dessen Grundstruktur kaum Freiräume für neue Wachstumsideen lässt. Deshalb wurde die Initiative „Siemens One" gestartet, welche die bereichs- und abteilungsübergreifende Kooperation fördern soll. Experten aus verschiedenen Geschäftsbereichen arbeiten im Rahmen dieser Initiative zusammen, um integrierte Branchenlösungen zu entwickeln und somit zu einem Impulsgeber von Innovation und Wachstum zu werden. Die Idee des Unternehmens lautet in diesem Fall also, dass die Mitarbeiter sich in den beiden Parallelstrukturen bewegen, um auf diese Weise das operative Geschäft keinen größeren Störungen auszusetzen, ohne dass gleichzeitig die Entwicklung innovativer Projekte unter dieser Effizienzmaßgabe leidet.

Die vierte Alternative für eine rein strukturale Lösung des Problems zeitgleicher „Exploration" und „Exploitation" besteht in sogenannten integrierten Netzwerken. In einem solchen Netzwerk wird eine Matrixstruktur zugrunde gelegt, deren beide Dimensionen jeweils der Flexibilität bzw. der Effizienz gewidmet sind. Unsere Kollegen lassen den heutigen US-Chef von Nestlé, Luis Cantarell, folgendermaßen zu Wort kommen: „Wir bringen in unserer Struktur kurz- und langfristige Ziele zum Ausgleich. Die Zonen haben die operative Verantwortung für das Erreichen der jährlichen Ertragsziele, die Produktgruppen dagegen einen Fokus auf langfristige Innovation, Wachstum und Wertschöpfung."

Doch so sinnvoll das alles klingt, so heftig steht die rein strukturelle Sicherstellung der Balance von Exploitation und Exploration in der Kritik. Es gibt starke empirische Anhaltspunkte dafür, dass zwar eine strukturale Beidhändigkeit wichtig ist, dies aber nur die notwendige Bedingung einer wahrhaft beidhändigen Organisation darstellt. Vielmehr müssen die Mitarbeiter auch über den Kontext der Arbeit, also nicht nur über die reine Struktur des Unternehmens, sondern auch durch die konkreten Bedingungen am Arbeitsplatz zur Beidhändigkeit befähigt werden.

Die strukturale Trennung ist nämlich ein zweischneidiges Schwert und zwar durchaus attraktiv, aber keineswegs ohne Gefahren. Der oben erwähnte Standardansatz, voneinander getrennte Organisationsstrukturen für verschiedene Aktivitäten einzurichten, kann schnell in die Isolation führen. Insbesondere im F&E-Bereich scheitern viele Arbeitsgruppen, de-

Das „Dreigestirn" des deutschen Fußballs, Sportdirektor Matthias Sammer, Teammanager Oliver Bierhoff und Bundestrainer Joachim Löw: Intelligente Kompetenzverteilung ist wichtig.

ren alleiniges Ziel in Exploration besteht, an einer fehlenden Verknüpfung mit dem Kerngeschäft.

Es hat schon seinen Grund, weshalb Matthias Sammer so vehement darauf pocht, dass er als Sportdirektor des DFB mehr Kontrolle über die Verzahnung zwischen Jugendbereich und A-Nationalmannschaft erlangt. Es besteht nämlich auch im Fußball die Gefahr, dass die Strukturen so stark voneinander getrennt sind, dass die langfristige Ausrichtung der Jugendarbeit nicht im Männerbereich ankommt. Die Jugendtrainer könnten sich dann noch so sehr abrackern: Ihre Arbeit würde auf halber Strecke verhungern.

Orientierungsrahmen für das Individuum

Kontextuelle Beidhändigkeit

In der Wirtschaft findet man ein solches Austrocknen des F&E-Bereiches regelmäßig. Viele Organisationen reagieren auf dieses Risiko für ausgelagerte Bereiche mittels möglichst gut durchdachter Konzepte strukturaler Trennung, zum Beispiel eine turnusmäßige Job Rotation der Ingenieure des F&E-Teams. Sie soll den Kontakt zum „produktiven Bereich" nicht abreißen lassen und lindert ein wenig die Probleme, löst sie jedoch nicht. Denn: Zum einen sind die Effekte solcher Maßnahmen eng begrenzt und zum anderen lassen sich insbesondere vertikale Trennungen zwischen verschiedenen Bereichen der Organisation auch durch Job Rotation nur unzureichend ausgleichen.

Der Ansatzpunkt für eine nachhaltig funktionale, über die strukturale Ebene hinaus gehende Sowohl-als-auch-Strategie wird kontextuelle Beidhändigkeit genannt. Diese soll über die Ausbildung einer Reihe von Prozessen und Systemen Individuen zu eigenen Urteilen darüber befähigen, wie sie der Vielzahl von Konflikten zwischen den Notwendigkeiten von Anpassung und Anpassungsfähigkeit begegnen könnten.

Es soll also nicht nur strukturell, sondern auch individuell die Autorisierung und Befähigung zur Lösung miteinander in Konflikt stehender Ziele erreicht werden. Strukturale und kontextuelle Beidhändigkeit unterscheiden sich damit zwar fundamental voneinander, sind aber problemlos kombinierbar und werden entsprechend als komplementäre Strategien betrachtet.

Heutzutage stehen nämlich nicht nur die Manager, sondern auch die Mitarbeiter oft vor verschiedenen Handlungsalternativen und müssen sich entscheiden. Sollen Sie sich einem bestehenden Kunden zuwenden, um die Zielvereinbarungen zu erreichen? Oder sollten Sie sich besser auf einen Neukunden mit leicht abweichenden Interessen konzentrieren? Oder, auf den Fußball bezogen: Soll Schweinsteiger in einer bestimmten Situation den Rückpass wählen? Oder sollte er besser das Spiel schnell machen und die 1:1-Situation suchen?

Eine rein strukturale Beidhändigkeit ist einfach nicht ausreichend, um viele der auftretenden Fragen und Probleme adäquat anzugehen. Die Taktik mag vor einem Spiel ausgiebig besprochen worden sein, die strategischen Weichenstellungen sind klar. Doch wer schon einmal Fußball gespielt hat, weiß sehr wohl, dass viele Spiele in Bruchteilen von Sekunden entschieden werden. Nichts anderes thematisierten wir ja bereits in unseren Ausführungen über die PSI-Theorie. Es sind in schöner Regelmäßigkeit Entscheidungen von Einzelnen, Entscheidungen der „Matchwinner", welche den Unterschied ausmachen.

Wenn Mitarbeiter in die Lage versetzt werden und imstande sind, sich zwischen verschiedenen Handlungsalternativen effektiv zu entscheiden, dann rückt ein Unternehmen sehr nah an das Ideal der Beidhändigkeit heran. Wenn die Spieler eines Teams irgendwann wissen, ob sie den vertikalen oder den horizontalen Pass spielen sollen – dann funktioniert das Team. Die Spieler müssen wissen, was sie bei der Balleroberung tun sollen. „Schnelles Umschalten" heißt das dann. Die Spieler müssen wissen, wann und wie sie die gegnerischen Spieler bei deren Ballbesitz unter Druck zu setzen haben. „Gegen den Ball spielen" sagt man dann. Das alles sind zwar automatisierte Prozesse, sie hängen aber ganz entscheidend von den beteiligten Individuen ab.

Und das ist nicht nur intuitiv einleuchtend, sondern lässt sich auch belegen. Aktuelle Forschungsergebnisse weisen nach, dass beidhändige Individuen, so ihnen diese Freiheit zugestanden wird, eine ganze Reihe von nützlichen und wichtigen Verhaltensweisen lernen und ausführen. Sie ergreifen die Initiative und sind sich etwaiger Chancen auch über ihren eigenen Verantwortungsbereich hinaus bewusst. Sie können besser mit den Kollegen zusammenarbeiten, bilden schneller firmeninterne und -externe Netzwerke und sind außerordentlich fähig zum Multitasking. Kurzum: Kontextuelle Beidhändigkeit hilft den Mitarbeitern, die acht Rollen eines Managers selbst besser auszuüben. Und das gilt nicht nur für Führungskräfte, sondern eben auch für Mitarbeiter ohne Führungsverantwortung.

Das Bild des mündigen Mitarbeiters entspricht dem Resultat kontextueller Beidhändigkeit.

Somit stellt sich weniger die Frage, ob kontextuelle neben der strukturalen Beidhändigkeit ein erstrebenswertes Ziel ist, sondern die Frage lautet:

Wie kann man kontextuelle Beidhändigkeit in Unternehmen zielgerichtet herstellen und fördern?

Der Kontext, der für die Leistung relevante Charakter des Umfelds, kann generell definiert werden als nicht beobachtbares Ensemble von Anreizen und aufgebautem Druck, welches die Mitarbeiter zu bestimmten Aktivitäten drängt. Dieser Kontext wird durch das Topmanagement gestaltet und umfasst all die unternehmenseigenen Systeme, Belohnungen und Kontrollmechanismen ebenso wie die Manager, die über ihr Verhalten als Rollenbeispiele dienen. Auf diesem Wege werden sie durch Verhalten und Einstellungen durch das Unternehmen transportiert.

Dabei umfasst kontextuelle Beidhändigkeit vier Elemente:

1. **Stretch**
   Form und Umfang der Vermittlung von Orientierung innerhalb der Organisation
2. **Support**
   Maß für den Zugang zu leistungsförderlichen Methoden, Prozessen und Informationen
3. **Space**
   Maßnahmen und Grad der Erweiterung des Handlungsspielraums
4. **Boundaries**
   Maßnahmen und Grad der Handlungsbeschränkung

Eine Organisation ist genau dann in der Lage, nachhaltig erfolgreiche Ergebnisse zu produzieren, wenn sie eine günstige Kombination dieser vier Elemente zu balancieren versteht. Der Fachbegriff „Controlled Freedom" fasst diese Form der Balance wunderbar zusammen. Erinnern Sie sich noch an die „kontrollierte Offensive"? Genau. Wir sind ebenfalls ernsthaft beeindruckt von Rehhagels erstaunlich visionärer Kraft, die sich in diesem Begriff bündelte.

Auf einer abstrakteren Ebene lassen sich die Elemente zudem auf zwei Dimensionen der kontextuellen Beidhändigkeit abtragen: Dem Performance Management, einer Kombination aus Stretch und Boundaries, und dem Social Support, einer Kombination aus Support und Space. Während es im Performance Management vor allem darum geht, die Mitarbeiter zu Leistung und hochwertigen Resultaten anzuspornen und dies messbar darzustellen, haben Maßnahmen des Social Support zum Ziel, den Mitarbeitern Sicherheit, Unterstützung und Freiraum zu schaffen, damit sie konsequent Höchstleistungen erbringen. Dabei ergeben sich laut einem der führenden Strategieexperten Europas, Julian Birkinshaw, an dessen Publikationen wir uns im Folgenden orientieren, für Unternehmen vier mögliche Kontexte – High Performance, Burn-out, Country Club und Low Performance, wie sie in der Grafik dargestellt sind.

In der rechten oberen Ecke finden Sie den Optimalfall: den High-Performance-Kontext. In diesem werden die Mitarbeiter durch den Kontext per-

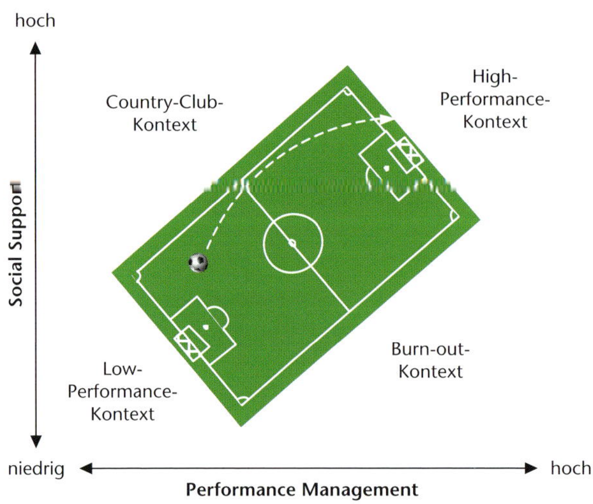

Die zwei Dimensionen kontextueller Beidhändigkeit: Das Ziel heißt „High Performance".

fekt „balanciert“ und liefern Bestleistungen aufgrund des überlegenen Performance Managements. Zur gleichen Zeit existieren jedoch der für den langfristigen und konsistenten Erfolg notwendige soziale Rückhalt sowie ein hohes Maß an Sicherheit für den Einzelnen. Im Fußball entspricht das einer Mannschaft, die zwar konzentriert ist und sich auf den Punkt fit zu machen imstande ist, die jedoch untereinander flachst und sich nach Fehlschlägen gegenseitig aufbaut.

Links unten finden Sie den Low-Performance-Kontext. Dort ist es genau andersherum und es gibt weder eine funktionale Leistungsethik noch die für effektive Arbeit notwendigen Unterstützungsangebote. Stellen Sie sich vor, dass in einer Mannschaft das Klima vielleicht durch übertriebenes Konkurrenzdenken vergiftet ist, zugleich aber nicht genügend zielgerichteter Zug aufgebaut wird. Das Ergebnis kann man sich denken.

Sebastian Deisler: Falscher sozialer Kontext und Burn-out.

Rechts unten finden Sie den Burn-out-Kontext, in dem zwar eine ergebnisgetriebene Unternehmensorientierung existiert, diese wird aber nicht durch sozialen Support gefedert. Für eine gewisse Zeit funktioniert das ganz ordentlich. Aber bald fühlen sich die Mitarbeiter in einem unpersönlichen Ellbogenklima nicht mehr wohl, dessen Autoritätshörigkeit eine hohe Abwesenheitsquote und Mitarbeiterfluktuation produziert und das die Beidhändigkeit dadurch erheblich erschwert. Die Feuerwehrmänner unter den Trainern arbeiten systematisch in diesem Bereich und haben zumeist große Probleme, den fehlenden Social Support in der Folgesaison nachträglich einzuführen. Das ist der Grund, weshalb diese Trainer meistens kurzfristig ganz gute Erfolge vorweisen, sich jedoch langfristig nicht halten können, weil ihnen dauerhafter Erfolg versagt bleibt.

In der linken oberen Ecke schließlich findet sich der Country-Club-Kontext. Hier ist der Social Support sehr stark und die Mitarbeiter genießen entsprechend das kollegiale Ambiente. Durch die gleichzeitig schwache

Leistungsorientierung fehlt aber der Zug und die Ergebnisse dümpeln vor sich hin. Ein sattes Team, das nicht genug Biss hat, mag sich zwar gegenseitig wunderbar unterstützen, aber es fehlt der letzte Kick.

Sie werden nun vielleicht anmerken, dass die Balance über strukturelle Beidhändigkeit zwar ein komplett neues Thema in diesem Buch ist, sich die kontextuelle Beidhändigkeit aber in weiten Teilen auf die beiden zurückliegenden Kapitel bezieht. Da haben Sie Recht, doch ...

Die Botschaft heißt:

Strukturale plus kontextuelle Beidhändigkeit

Es ist die Kombinierbarkeit, die Komplementarität von strukturellen und kontextuellen Komponenten, welche die entscheidende Botschaft dieses Kapitels ist. Viele CEOs und bis vor ein paar Jahren auch noch einige Forscher, unter ihnen Michael Tushman, hielten die strukturelle Beidhändigkeit für alternativlos und die kontextuellen Komponenten für sozialromantische Spinnereien, die in der knallharten Geschäftswelt des 21. Jahrhunderts nichts verloren haben. Doch diese Stimmen verstummen zunehmend und die empirischen Ergebnisse in mittlerweile vielen hundert Firmen sprechen eine andere Sprache.

Es ist ganz zweifellos und analog zum Thema der transaktionalen Führung aus Kapitel 1 so, dass die Sicherstellung von strukturaler Beidhändigkeit im Unternehmen zu einer besseren Balance und darüber zu überlegenen Ergebnissen führt. Parallel kann jedoch nicht ignoriert werden, welche additiven Effekte die kontextuelle Beidhändigkeit beisteuert. Diese Effekte sind wohl nicht ganz so massiv wie im Falle der transformationalen Führung, die ja, wie bereits dargestellt, die rationalen Strategien bei weitem in den Schatten stellt. Dennoch: Bereits kurz- und mittelfristig sind die Resultate mehr als beachtlich. Für den langfristigen Erfolg, zu dem die kontextuelle Beidhändigkeit insbesondere beitragen soll, liegen derzeit noch keine fundierten Erkenntnisse vor. Dazu ist die Fragestellung schlicht zu jung. Es ist jedoch anhand diverser Indizien davon auszugehen, dass kontextuelle Beidhändigkeit langfristig in besonderer Form erfolgsbedeutsam ist.

So. Und was soll ein Unternehmen nun eigentlich machen? Birkinshaw würde fünf Ratschläge erteilen, wie ein High-Performance-Kontext und damit ein beidhändiges Unternehmen erreicht werden kann:[1]

[1] J. M. Birkinshaw, C. Gibson (2004): Building Ambidexterity into the Organization. Sloan Management Review 45 (4), 47-55.

1. **Unternehmen sollten sich über ihren organisationalen Kontext bewusst werden.**

   Am Ende dieses Kapitels finden Sie einen kurzen Selbsttest, mit dem Sie erste diesbezügliche Anhaltspunkte sammeln können. Es ist nämlich logischerweise nicht möglich, sich über die organisationale Beidhändigkeit und deren Ausgestaltung Gedanken zu machen, ohne die aktuelle Situation hinreichend analysiert zu haben.

2. **Kommunizieren Sie Ihre Strategie klar und eindeutig.**

   Der sogenannte Erosionseffekt bezeichnet den Umstand, dass Mitarbeiter mit abnehmender Position in der organisationalen Hierarchie die Beidhändigkeit pessimistischer einschätzen. Die Stärke dieses Effekts beeinflusst direkt die Umsetzbarkeit Ihrer Maßnahmen. Je mehr Sie es schaffen, gerade auch die niedrigeren Ebenen Ihres Unternehmens von der Notwendigkeit und dem Sinn von Beidhändigkeit zu überzeugen und zugleich darzulegen, dass Sie es ernst meinen, desto eher werden Ihre Bemühungen zum gewünschten Erfolg führen.

3. **Konzentrieren Sie sich zu Beginn nur auf wenige Hebel, aber nutzen Sie diese ebenso konsequent wie konsistent.**

   Wenn Sie sich Gedanken machen, wie Sie Beidhändigkeit in Ihrem Unternehmen herstellen können, werden Sie sehr schnell feststellen, dass außerordentlich viele Wege nach Rom führen. Es gibt keinen einzelnen, spezifischen Ansatzpunkt, der situationsunabhängig immer zum Erfolg führt. Auch clevere Vergütungssysteme oder ein ausgefuchstes Risikomanagement nicht. Üblicherweise haben Firmen weniger Probleme damit, ein funktionales Performance Management zu etablieren, insofern sollten Sie für eine gelungene Beidhändigkeit vor allem auf Komponenten zur gezielten Förderung des Social Support achten.

4. **Initiieren und steuern Sie Führung über kontextuelle Beidhändigkeit.**

   Nicht umgekehrt. Es ist aus Führungssicht verführerisch zu glauben, man könne die kontextuelle Beidhändigkeit in den Mitarbeitern auch „on the fly", also während laufender Prozesse, auslösen. Doch das Gegenteil ist der Fall. Beidhändigkeit entsteht durch einen unterstützenden Kontext, in dessen Rahmen die Mitarbeiter die Wahl haben, wie und wo sie ihre Energien am besten einsetzen sollten. Insofern übernehmen die Mitarbeiter einen Teil der Führung und steuern somit bottom-up das Unternehmen eigeninitiativ mit.

5. **Kombinieren Sie kontextuelle und strukturelle Beidhändigkeit, nutzen Sie die Komplementäreffekte.**

   Wir hatten bereits oben diskutiert, dass die alleinige, strukturelle Beidhändigkeit zu Effekten der Isolation und des Austrocknens führt und insofern eines parallelen Steuerns über den Unternehmenskontext bedarf.

Vielleicht haben Sie sich bei der Lektüre der obigen fünf Punkte gefragt, weshalb wir in diesem Kapitel – abgesehen von den obigen Empfehlungen – auf einmal keine konkreten Tipps mehr liefern, sondern unsere Analysen und Empfehlungen etwas skizzenhafter als bislang darlegen. Nun, die Begründung ist einfach: Für Führungskräfte bzw. als Manager gibt es bestimmte, nachweislich funktionale Verhaltensstrategien, die sich positiv auf die Leistung des Unternehmens auswirken. Diese haben wir in den Kapiteln 1 und 2 dargestellt. Leider kann es bei der strukturellen Ausrichtung von Firmen solche Königswege nur auf einem abstrakteren Niveau geben, da die Unternehmensrealität reichlich kompliziert ist und Kochrezepte erst auf einer Abstraktionsebene wie der strukturellen oder kontextuellen Beidhändigkeit funktionieren.

Was genau ist kompliziert? Studien haben beispielsweise ziemlich eindeutig nachgewiesen, dass sich verschiedene explorative Strategien in unterschiedlichen Kontexten vollkommen anders auswirken und Innovativität nicht nur fördern, sondern sogar hemmen können.

Insofern geben wir Ihnen, lieber Leser, das Instrumentarium gerne an die Hand. Allerdings müssen Sie für Ihr Unternehmen, für Ihre Organisation, für Ihre ganz spezifische Situation die korrekten Schlüsse daraus ziehen. So leid es uns tut: Das können wir Ihnen leider nicht abnehmen. Wichtig ist: Sie kommen in Ihrem Unternehmen nicht umhin, sich explizit oder implizit ein paar Gedanken darüber zu machen, wie Sie die richtige Balance finden. Wir haben Ihnen dafür einige Ideen geliefert, können darüber hinaus aber nur begrenzt in allgemeingültiger Form helfen. Wir hoffen, Sie verzeihen uns die damit verbundene Unschärfe. Seriöserweise kann man an dieser Stelle einfach nicht konkreter werden, denn zu viele Dinge spielen in strukturelle Unternehmensentscheidungen hinein. So wird etwa die Beziehung von Exploration zu Innovativität von diversen Variablen beeinflusst („moderiert"). Es zeigt sich beispielsweise, dass Zentralisierung deutlich hemmend auf die Innovationsförderlichkeit von Exploration wirkt. Außerdem scheint das Unternehmensumfeld einen Einfluss auf die Wirkungen der beiden Strategien auszuüben und es gibt in der Literatur überdies ganze Listen von situationalen Bedingungen, wann und wie Exploration und Exploitation erfolgsbedeutsam sind. Deshalb wird Ihnen kein seriöser Berater an dieser Stelle allgemeinverbindliche Ratschläge geben können.

Diese Unschärfe könnte allerdings auch mit einem Punkt zusammenhängen, der bislang noch unzureichend beleuchtet wurde: die negativen Sekundäreffekte von Strategien und Maßnahmen zur Balance der einzelnen Komponenten organisationaler Beidhändigkeit. Sowohl empirisch als auch praktisch zeigen sich nämlich solche Effekte, sie finden aber theoretisch noch kaum Berücksichtigung. Bereits Anfang der 90er Jahre wurde auf die sich wechselseitig behindernden Wirkungen von Exploitation und Exploration hingewiesen und Dutzende Unternehmen berichten von ganz konkreten, negativen Effekten. So wird beispielsweise eine der Strategien zur Förderung strukturaler Beidhändigkeit in Form organisationaler Ausgründungen unter dem Begriff „Corporate Entrepreneurship" diskutiert. Die Ergebnisse dieser Strategie zeigen jedoch bezogen auf Erfolgskriterien neben positiven auch viele negative Befunde. Einige Beiträge legen sogar nahe, dass es kaum einen Zusammenhang zwischen Ausgliederungen und Erfolgskriterien gibt oder dass Exploitationstrategien sich mitunter auch negativ auf Exploitation auswirken können. Auch werden zwar immer wieder beispielhaft Maßnahmen genannt, um solche negativen Effekte dualer Strukturen auszugleichen. Eine detaillierte, systematische und differenzierende Diskussion des Umgangs mit negativen Effekten und ein Vergleich mit den zu erwartenden positiven Effekten der entsprechend gegensteuernden Balancemaßnahmen auf der Ebene der Struktur fehlt jedoch noch. Insbesondere steht eine konkrete Analyse aus, unter welchen Bedingungen welche negativen Sekundäreffekte auftreten und wie diese abgepuffert werden können. Das wollen wir ändern und deshalb wenden wir uns diesem Umstand im vierten und letzten Kapitel zu. Darin wird es nämlich um die Balance der Unternehmenskultur gehen und wir werden sehen, wie man Gegensätze zeitgleich balancieren und trotzdem die negativen Effekte der jeweiligen Strategie abpuffern kann.

Vielleicht haben Sie aber bereits jetzt ein paar Anregungen erhalten, die Sie umzusetzen gedenken. Worauf muss man dabei achten? Wenn Sie Ideen für ein besser balanciertes Unternehmen haben, wie sollten Sie bei der Umsetzung vorgehen? Wollen Sie demokratisch vorgehen und einen breiten Konsens suchen? Seien Sie vorsichtig, sonst ergeht es Ihnen wie dem HSV in den letzten beiden Jahren, denn der hatte häufiger Probleme.

Das Versagen im kompetenten Ausfüllen der Rolle des Brokers war beim HSV beispielhaft nachzuvollziehen im Rahmen der Suche nach neuen Kandidaten für den Aufsichtsrat. Auf die Frage nach einer professionellen Gestaltung der Innen- wie Außenkommunikation in Umbruchprozessen machten die strukturellen Unzulänglichkeiten durch mangelhafte Professionalität „eine positive

Vereinsgestaltung [ ] nicht gerade leicht. So etwas schränkt die Bewegungsfreiheit leider immer wieder ein. Wenn wir aber die Beweglichkeit verlieren, werden wir auch zunehmend die Wettbewerbsfähigkeit verlieren." (So der ehemalige Sportchef des HSV, Dietmar Beiersdorfer, im SPIEGEL.)

Wie oben dargestellt, empfiehlt auch Birkinshaw im Zuge des Strebens nach Beidhändigkeit den Unternehmen, sich erst einmal mit sich selbst auseinandersetzen. Für den Bereich des Fußballs widmete sich kürzlich ein Forschungsprojekt dieser Fragestellung. Wir führten dazu ein Interview mit dem Projektleiter, Daniel Neubauer.

Interview

Daniel Neubauer, HR Advisor Corporate & Investmentbank bei der Deutsche Bank AG, schreibt derzeitig seine Dissertation am Institut für Führung und Personalmanagement beim geschätzten Kollegen Martin Hilb von der Universität St. Gallen zum Thema „Die richtige Balance – der strategisch zusammengesetzte Vorstand und Aufsichtsrat von professionellen Fußballvereinen in Deutschland" und beschäftigt sich seit mehreren Jahren akademisch mit dem professionellen Fußball in Deutschland mit dem Schwerpunkt Corporate Governance und Organisationsstrukturen.

Hallo, Herr Neubauer. Es freut uns, dass Sie uns Ihre Fußballexpertise zur Verfügung stellen. Wieso schreiben Sie eine Dissertation zum Thema der Balance in Vorstand und Aufsichtsrat von professionellen Fußballvereinen in Deutschland?

Daniel Neubauer: Der professionelle Fußball weltweit und damit auch in Deutschland hat sich in den letzten Jahren zunehmend professionalisiert. Die Fußballvereine in Deutschland haben sich zu mittelständischen Unternehmen entwickelt, die meines Erachtens von Profis geführt und kontrolliert werden müssten. Das ist aber leider nicht bei allen Vereinen in Deutschland gegeben.

Wie drückt sich Ihrer Meinung nach diese Professionalisierung der Organisationsstrukturen der Fußballvereine in Deutschland aus?

Daniel Neubauer: Durch das Eckwertpapier des DFB von 1998 hatten die Vereine die Möglichkeit, sich als Kapital- oder Personengesellschaften zu formieren. Entsprechend wurden neue Geldquellen eröffnet. Beispielsweise verkaufte der FC Bayern 10 % der Anteile seiner Aktiengesellschaft für knapp 77 Millionen Euro an adidas. Daneben folgten steigende TV-Einnahmen, höhere Prämien in den europäischen Wettbewerben, und auch das Merchandising hat weltweit mehr Umsatz eingebracht. Die Vereine sind heute eigene Brands, die sich global vermarkten können und müssen, damit die besten Spieler beim hiesigen Verein ihre

Leistung anbieten. Schließlich hat die Bundesliga durch die WM nochmals einen Boom erlebt: Es strömten weltweit die meisten Zuschauer in die neuen Arenen der Liga.

Wo besteht Ihres Erachtens aber dann das Problem, Vereine langfristig erfolgreich führen zu können?

Daniel Neubauer: Das Problem liegt meines Erachtens darin, dass sich die Vorstands- und Aufsichtsratsebene der Fußballvereine nicht dem Trend angepasst hat. Viele Vereine werden weiterhin wie vor 20 Jahren geführt. Teilweise sind sogar noch ehrenamtliche Vorstände in den Vereinen tätig. Stellen Sie sich vor, dass ein mittelständisches Unternehmen entsprechend geführt würde: Es gäbe einen Aufschrei in Deutschland und Aktionäre würden Ihre Anteile umgehend verkaufen. Bei Fußballvereinen wird dies aber stillschweigend hingenommen, da der Fan auch emotional mit dem Verein verbunden ist. Doch Fußball besteht heute nicht nur noch aus Emotionen; es ist auch ein Geschäft, welches weltweit mehrere Milliarden bewegt. Und nicht zu vergessen: Fast 34.000 Menschen arbeiten für die Fußballbranche. Das müssen auch die Nostalgiker einsehen.

Das klingt fast so, als würden Sie den Fußball als reines Geschäft betrachten.

Daniel Neubauer: Das ist so nicht richtig. Der Fußball hat sich zu einem Geschäftsfeld entwickelt. Die Zahlen weltweit sprechen ja für sich. Aber eins steht auch fest: Der Fußball lebt von den Emotionen. Er lebt von den Fans in den Fankurven, von Toren, die niemals welche waren, von Abstiegen und Meisterfeiern und von Toren in der 90. Minute, welche die Tabelle auf den Kopf stellen. Er lebt von weinenden Fans, die mit ihrer Mannschaft trauern, wenn sie absteigt, von abtrünnigen Spielern und sogenannten Söldner-Spielern, die das Geld als Motivation sehen, und die deswegen in den Stadien ausgepfiffen werden, von Massenbegeisterungen bei Meisterschaften oder auch Events wie der Fanmeile zur Weltmeisterschaft: Es ist eine Verbindung aus Emotion und Geschäft. Das macht das Produkt so attraktiv. Aber es wäre fahrlässig, das Geschäft nicht richtig zu managen.

Welche Möglichkeit sehen Sie, diese Problematik zu beseitigen?

Daniel Neubauer: Die Vereine können entsprechend meines Forschungsprojektes dann langfristig erfolgreich sein, wenn sie sowohl den Vorstand als auch den Aufsichtsrat strategisch zusammensetzen. In der Dissertation habe ich die Fachkompetenzen, die soziodemografischen Daten und die Rollenwahrnehmung aller Vorstände und Aufsichtsräte, sofern diese überhaupt existieren, als jeweilige Teams analysiert. Das Ergebnis: Alle Vereine haben hier enormen Handlungsbedarf.

Was genau sind denn die bisherigen Schwachstellen der professionellen Fußballvereine in Deutschland in Bezug auf diese beiden Gremien?

Daniel Neubauer: Die Schwachstellen sind in allen drei Variablen zu sehen. Gerade bei der Fachkompetenz sind doch erhebliche Defizite erkennbar. Im Rahmen der Globalisierung, in der sich Vereine als Marken aufstellen, sollte kein Club darauf verzichten, einen Marketingexperten in den Vorstand zu berufen. Viele Vereine haben diese Rolle im mittleren Management angesiedelt – und damit auch die Verantwortung auf die nächste Ebene geschoben. Zudem wird oftmals der Ruf nach einem Fußballexperten laut, der im Vorstand sitzen soll. Es gibt keinerlei empirischen Beweis dafür, dass diese Vereine besser und erfolgreicher arbeiten. Viel eher sollten sich die Vereine über die Rolle des Trainers Gedanken machen. Es wird sich sicherlich die Frage stellen, ob der Trainer im Vorstand vertreten sein sollte, wie im Fall VfL Wolfsburg. In der Saison 2008/2009 war nur Felix Magath in einer solchen Rolle tätig. Diese Tätigkeit führt er nun auch auf Schalke weiter. Und Wolfsburg hält am Modell fest: Nachfolger Veh wird ebenso Trainer, Manager und Geschäftsführer wie sein Vorgänger. Außerdem umfasst die Studie auch die Geschlechterdiversität. In der Männerdomäne Fußball sind kaum Frauen vertreten. Interessanterweise arbeiten diese Damen aber bei erfolgreichen Mannschaften. Das ist auch eine Erkenntnis, die vielleicht zum Umdenken in den Vereinen führen wird.

Wie sieht es mit den Aufsichtsräten aus?

Daniel Neubauer: Teilweise existieren diese ja gar nicht. Und drei Vereine haben sogar bewusst auf ein solches Gremium verzichtet. Dabei hat dieser neben der Kontrollfunktion auch eine Gestaltungsrolle inne. Doch in vielen Vereinen sind hier ehemals verdiente Menschen vertreten, die dem Verein Gutes getan haben. Oder aber es finden sich lokale Geldgeber, welche den Aufsichtsrat als Öffentlichkeitsplattform nutzen, dem Verein aber im Endeffekt nicht weiterhelfen. Dies war besonders bei den Vereinen in Bielefeld und Cottbus ersichtlich. Mein Forschungsprojekt zeigt, dass auf der Aufsichtsratsebene insbesondere infrastrukturelle Fachkompetenzen benötigt werden. Diese sind insofern hier gut aufgehoben, da sie die strategischen Entscheidungen des Vorstandes begleiten und unterstützen können. Es handelt sich also hierbei um ein hervorragendes Zusammenspiel der Kompetenzen dieser beiden Gremien. Außerdem sollten auch hier unterschiedliche Rollenwahrnehmungen vorherrschen. Es werden sowohl die Traditionalisten als auch die Erneuerer benötigt. Denn nur durch diesen Konflikt entwickelt sich die Fußballorganisation weiter.

Die Bayern waren in den letzten Jahren immer Titelkandidat. Heißt das, dass andere Vereine die Zusammensetzung des Vorstandes und des Aufsichtsrates der Bayern kopieren sollten?

Daniel Neubauer: Nein überhaupt nicht. Auch die Bayern haben Handlungsbedarf. Das zeigt doch schon allein die letzte Saison mit Trainer

Jürgen Klinsmann. Der Ansatz war insgesamt wohl richtig gewählt: Klinsmann hätte eigentlich die gesamte sportliche Verantwortung übertragen werden sollen. Doch der Trainer wurde öffentlich und intern scheibchenweise entmachtet, sowohl Manager als auch Aufsichtsratsvorsitzender haben ihren Beitrag hier geleistet. Hier sei zum Beispiel der geplatzte Transfer des Wunschspielers Landon Donovan angeführt, der von Uli Hoeneß abgelehnt wurde. Dabei ist den handelnden Akteuren noch nicht mal Böswilligkeit vorzuwerfen: Sie haben so gehandelt, wie es beim FC Bayern seit Jahren Usus ist: In Transferfragen entscheidet der Manager und nicht der Trainer. Als Konsequenz ist es nachher die Mannschaft des Managers und nicht die des Trainers. Uli Hoeneß hatte in den letzten Jahren das richtige Gespür für gute Spieler, daher war der Verein auch erfolgreich. Ergänzend haben die Bayern gegenüber der Konkurrenz einen gewaltigen Vorteil: Sie verfügen auf der Vorstandsebene über den höchsten Kompetenzindex aller Vereine. Dieser drückt die vertretenden Kompetenzen auf Vorstandsebene aus, die dann durch die Anzahl der Teammitglieder dividiert wird. Und die Studie zeigt auf: Jede weitere Kompetenz erhöht die Möglichkeit, dass der Verein am Ende einer Saison erfolgreicher abschneidet. Als Konsequenz bedeutet dies für die Vereine, dass sie Kompetenzmängel identifizieren müssen und diese durch die Berufung neuer Mitglieder ausgleichen müssen.

Gibt es denn einen Verein, der nach Ihrem Modell die notwendigen Kriterien erfüllt?

Daniel Neubauer: Nein. Ein solcher Verein, der entsprechend meiner Ergebnisse zusammengesetzt ist, existiert nicht. Einige Vereine haben jedoch hervorragende Ansätze und der Erfolg unter anderem von Wolfsburg im letzten Jahr war und ist für mich zwar eine Sensation, er kam aber auch nicht völlig überraschend. Es war anzunehmen, dass der Verein langfristig aufgrund der Zusammensetzung der beiden Gremien erfolgreich sein kann. Sowohl Vorstand als auch Aufsichtsrat verfügen über notwendige Kompetenzen und Rollen. Die Absteiger hingegen haben erhebliche Defizite in der Zusammensetzung beider Gremien aufgezeigt, auch da war es keine allzu große Überraschung, dass diese beiden Teams in Liga 2 abstiegen. Sicher wird es einige geben, die den Erfolg auf das Geld schieben. Doch das wäre falsch. Dann wären die Schalker und die Bremer in der Tabelle sicherlich vor der Hertha aus Berlin gelandet.

Wenn die Vereine nun Ihr Modell annehmen: Werden dann diese Vereine langfristig um die Meisterschaft kämpfen?

Daniel Neubauer: Auch das nicht. Ich bin selbst gespannt, ob die Vereine dem Modell, welches im Jahr 2010 veröffentlicht wird, folgen werden oder ob weiterhin schillernde Persönlichkeiten den Sport nutzen werden, um sich zu profilieren. Spätestens wenn der sportliche Erfolg ausbleibt, werden wieder Fans Blockaden errichten und „Vorstand raus!“

brüllen. Und diese Leistungsabnehmer werden nicht ganz unrecht haben.

Dennoch erwarte ich das Folgende: Die Vereine, die dem Modell folgen, werden einen Wettbewerbsvorteil gegenüber anderen Clubs haben. Aber auch wenn alle Vereine dem Modell folgen, werden weiterhin zwei Mannschaften direkt absteigen. So ist der Fußball konstruiert, was auch gut so ist. Die Vereine müssen sich dann aber nicht vorwerfen lassen, nicht entsprechend auf der Organisationsseite gehandelt zu haben.

Acht bewährte Schritte

Wie man Veränderungen umsetzt

Angenommen, Sie planen nun für Ihr Unternehmen bereits ein paar konkrete Schritte, um die Struktur ein bisschen fitter für den Markt und die Zukunft zu machen. Worauf sollten Sie achten? Damit die Umsetzung von Veränderungsmaßnahmen nicht in einem Desaster endet, hat ein gewisser John Kotter Anfang der 90er Jahre ein vielbeachtetes Modell entwickelt, dessen Nutzen in der Zwischenzeit immer und immer wieder anhand diverser Beispiele bestaunt werden konnte.

Doch bevor wir uns in Details stürzen, gestatten Sie uns bitte zunächst noch eine weitere, kurze Plattitüde: Wandel und Veränderung in Unternehmen sind heute nicht mehr die Ausnahme, sondern die Regel. Neue Initiativen und Märkte, team- und projektbasiertes Arbeiten, neue technologische Möglichkeiten, zunehmende Konkurrenz und die fortschreitende Globalisierung zwingen Unternehmen dazu, sich ständig zu verändern.

Es kann sich um eine kleine Prozessveränderung handeln oder um einen unternehmensweiten Einschnitt: Viele Mitarbeiter werden „das Neue“ fürchten, den Wandel als Bedrohung wahrnehmen und entsprechenden Widerstand entwickeln. Das kann jedwedes Vorhaben, ob groß oder klein, lähmen und schließlich sogar stoppen. Es ist kein Zufall, dass sich alle Standardwerke zu Themen wie Organisationsentwicklung und Business Reengineering in mindestens einem Kapitel dem Versanden der Prozesse widmen: Es passiert einfach alle Nase lang. Mit der Zeit hat sich aber ein Vorgehen aus acht aufeinander folgenden Schritten durchgesetzt, welches diese Gefahr erheblich verringert. Wir werden uns diesem Leitfaden nun widmen und anhand des Beispiels vom Scheitern Jürgen Klinsmanns bei Bayern München begleiten, denn ebenso wie dessen Triumphzug bei der WM 2006 durch die transformationale Führung ermöglicht wurde, kann die Fallstudie bei den Bayern uns ein paar Dinge über Veränderungsmanagement näherbringen.

Die acht Schritte für das Umsetzen von Veränderungsprozessen lassen sich dabei auf vier globale Phasen aufteilen:

- Vorbereitungen treffen,
- Entscheidungen fällen,
- diese aktiv umsetzen und
- Nachhaltigkeit sichern.

1. Wecken Sie ein Gefühl von Dringlichkeit!

Sorgen Sie dafür, dass alle Beteiligten von der Notwendigkeit der Veränderung überzeugt sind und die Wichtigkeit sofortigen Handelns klar erkennen. Um eine Veränderung umzusetzen, benötigen Sie die Hilfe aller. Oder zumindest von 75 %, meint Kotter. Mit anderen Worten: Legen Sie großen Wert darauf, dass Sie hinreichend Zeit und Energie darauf verwenden, die Dringlichkeit der Situation auf breiter Front klarzumachen. Wenn Sie anfangen, obwohl eigentlich noch erhebliche Überzeugungsarbeit zu leisten wäre, werden Sie sich auf ein äußerst holpriges Unterfangen vorbereiten müssen. Dabei geht es weniger um das Herumreichen von Bilanzkennziffern oder ein paar Präsentationen von Phantasien bezüglich der Steigerung des Wachstums im nächsten Quartal. Suchen Sie stattdessen den offenen und ehrlichen Dialog über die aktuelle Lage und verdeutlichen Sie ganz klar, weshalb Sie derartig dringenden Handlungsbedarf sehen. Sie können dabei rhetorisch ruhig aus dem Vollen schöpfen und sollten sich nicht scheuen, auch negative Konsequenzen in der Zukunft klar zu benennen. Identifizieren Sie dafür potenzielle Gefahren und entwickeln Sie mögliche Szenarien für die nähere Zukunft.

Wichtig ist, dass Ihre Prognose als realistisch wahrgenommen wird und idealerweise die Mitarbeiter dazu veranlasst, von sich aus über die als notwendig erachteten Veränderungen zu diskutieren. So kann ein sich selbst verstärkender Zyklus von wahrgenommenem Veränderungsbedarf entstehen. Untersuchen Sie die zur Verfügung stehenden Alternativen und ermuntern Sie auch Ihre Mitarbeiter, Ihnen Ideen zu unterbreiten. Binden Sie auch Kunden, Zulieferer und weitere Interessenten in die Diskussionen ein, um die Notwendigkeit und den Willen zu einer Veränderung nach außen zu demonstrieren.

Sobald der Funke von Ihnen zu den Mitarbeitern übergesprungen ist, werden sich die Dinge in Bewegung setzen; aber dummerweise auch nur dann.

Fragen Sie sich, ob Sie das Problem klar kommuniziert haben oder lediglich im stillen Kämmerlein vor sich hin werkeln. Schauen Sie sich an, wer sich weshalb aktiv gegen die Veränderung stemmt, und analysieren Sie die Argumente, welche gegen Ihre Ideen sprechen. Prüfen Sie für sich selbst, ob Sie tatsächlich drei Viertel der Beteiligten von der Dringlichkeit überzeugt haben.

Ein wunderbares Beispiel für einen misslungenen Start erwischte Jürgen Klinsmann bei Bayern München. Oder hatten Sie den Eindruck, dass beispielsweise Franz Beckenbauer von Beginn an davon überzeugt war, dass nur durch einen tiefgreifenden Veränderungsprozess nachhaltiger Erfolg sichergestellt werden kann? Glauben Sie, dass Uli Hoeneß den Wechsel zu Jürgen Klinsmann tatsächlich forcierte, weil er sich davon einen dringlichen, schmerzhaften Prozess des Wandels erhoffte?

Ehrlich gesagt hatten wir diesen Eindruck nicht. Vielmehr wirkte es auf uns so, dass die Verantwortlichen bei den Bayern auch mal „ein bisschen frischen Wind in den Laden" bringen wollten. Wäre es so weitergegangen wie bisher, hätte sich nach unserem Eindruck in den Augen des mächtigen Triumvirats der Bayern auch nicht viel geändert. Das Anliegen war eben NICHT dringlich und echte Überzeugung von der Dringlichkeit sieht einfach vollkommen anders aus.

Beispielsweise als Klinsmann 2004 das Amt des Bundestrainers antrat. Erinnern Sie sich, wie Klinsmann seinerzeit ankündigte, beim DFB keinen Stein auf dem anderen lassen zu wollen? Er konnte damit unwidersprochen beginnen, da die Dringlichkeit der Sache weithin sichtbar war.

2. Suchen Sie sich machtvolle Verbündete.

Nur in einer mächtigen Koalition können Sie erfolgreich einen Prozess des Wandels einleiten und durchführen. Sie müssen die maßgeblichen Entscheidungsträger auf Ihre Seite ziehen. Wenn alle Welt die Dringlichkeit Ihrer Maßnahmen sieht, aber die Schattenmänner keine Lust an echter Veränderung haben, sehen Sie sehr schnell sehr alt aus. Stellen Sie sicher, dass Sie bei Bedarf nach außen sichtbare Unterstützung der Unternehmensleitung für Ihr Anliegen einfordern können und dann auch erhalten. Es sind auch nicht unbedingt nur die obersten Positionen, die für Sie wichtig sind. Auch auf niedrigeren Ebenen finden sich häufig Mitarbeiter, die viele Kollegen nachhaltig beeinflussen können. Anerkannte Vorarbeiter, Betriebsräte und Gewerkschaftsleute, die Unternehmensurgesteine oder meinetwegen auch der Paradiesvogel: Schauen Sie sich genau an, wessen Wort in der Waagschale den Ausschlag gibt, und bilden Sie eine Koalition, auf die Sie sich verlassen können. Und übrigens: Sie sollten währenddessen auch weiterhin nicht vergessen, die Dringlichkeit Ihrer Maßnahmen zu kommunizieren.

Machen Sie sich die folgenden Gedanken: Identifizieren Sie die wirklich machtvollen Personen im Unternehmen. Bitten Sie diese erstens um ihre inhaltliche Unterstützung und holen Sie diese zweitens auch emotional mit ins Boot. Konzentrieren Sie sich nicht nur auf die oberen Führungsebenen, sondern bemühen Sie sich um ein hierarchieübergreifendes Team, welches den Veränderungsprozess unterstützt.

Die Zutaten zu einem funktionierenden Team sind ein langer Atem, Glaubwürdigkeit, Kommunikations- und Durchsetzungsvermögen sowie Renommee und persönliche Integrität. Wenn Sie ein Führungsteam für Ihr Vorhaben beisammen haben, von dessen Fähigkeit zu guter Zusammenarbeit Sie überzeugt sind, sind Ihre Vorbereitungen abgeschlossen und Sie können sich an die Umsetzung machen.

Jürgen Klinsmann hat als Bundestrainer mit Theo Zwanziger, Gerhard Mayer-Vorfelder, Jogi Löw, Oliver Bierhoff sowie auch der Unterstützung einzelner Schlüsselspieler in der Mannschaft ein sehr funktionales Führungsteam für die WM 2006 um sich versammelt. Bei Bayern München hingegen hat dies überhaupt nicht geklappt. Das Triumvirat aus Rummenigge, Hoeneß und Beckenbauer gab ein sehr widersprüchliches Bild ab und sein Rückhalt in der Mannschaft wurde nicht ausreichend gefördert.

Co-Trainer Martin Vasquez sollte unter anderem als Brücke zu den Latinos im Team etabliert werden, doch dies funktionierte nicht im gewünschten Ausmaß. Außerdem erfuhr Vasquez im Verein wie in der Außendarstellung

Co-Trainer Martin Vasquez mangelte es ebenso an Anerkennung und Rückendeckung durch die Vereinsführung wie Jürgen Klinsmann.

nie große Anerkennung, was den Druck auf Klinsmann weiter erhöhte und ihn zusätzlich isolierte. All dies war natürlich dem hier angesprochenen Punkt des Bildens mächtiger Koalitionen höchst abträglich. Und wenn dann noch Franz Beckenbauer medial vielbeachtet den Eindruck erweckt, dass der Rückhalt für Klinsmann eben nicht vorbehaltlos ist, dann kann auch der zweite Punkt erfolgreichen Veränderungsmanagements im Fall Klinsmann-Bayern als gescheitert gelten.

Klinsmann war insbesondere bei der Einbindung von Franz Beckenbauer nicht konsequent genug. Erinnern Sie sich an die Zeit kurz vor der Weltmeisterschaft? Dort hieß es in einem von dutzenden Negativbeiträgen in der BILD vom 7.3.2006 unter dem Titel „Klinsmanns Unverschämtheit":

„Franz Beckenbauer traut sich als einziger, genau das auszusprechen, was Millionen deutsche Fußball-Fans in diesen Tagen schwarz ärgert. [ ] In der Bundestrainer-Frage hat der Kaiser damit öffentlich und unmissverständlich den Daumen gesenkt."

Klinsmann hätte eine Person wie Franz Beckenbauer viel direkter ins Boot holen müssen, denn die Kolumnen in der BILD untergruben kontinuierlich und schadvoll seine Autorität. Bereits am dritten Spieltag der Saison 2008/2009 schoss Beckenbauer via BILD äußerst öffentlichkeitswirksam quer:

„Nach drei Spielen mit zwei Niederlagen muss ich sagen: Bayern ist nicht mehr der Titelfavorit. Es gibt überhaupt keinen Favoriten mehr. Alle fünf oder sechs führenden Teams können die Schale holen."

Das ist Gift für ein ernsthaftes Veränderungsmanagement und Klinsmann hätte diese Schieflage aktiver korrigieren müssen. Und schließlich vergaß Klinsmann den Groll der Fans. Er hatte erstens während seiner Zeit als Spieler bei den Bayern ein bisschen für Streit hinter den Kulissen gesorgt und zweitens als Nationaltrainer die bayerischen Ikonen Oliver Kahn und Sepp Maier entmachtet. Es hätte eines stärkeren Engagements bei den Fans bedurft, um die dadurch entstandenen Risse zu kitten. Kleines Beispiel: Gerade im Zuge des Konflikts zwischen der Ultra-Fangruppierung der Schickeria München mit der Geschäftsführung hätte sich Klinsmann mit seinen kommunikativen Fähigkeiten beidseitigen Respekt als Mediator erwerben können. Doch das tat er nicht.

3. Entwickeln Sie eine Vision sowie eine Strategie der Veränderung.

Dieser Punkt ist zweifelsohne ebenfalls von immenser Wichtigkeit und stellt den ersten Teil des aktiven Umsetzens dar. Allerdings haben wir alles dazu Notwendige bereits ausführlich in Kapitel 1 im Zusammenhang mit der transformationalen Führung diskutiert und wollen Sie nicht mit Wiederholungen langweilen.

4. Kommunizieren Sie die Vision und werben Sie um Verständnis und Akzeptanz.

Auch hierzu haben wir uns schon in Kapitel 1 geäußert. Wichtig und neu ist im Zusammenhang mit Veränderungsmanagement, dass Sie die Nachricht oft und breit streuen. Fürchten Sie nicht, sich zu wiederholen, denn die Wiederholung ist ein ganz zentraler Bestandteil der Verbreitung der Vision. Auch sollten Sie keine Hemmungen haben, Ihren Standardvortrag zur Perfektion zu bringen und tatsächlich bei jeder sich bietenden Gelegenheit anzubringen. Verknüpfen Sie Ihre Vision mit einer guten Story. Ob Sie es mögen oder nicht: Eine Botschaft setzt sich besser fest, wenn Sie auf unterhaltsame Weise präsentiert wird.

Außerdem: Eine Vision, die Sie nur auf speziellen Meetings thematisieren, wird ineffektiv verhallen. Sie müssen stattdessen dafür sorgen, dass Sie breit Gehör finden und die Vision dauerhaft in den Köpfen der Mitarbeiter bleibt. Wenn andere Themen aufkommen, betonen Sie, dass dadurch nicht die Gültigkeit der Vision infrage gestellt wird. Kurzum: Stellen Sie sicher, dass Sie eine Vision finden, hinter der Sie persönlich voller Überzeugung stehen. Übermitteln Sie diese Vision nun mit dieser Überzeugung.

Bei der WM 2006 entfesselte Klinsmann immer und immer wieder das Bild der mit euphorischem Offensivfußball gewonnenen WM im eigenen Land.

Verständnis und Akzeptanz sieht anders aus: Die Südkurve der Bayern äußerte regelmäßig ihren Unmut. Fanblocks sind ein System mit nicht zu unterschätzender Eigendynamik!

Er berief sich dabei auf unsere stolze Fußballtradition und packte uns bei der Ehre.

Bei den Bayern hingegen mag die Idee, jeden Spieler jeden Tag besser machen zu wollen, ein sinnvoller Ansatz gewesen sein. Allerdings entwickelte diese Vision keine ausreichende Dynamik und schaffte es ebenfalls nicht, selbst hartnäckigste Bayernfans auf breiter Front für sich einzunehmen.

5. Schaffen Sie Freiräume und beseitigen Sie Hindernisse.

Wenn Sie den bisherigen vier Punkten gefolgt sind, haben Sie Ihre Vision kommuniziert und erfahren Unterstützung über alle hierarchischen Ebenen hinweg. Die Mitarbeiter kümmern sich bereits darum, Ihre Vorgaben umzusetzen und positive Ergebnisse zu bewirken. Doch gibt es Strukturen und Prozesse, die den Fortschritt verhindern? Stehen dem Anliegen Mitarbeiter entgegen?

Identifizieren Sie Mitarbeiter, die den Veränderungsprozess durch das Unternehmen tragen, und belohnen Sie diese. Betrachten Sie die Unternehmensstruktur, die Arbeitsinhalte sowie die Gehalts-, Belohnungs- und Bonussysteme genau und passen Sie diese Ihrer Vision an. Schauen Sie auch, wer der Umsetzung entgegensteht, und helfen Sie den dadurch Betroffenen bei der Problemlösung. Falls nichts hilft, sollten Sie etwaige Barrieren (Personen, Prozesse oder Strukturen) schnell entfernen. Klinsmann hat in diesem Punkt bei der Vorbereitung auf die WM 2006 genau richtig gehandelt, als er Sepp Maier, der dem Prozess aktiv entgegenstand, als Torwarttrainer der Nationalmannschaft durch Andreas Köpke ersetzte.

6. Ermöglichen Sie kurzfristige Erfolge.

Stellen Sie sicher, dass sich so schnell wie möglich weithin sichtbare und eindeutige Erfolge einstellen. Sie sollten sich bewusst sein, dass bei Veränderungsprozessen schnell eine große Ungeduld entsteht. Nichts hilft und motiviert dann so sehr wie Erfolg. Orientieren Sie sich also nicht nur an langfristigen Zielen, sondern setzen Sie sich auch kurzfristige, leicht erreichbare Meilensteine. Idealerweise sollten diese ersten Meilensteine eine möglichst breite Anzahl von Beteiligten direkt betreffen und erreichen. Außerdem ist eine gut sichtbare Kommunikation und Außendarstellung der Anfangserfolge wichtig, um die Leute vom Sinn der Veränderungen zu überzeugen.

Falls in der ersten Zeit keine positiven Punkte anfallen, vermehren sich Kritiker und Zweifler sehr schnell. Sie werden Probleme bekommen, in Ruhe weiter Ihre Vision umzusetzen. Suchen Sie sich also für den Anfang kleine Dinge, die mit hoher Wahrscheinlichkeit auch ohne

Die Entlassung Klinsmanns: Sicher keine leichte Entscheidung für Uli Hoeneß.

die direkte Unterstützung der prominentesten Zweifler erreicht werden können.

Bei Jürgen Klinsmann und den Bayern verlief der Start schlecht, was sich enorm destabilisierend auf den Rest der Saison auswirkte. Klinsmanns Idee, eine hohe personelle Rotation der Spieler in Kombination mit einer großen taktischen Flexibilität einzuführen, geriet direkt am Anfang unter Druck, als die Ergebnisse ausblieben. Sofort wurde gemäkelt, die Zweifler krochen im Dutzend aus ihren Löchern und das weitere Arbeiten wurde enorm erschwert. Dadurch setzte sich ein negativer Kreislauf in Gang, der in dieser Form kaum mehr zu stoppen war. Wir vermuten, dass Uli Hoeneß diese Entwicklung bereits September oder Oktober vorhersah und sich nur aufgrund der heiklen Folgen eines so frühen Rauswurfs von Jürgen Klinsmann noch nicht zum Ziehen der Reißlinie entschloss.

7. Verkünden Sie den Erfolg nicht zu früh.

Seien Sie hartnäckig und beweisen Sie Steherqualitäten, denn ein Veränderungsprozess ist selten schon dann vorüber, wenn man dies zum ersten Mal annimmt – genau wie der Text für ein Buch noch lange nicht vollendet ist, wenn man dies als Autor glaubt.

Kotter jedenfalls sieht das Scheitern vieler Veränderungsprozesse in der voreiligen Verkündung des Erfolgs begründet. Wahre Veränderungen gehen nämlich erheblich tiefer als es bisweilen erscheint. Das Abfeiern der kleinen Meilensteine verleitet zudem schnell zu der Annahme, dass man eigentlich alles im Griff hat.

Drängen Sie also nach Erfolgen darauf, dass auch noch die fehlenden Zielvorstellungen verwirklicht werden. Lassen Sie sich nicht davon einlullen, dass bislang alles wunderbar geklappt hat. Bevor ein Wandel nicht vollends realisiert ist, müssen Sie sich weiter für Ihre Ziele einsetzen. Nutzen Sie daher kleine Erfolge, um den nächsten Schritt noch deutlicher herauszuarbeiten. Kurzum: Nutzen Sie den entstandenen Schwung, aber achten Sie tunlichst darauf, dass das Gefühl der Dringlichkeit nicht verloren geht.

Einzig die dicke Jacke Jürgen Klinsmanns lässt darauf schließen, dass es sich hierbei nicht um den Jubel nach einer gewonnen Meisterschaft handelt.

Die Japaner hatten nicht ohne Grund so überwältigenden wirtschaftlichen Erfolg: Sie sind Meister solcher kontinuierlichen Verbesserungsprozesse und haben sogar einen eigenen Begriff dafür: Kaizen. Klinsmann ist bei den Bayern zu diesem Punkt leider schon nicht mehr vorgestoßen. Zu groß waren die Widerstände, die sich aus den obigen Punkten ergaben und er musste sein Vorhaben ebenso unfreiwillig wie unvollendet verlassen.

8. Verankern Sie die Veränderungen in der Unternehmenskultur.

Sichern Sie die neuen Prozesse, Strukturen und Verfahren und etablieren Sie sie direkt in der Kultur des Unternehmens. Stellen Sie sicher, dass Mitarbeiter, welche sich im Sinne der Veränderungen verhalten, systematisch auf eine ebenso transparente wie konsistente Weise belohnt werden, und verankern Sie die entsprechenden Regeln verbindlich.

Identifizieren Sie Mitarbeiter, welche sich im Zuge des Veränderungsprozesses besonders verdient gemacht haben, und bitten Sie diese darum, sich dauerhaft für die Veränderungen einzusetzen. Halten Sie das Verfahren zur Veränderung fest und dokumentieren Sie die Vorgänge und Ergebnisse nach außen sichtbar. Stellen Sie dabei sicher, dass Ihre Vision in die Werte des Unternehmens fest integriert wird und sich in der täglichen Arbeit widerspiegelt.

Achten Sie überdies darauf, dass auch die Unternehmensleitung fortfährt, die Veränderungen zu unterstützen. Das bezieht sich auch auf neue, von außen kommende Führungskräfte und ist insbesondere in Branchen mit einer hohen Fluktuationsrate von großer Bedeutung. Auch deshalb ist die oben erwähnte Dokumentation wichtig. Zudem sollte bei der Personalauswahl und bei der Personalentwicklung auf die Veränderungen geachtet werden.

Zusammenfassend lässt sich festhalten, dass es ein langer, harter Weg ist, Veränderungen in Unternehmen zu realisieren. Wir haben gesehen, dass sich das im Fußball genauso verhält. Wer jedoch planvoll und systematisch an ein solches Projekt herangeht, wird erheblich weniger Probleme antreffen. Kotters obige Punkte sollten diesbezüglich eine gute Hilfestellung geben und haben sich in der Praxis mehr als bewährt.

Erzeugen Sie einen Sinn für Dringlichkeit, bilden Sie machtvolle Koalitionen, entwickeln Sie eine Vision, die Sie effektiv kommunizieren, entfernen Sie Hindernisse auf Ihrem Weg, sorgen Sie für schnelle Erfolge und nutzen Sie den vorhandenen Schwung. Wenn Sie dies alles befolgen, werden Sie das Erreichte schließlich in Ihre Unternehmenskultur einbauen können. Nur dann haben Sie tatsächlich etwas erreicht und können einen echten Erfolg feiern.

Doch was ist das eigentlich? Worin besteht die Unternehmenskultur? Und: Muss man sich dabei auch mit dem Balancieren von Gegensätzen auseinandersetzen? Die Antwort auf die dritte Frage lautet unzweifelhaft „Ja!“. Alles Weitere lesen Sie im folgenden, letzten Kapitel dieses Buches: Kultur. Viel Spaß auch weiterhin!

Selbsttest 4

Organisationale Beidhändigkeit

Im Folgenden bitten wir Sie wieder um eine kurze Einschätzung; für jede Antwort auf die Ausprägungen A1 bis A12 erhalten Sie minimal einen, maximal fünf Punkte. Dieses Mal beziehen sich die Fragen jedoch nicht auf Sie, sondern auf die Manager Ihres Unternehmens. Wenn Sie die Fragen beantworten, erhalten Sie wie gewohnt gemäß der unten erklärten Auswertung Richtwerte für eine grobe Einschätzung. Außerdem finden Sie auch hier zum Vergleich wieder die Mittelwerte von 10 Bundesligatrainern sowie einer Stichprobe von Topmanagern aus der Wirtschaft. Und wieder genügen dabei weder das Verfahren noch die Fragebögen gehobenen wissenschaftlichen Anforderungen, für ein paar interessante Erkenntnisse eignet sich das Vorgehen aus unserer Sicht jedoch durchaus.

Und nicht vergessen: Je ehrlicher Sie antworten, desto aufschlussreicher sind die Ergebnisse!

	Die Manager in meiner Organisation…	nein	eher nein	neutral	eher ja	ja
A1	… unternehmen erhebliche Anstrengungen hinsichtlich des Trainings der Mitarbeiter.	**1**	**2**	**3**	**4**	**5**
A2	… verlagern Entscheidungen auch auf die geeigneten, niedrigen Unternehmensebenen.	**1**	**2**	**3**	**4**	**5**
A3	… haben Zugang zu den Informationen, die sie benötigen, um gute Entscheidungen zu treffen.	**1**	**2**	**3**	**4**	**5**
A4	… reproduzieren schnell Best Practices über die organisatorischen Grenzen hinaus.	**1**	**2**	**3**	**4**	**5**
A5	… sehen Scheitern als eine gute Gelegenheit zu lernen, nicht als etwas, für das man sich schämen müsste.	**1**	**2**	**3**	**4**	**5**
A6	… sind bereit Risiken einzugehen.	**1**	**2**	**3**	**4**	**5**
A7	… setzen anspruchsvolle/aggressive Ziele.	**1**	**2**	**3**	**4**	**5**
A8	… geben den Untergebenen kreative Herausforderungen anstelle konkret vorgegebener Aufgaben.	**1**	**2**	**3**	**4**	**5**
A9	… setzen die Mitarbeiter einem starken Leistungsdruck aus.	**1**	**2**	**3**	**4**	**5**
A10	… benutzen Zielvorgaben und Leistungsindizes, um das Unternehmen am Laufen zu halten.	**1**	**2**	**3**	**4**	**5**

	Die Manager in meiner Organisation…	nein	eher nein	neutral	eher ja	ja
A11	… machen Mitarbeiter für Leistungen verantwortlich.	1	2	3	4	5
A12	… fördern und belohnen harte Arbeit durch Anreize und Entschädigungen.	1	2	3	4	5

Auswertung des Selbsttests zur organisationalen Beidhändigkeit

Die für Ihr Unternehmen gültigen Ausprägungen auf den Dimensionen einer beidhändigen Organisation (Exploration und Exploitation) können-Sie nach den hier angegeben Formeln ganz einfach berechnen:

Exploration:	(A1+A2+A3+A4+A5+A6)/6 =
Exploitation:	(A7+A8+A9+A10+A11+A12)/6 =

- **Exploration**

  Die Fähigkeit, schlagfertig, innovativ und proaktiv zu sein.
- **Exploitation**

  Umsetzung von Wettbewerbsvorteilen, Einführung erfolgreicher Geschäftsmodelle und Kostenreduktion existierender Strukturen.

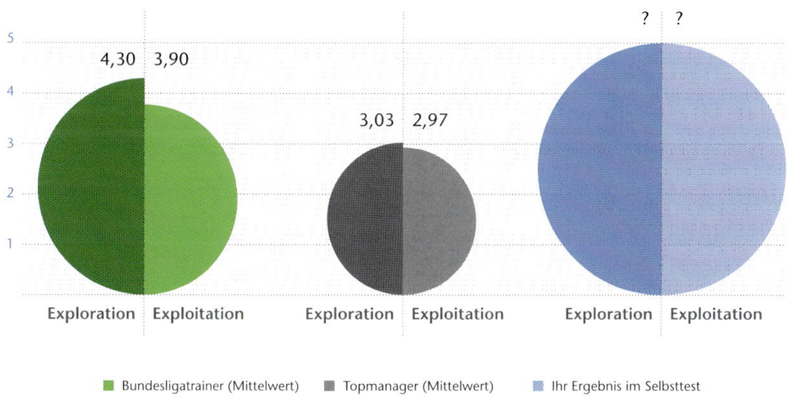

Kapitel 4

Kultur

Wir haben in diesem Buch über das Balancieren von gegensätzlichen Zielen auf den Ebenen der Führung, des Managements und der Struktur gesprochen. Dabei konnten wir uns immer wieder der Unterstützung von Beispielen aus dem Fußball bedienen und die theoretischen Begrifflichkeiten und praktischen Handlungsvorschläge mit kleineren und größeren Kickergeschichten erläutern. Überall fanden wir diverse Analogien und Best Practices, aber auch ein paar Negativbeispiele, aus deren Fehlern man wunderbar seine Schlüsse ziehen kann.

Und jetzt kommt die schlechte Nachricht: All das ändert sich in diesem Kapitel. Sie können sich schon einmal geistig weitgehend vom Fußball verabschieden, denn leider hilft der uns an dieser Stelle nicht mehr. Das ist sehr schade. Denn obwohl sich Vereine im Profifußball mit ihrer reichen Geschichte geradezu dafür aufdrängen, bestimmte Inhalte über eine eigene Unternehmenskultur zu vertiefen, ist der deutsche Fußball in dieser Hinsicht noch weitgehend unbeleckt.

Als wir das Buch planten, war das Thema der Unternehmenskultur einer der ersten Begriffe in unserem Notizblöcken zur Ideenfindung. Dies hat mehrere Gründe. Erstens bietet sie den größeren Rahmen, in den sich die ersten Kapitel inhaltlich einbetten lassen (müssen). Und zweitens gibt es zur Kultur ein balancetheoretisches Konzept, welches geradezu idealtypisch zur Idee dieses Buches passt. Leider ziehen aber ausgerechnet die Fußballvereine nicht mit. Neben einer im Vergleich zur Privatwirtschaft suboptimalen Besetzung von Aufsichtsrat und Vorstand gilt es auch im Hinblick auf die Kultur von Bundesligavereinen zu konstatieren, dass trotz eines großen, diesbezüglichen Potentials leider keinerlei ernsthafte Bemühungen erkennbar sind, dieses auszuschöpfen.

Insofern begnügen wir uns an dieser Stelle erst einmal damit, den theoretischen Hintergrund sowie dessen Bezug zur Realität darzustellen: Was heißt überhaupt ein Balancieren von Unternehmenskultur und warum sollte das wichtig sein?

Und nun kommt die gute Nachricht: Auch in diesem Kapitel müssen Sie nicht vollends auf Fußball verzichten. Bei unseren Recherchen ist uns nämlich eine Firma aufgefallen, die sich erheblich expliziter auf Fußball bezieht als wir uns das selbst mit größtem Enthusiasmus vorstellen konnten. Doch dazu später mehr. Vor dieser etwas ausführlicheren Fallstudie möchten wir – quasi als inhaltlichen Abschluss – das Thema einer balanceorientierten Unternehmenskultur theoretisch einführen.

Ihnen wird nicht entgangen sein, dass wir uns langsam vom „Kleinen", nämlich dem Thema Führung und damit den gut überschaubaren Grenzen der persönlichen Erfahrung, zum „Großen", nämlich zur strukturellen Gestaltung des Unternehmens, vorgetastet haben. Nun, ganz oben, sind wir bei der Unternehmenskultur angekommen. Doch was ist das überhaupt?

Unter einer Unternehmenskultur versteht man, etwas abstrakt ausgedrückt, ein System gemeinsam geteilter Bedeutungen. Oder, anders formuliert: Die Kultur eines Unternehmens liefert die Antwort auf die Frage: „Wie machen wir es hier im Unternehmen?" Es geht also nicht um das „Was", sondern um das „Wie", um den Stil, die Geisteshaltung, die impliziten (nicht vorgegebenen) und expliziten (dokumentierten) Regeln und Normen, an die sich die Mitarbeiter eines Unternehmens gebunden fühlen.

Ein kleiner Treppenwitz unserer Recherchen ist, dass die bislang nach unseren Informationen einzige ernst zu nehmende Aktivität in Richtung einer Unternehmenskultur in der Bundesliga ausgerechnet vom VfL Bochum gestartet wurde. Warum „ausgerechnet" Bochum? Nun, der VfL Bochum stand lange Zeit für das Sinnbild einer „grauen Maus" im Profifußball, für einen Verein also, der keinerlei eigene Identität aufweist. Aber es könnte sich auch andersherum darstellen: Vielleicht haben sich die Bochumer zu diesem Schritt entschlossen, eben weil sie feststellten, dass ein klar umrissenes Leitbild fehlte.

Zumindest beantwortete als einziger Proficlub Bochum für sich die Frage, wie das eigene Leitbild aussieht und welche Konsequenzen sich daraus ergeben. Doch nicht alle Vorhersagen sind eingetroffen. So heißt es in der Leitbildanalyse:

„Da der Verein [VfL Bochum] sowohl in der Anzahl seiner Mitarbeiter als auch in den Umsatzzahlen in den letzten zehn Jahren einen deutlichen Zuwachs verzeichnen konnte, besteht das Ziel der Implementierung darin, allen Beteiligten grundlegende Werte zu vermitteln, die als Richtlinien für die interne Kommunikation und die Kooperation untereinander dienen. Da auch aufgrund der Einführung des Leitbildes bereits erste Erfolge in der Sponsoren- und Spielersuche erzielt wurden, kann davon ausgegangen werden, dass weitere Vereine dem Beispiel folgen werden. Die Tatsache, dass die Wettbewerber in den deutschen Fußball-Profiligen unterschiedliche finanzielle Möglichkeiten haben, mehr oder weniger traditionell verwurzelt sind und die Konkurrenz sehr groß ist, sollte die Entwicklung klar definierter, einzigartiger Leitbilder und die damit verbundene potenzielle Stärkung der Unternehmensmarken beschleunigen."

Entgegen der obigen Prognose haben sich noch nicht viele Profivereine dazu durchringen können, die eigene Kultur über ein Leitbild erfassen zu wollen. Das ist ein bisschen kurzsichtig, denn wie wir im Folgenden sehen werden, ergeben sich aus detaillierteren Überlegungen zu diesem Themenkreis sehr konkrete wirtschaftliche Folgen. Denn es ist sicherlich kein Zufall, dass das Thema der Unternehmenskultur in der Wirtschaft eine große Aufmerksamkeit und Zuwendung erhalten hat. Aber eine Zurückhaltung oder geradezu die Angst vor betriebswirtschaftlichen Aspekten zieht sich recht systematisch durch den Profifußball. Es wäre ja andererseits auch höchst verwunderlich, wenn die Lernrichtung nur einseitig vom Profifußball in die Wirtschaft sinnvoll wäre. Selbstverständlich existiert die Gegenrichtung ebenfalls, stellt aber nicht den Fokus dieses Buches dar.

Trotzdem sei hier als kurzes Beispiel dafür die Einführung der Balanced Scorecard (BSC) als Steuerungstool für Proficlubs erwähnt. Der ehemalige CEO von IBM Deutschland, Erwin Staudt, führte dieses in der Wirtschaft seit Jahrzehnten bewährte Instrument kurz nach seiner Wahl zum Präsidenten 2004 beim VfB Stuttgart ein und sorgte damit in der Fußballbranche noch für viele hochgezogene Augenbrauen. Lediglich der Hamburger SV war in Gestalt von Dietmar Beiersdorfer ähnlich auf Draht und führte Anfang 2005 ein ähnliches System ein.[1] Die Wissenschaft nahm das Interesse dankend auf und von 2005 bis 2007 erschienen ein paar Fachartikel, welche die Einführung einer BSC in

Dietmar Beiersdorfer, von 2002 bis 2009 Sportdirektor beim Hamburger SV, folgte dem Beispiel des VfB Stuttgart und implementierte ein der BSC ähnliches Kontrollsystem.

[1] Dietmar Beiersdorfer hat BWL studiert und arbeitete bis zur Aufnahme seiner Tätigkeit als Sportdirektor des HSV im Jahre 2002 an einer Dissertation zum Thema „Strategisches Management bei Fußball-Unternehmen". Er hatte sich seit etwa 2000 theoretisch mit dem Thema beschäftigt und bereits in Fachzeitschriften dazu publiziert. Insofern ist die vergleichsweise frühe Einführung einer BSC beim HSV auf den zweiten Blick nicht mehr ganz so verwunderlich. Übrigens kam der Rauswurf von Beiersdorfer auch für uns überraschend. Denn obwohl ernste Friktionen innerhalb der HSV-Führung unübersehbar waren, hielten wir Beiersdorfer für unersetzlich. Wir werden sehen, wie sich die Situation langfristig entwickelt.

deutschen Proficlubs (bzw. in einem Fall für die Nationalmannschaft) erläuterten. Mittlerweile hat sich die diesbezügliche Aufregung komplett gelegt und viele Vereine haben heute, wie Bayer Leverkusen seit 2008, ein professionalisiertes Controlling.

Dass Kultur und Verantwortung und der Blick auf den „Kunden" zumindest in der DFL als Themen präsent sind und damit vielleicht irgendwann auch in den Vereinen erste Schritte in Richtung Unternehmenskultur folgen, machen Aussagen von Christian Seifert, dem Vorsitzenden der Geschäftsführung der DFL Deutsche Fußball Liga GmbH, in einem Interview mit Jörg Wontorra für dieses Buch deutlich:

„Seitens der DFL setzen wir umfassend auf Marktforschung und wir haben permanent die Kundenzufriedenheit im Blick, etwa durch Conjoint-Analysen im Hinblick auf unsere TV-Modelle. ... Ich denke, dass die Bundesliga wirklich ein Best-Practice-Beispiel für gute Markenführung ist. Wir ruhen uns nicht auf unserer Markenbekanntheit von 99 % aus, sondern arbeiten sehr erfolgreich daran, die Marke generations- und medienübergreifend, national wie international aufzuladen, wobei im Ausland zunehmend länderspezifische Konzepte gefragt sind."

Und zur Frage der gesellschaftlichen Verantwortung sagt Seifert:

„Dieses Thema ist gar nicht hoch genug einzuschätzen. Nachdem sich die Clubs bereits stark engagieren, haben wir im vergangenen Jahr auch die Bundesliga-Stiftung gegründet. Wir wissen um die privilegierte Stellung, die die Bundesliga im Bewusstsein der Menschen in Deutschland inne hat und leiten daraus die Verantwortung ab, andere, weniger im Mittelpunkt stehende Sportarten zu unterstützen. Darüber hinaus sind wir beispielsweise mit Aktionen gegen Rechtsradikalismus und Fremdenfeindlichkeit aktiv."

Aber nun wollen wir uns dem eigentlichen Thema dieses Kapitels, der Kultur, nähern, tun das aber wie gehabt aus der Perspektive des Balancierens zwischen verschiedenen, einander widerstrebenden Polen. Auch bei der Unternehmenskultur möchte man nämlich eigentlich immer zugleich Dinge verwirklichen, welche sich gegenseitig ausschließen. Ein Ansatz, der dieses Thema als zentralen Bestandteil diskutiert, ist das Konzept offener und geschlossener Organisationen.

Demnach werden Organisationen durch die simultane Existenz zweier Formen von Ausrichtungen gekennzeichnet. Diese beiden Formen werden offen und geschlossen genannt, wirken antagonistisch – polar entgegengesetzt – und schließen sich teilweise gegenseitig aus. Das Modell bezieht seinen Rahmen aus einer soziologischen, also nicht betriebswirtschaftlichen Arbeit von Karl Popper, konnte in den letzten Jahrzehnten aber äußerst erfolgreich auf wirtschaftliche Zusammenhänge übertragen werden und hat sich dabei als sehr nützlich erwiesen.

Wenn Sie ein wenig in die Theorie eintauchen möchten, können Sie gerne dem im Insert dargestellten Exkurs über offene und geschlossene Organisationen folgen. Wir Autoren halten den Einstieg in dieses Kapitel im Vergleich zu den vorausgehenden Kapiteln für etwas trocken, unser Lektor ist allerdings anderer Meinung – insbesondere diesen Exkurs findet er hochgradig spannend, auch ohne Klinsmann & Co.

Exkurs

Offene und geschlossene Organisationen

Während Popper eine Theorie der Sozialpolitik im Sinn hatte, als er die Vorzüge der offenen Gesellschaft diskutierte, geht das auf die Wirtschaft übertragene Konzept davon aus, dass sowohl die offene als auch die geschlossene Seite spezifische Vor- und Nachteile aufweisen.

Reale Organisationen bestehen demnach aus Kombinationen oder Mischungen offener und geschlossener Muster. Das Bild „Wertemuster und Grundannahmen offener und geschlossener Unternehmen" gibt einen Überblick über die einzelnen Facetten des Modells. Dabei bilden die unter Grundannahmen aufgelisteten Pole offener und geschlossener Organisationen die zentralen Annahmen eines Unternehmens. Man kann es so ausdrücken, dass dem offenen Pol die ermöglichenden Werte entsprechen, dem geschlossenen Pol hingegen die begrenzenden. Während offene Werte in Organisationen beispielsweise zu Pluralität, Toleranz und Lernen führen, erzeugen geschlossene Werte Stabilität, Ordnung und Orientierung.

Das Modell besteht insgesamt aus drei Dimensionen: der anthropologischen, der sozialen und der erkenntnistheoretischen Dimension.

Aus der Perspektive der anthropologischen Dimension besteht ein fundamentaler Unterschied zwischen den Anschauungen der offenen und der geschlossenen Organisation darüber, ob soziale Realität von Menschen geschaffen und somit veränderbar ist. Beim offenen Pol wird die Auffassung vertreten, Menschen seien Subjekte des Handelns im Sinne des voluntaristischen Prinzips und agierten selbstbestimmt (nach ihrem eigenen Willen). In der geschlossenen Gesellschaft wird Realität hingegen interpretiert als unabänderliches Resultat des Wirkens höherer Mächte (z.B. des Schicksals), welches Individuen keinerlei Einfluss einräumt, und es gilt das deterministische Prinzip, in dem Menschen als Objekte des Handelns aufgefasst werden.

Die soziale Dimension ist in drei Kategorien unterteilt. In der offenen Gesellschaft besteht die Ansicht, dass Individuen zwar verschiedene Interessen verfolgen, aber – trotz der Unterschiede zwischen den Individuen – gleichwertig sind und über die gleichen Rechte verfügen. In der offenen Gesellschaft entwickelt sich alles Denken und Handeln um das Individuum. Der Schutz der persönlichen Freiheit und Individualität ist von zentraler Bedeutung. Demgegenüber wird auf Seiten der geschlossenen Gesellschaft prinzipiell von homogenen Interessen ausgegangen. Menschen werden zwar ebenso als verschieden wahrgenommen, in der Konsequenz jedoch mit ungleichen Rechten ausgestattet. Es dominiert ein kollektivistisches Muster, welches individuelle Interessen den Interessen des Ganzen unterordnet.

Die erkenntnistheoretische Dimension schließlich thematisiert den Ursprung von und den Umgang mit Wissen. In der offenen Gesellschaft wird davon ausgegangen, dass menschliches Wissen nie perfekt sein kann und daher immer vorläufig ist, wohingegen in der geschlossenen Gesellschaft Wissen als definitiv und irrtumsfrei angesehen wird und insofern auch nie hinterfragt wird.

Von entscheidender Bedeutung ist sowohl für das Modell als auch für den Kontext dieses Buches, dass natürlich sowohl die offenen als auch die geschlossenen Muster attraktiv sind. Dies liegt darin begründet, dass sich die Grundannahmen der offenen wie der geschlossenen Gesellschaft mit Werten verbinden, die erstrebenswert sind. Beispiele solcher Werte sind im obigen Bild aufgeführt. Individuen verlangen zwar nach Individualität und Autonomie, gleichzeitig aber fordern sie Sicherheit und Ordnung. Toleranz, Lernen und kritisches Denken sind positiv besetzte, erstrebenswerte Ziele. Dies gilt auch für Orientierung und Sinn.

Nun erfordert aber beispielsweise die Herstellung von Sicherheit und Ordnung Maßnahmen, die die Individualität und Autonomie des Einzelnen beschneiden. Genereller ausgedrückt, umfassen Maßnahmen zur Förderung einer geschlossenen Organisation eben die Freiheit einschränkende Komponenten, welche die Entfaltung der offenen Organisation behindern. Auch umgekehrt verbinden sich mit Freiheit gewährenden Strategien der organisationalen Öffnung automatisch Ergebnisse, welche die Umsetzung geschlossener Muster einschränken.

Hier liegt das Dilemma, dies muss balanciert werden: Die Umsetzung von Maßnahmen im Sinne einer Seite geht dummerweise immer zu Lasten der anderen Seite.

Dies sei am Beispiel einer aktuellen politischen Fragestellung, dem Gesetz zur Vorratsdatenspeicherung, erläutert. Das Gesetz verpflichtet Telekommunikationsunternehmen, Informationen zum Kommunikationsverhalten ihrer Kunden sechs Monate lang zu speichern. Die Unternehmen sollen zunächst Telefongesprächsdaten und seit 2009 Modalitäten der Internetnutzung sowie des E-Mail-Versands protokollieren. Polizei, Staatsanwaltschaft und Gerichte können auf die Daten zugreifen, wenn ein richterlicher Beschluss vorliegt. Ohne richterliche Anordnung dürfen Verfassungsschutz, Bundesnachrichtendienst und Militärischer Abschirmdienst auf die Vorratsdaten zurückgreifen. Diese Maßnahme soll Recht und Ordnung als Werte der geschlossenen Gesellschaft und somit das Kollektiv schützen. Gleichzeitig wird durch das Eindringen in die Privatsphäre die Freiheit des Individuums und damit ein Wert der offenen Gesellschaft beschnitten.

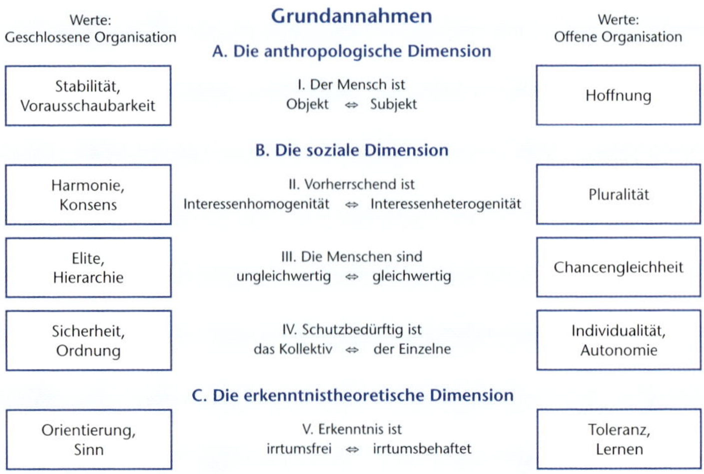

Wertemuster und Grundannahmen offener und geschlossener Unternehmen

Die üblichen Lösungen solcher Dilemmata bestehen in Kombinationen oder Mischungen offener und geschlossener Prinzipien. Das Konzept der Mischung bezeichnet Ansätze, in denen intradimensional zwischen dem offenen und dem geschlossenen Pol im Sinne eines Kompromisses balanciert wird. Kombination hingegen meint eine Öffnung einer Dimension bei parallelem Schließen einer anderen Dimension, also die interdimensionale Balance.

Doch nicht nur zwischen dem offenen und dem geschlossenen Pol gibt es theoriegemäß dilemmatische Zusammenhänge. Auch die Werte auf den jeweiligen Seiten verbinden sich mit sogenannten negativen Sekundäreffekten. Das zweite Bild in diesem Exkurs veranschaulicht die positiven Wirkungen der jeweiligen Pole offener und geschlossener Organisationen und stellt ihnen die damit verbundenen negativen Sekundäreffekte gegenüber.

Danach können sich beispielsweise Individualität in Egoismus, Toleranz in Beliebigkeit und Flexibilität in Instabilität wenden. Auf der geschlossenen Seite können Differenzierung in Diskriminierung, Eindeutigkeit in Dogmatik und Stabilität in Erstarrung umschlagen. Mit zunehmender Ausprägung der Werte eines der beiden Pole wachsen die entsprechenden negativen Sekundäreffekte dieses Wertes ebenfalls.

Die jüngere Aufmerksamkeit der Wissenschaft richtet sich vor allem auf die Frage, wie sich die ungeplanten negativen Sekundäreffekte systematisch beschreiben und in die Theorie integrieren lassen. Deutlich wird dies etwa am Beispiel von Technologieunternehmen der 90er Jahre. Die alten, produktorientierten Strategien waren dort plötzlich nicht mehr wettbewerbsfähig, so dass nicht nur eine neue Marktposition, sondern ein komplett neuer Ge-

Geschlossene Organisation			Offene Organisation	
+	–		+	–
a: statisch Stabilität, Voraus-schaubarkeit b: dynamisch Aufgehen in einer Bewegung, Geborgenheit	Rigidität, Erstarrung Gleichschaltung	I	Hoffnung, Flexibilität Aufklärung / Bildung	Instabilität/Chaos Konturenlosigkeit Machergläubigkeit, Unzufriedenheit
Harmonie, Bestätigung, Vertrauen	Stillstand, Infantilisierung, Manipulierbarkeit, Abschottung	II	Pluralität, Entwick-lungspotential, schöpferische Spannung	Streit / Konflikte, Transaktionskosten, Misstrauen
Differenzierung, Elite	Diskriminierung	III	Chancengleichheit, Gleichbehandlung	Nivellierung
Äußere Sicherheit, Zuverlässigkeit	Zwang, Einengung	IV	Individualität, Autonomie	Egoismen, Unkoordiniertheit, Einsamkeit, Anarchie
Eindeutigkeit, Gewissheit, Sinn	Dogmatik, Ideologie	V	Kritische Rationalität, Toleranz, Lernfähigkeit	Beliebigkeit, Orientierungs-losigkeit, Vorläufigkeit

Vorteile und ungeplante negative Sekundäreffekte der Muster der geschlossenen und der offenen Organisation nach Gebert

schäftsansatz notwendig wurde. Die alte Identität hatte jedoch neben den positiven Effekten – Stabilität und Planbarkeit – parallel auch Rigidität und Abschottung gefördert und stellte nun eine große Schwäche dar und schränkte die Strategien und Potentiale für Veränderungsmanagement erheblich ein. Fehlende Abpufferung dieser negativen Sekundäreffekte aus einem früheren Wettbewerbsvorteil war nun ein Hindernis für den Wandel.

Die entscheidende Frage für Unternehmen lautet vor diesem Hintergrund also:

- Wie kann ich die Vorteile von offenen und geschlossenen Mustern und Maßnahmen in meinem Unternehmen fördern, ohne von den Nachteilen überrollt zu werden?

Weshalb soll in einer Organisation beispielsweise die Mitarbeiterbindung erhöht werden, wenn dies parallel Effekte der Erstarrung und der fehlenden kritischen Distanz erzeugt, welche sich negativ auswirken? Warum, wann und unter welchen Bedingungen trägt ein Balancieren von Dilemmata eigentlich zum Erfolg bei? Übertragen auf die Theorie offener und geschlossener Organisationen lautet die Frage: Wie können den Mitarbeitern wie im Beispiel der obigen Technologieunternehmen auf der anthropologischen Dimension die positiven Effekte einer geschlossenen Organisation (hier: Stabilität, Voraus-schaubarkeit, Geborgenheit) ermöglicht werden, ohne dass dafür die negativen Sekundäreffekte (hier Rigidität und Erstarrung) in Kauf genommen werden müssen?

Wir wollen das auf der anthropologischen Dimension anhand eines Beispiels aus dem Innovationsmanagement veranschaulichen (siehe dazu auch das Bild „Dynamik des Zusammenspiels entgegengerichteter Aktionsstrategien"):

Sorgt die Führungskraft auf der anthropologischen Dimension z.B. durch Vorgaben und Deadlines für klare teaminterne Prozesse, so erleichtern die resultierenden Ordnungen und Regelwerke die Koordination der Teamaktivitäten und begünstigen so die tendenziell von Konflikten begleiteten Prozesse der Integration neuen Wissens. Gleichzeitig besteht jedoch die Gefahr, dass Regelwerke als unverrückbar gedeutet werden und negative Effekte der Rigidität und Erstarrung bedingen (s. Pfeil 2), was seinerseits die Generierung neuer Ideen behindert. Das ist natürlich sehr unglücklich.

Nun sind aber gerade die Wissensgenerierung und die Wissensintegration absolut notwendige, nicht kompensierbare Prozesse zur Innovationsförderung. Damit wird direkt deutlich, dass geschlossene Handlungsmuster allein dafür nicht ausreichen, da mit gehemmter Wissensgeneration die notwendige Bedingung der Freisetzung von Innovativität behindert wird.

Eine im theoretischen Sinne auf der anthropologischen Ebene offene Strategie bestünde in einer delegativen Führung, welche über die Gewährung von Entscheidungsautonomie Prozesse der dezentralen Selbstregulation ermöglicht. Denken Sie dabei etwa an die Beispiele von Doll und Klinsmann in Kapitel 1. Das resultierende, aktivitätenfreundliche Klima stimuliert die Geführten zu innovationsorientierten Initiativen, so dass über Experiment und Erfahrungsbildung die Wissensgenerierung gestützt wird. Die Gefahr der (auf der Basis dezentraler Selbstregulation) ermöglichten neuen Aktivitäten liegt jedoch in der abnehmenden Koordiniertheit der Teamaktivitäten: Die Geführten legen ihren verschiedenen Aktivitäten als Ausdruck der Selbstregulation unabhängig voneinander entwickelte Handlungsmodelle zugrunde, die wegen ihrer mangelnden Kompatibilität das Team destabilisieren und dadurch die Wissensintegration erschweren.

Insofern zeigt sich, dass die Forcierung einer der beiden einander entgegengerichteten Strategien allein nicht hinreichend ist. Rein geschlossene Strategien behindern die Wissensgenerierung, rein offene Strategien behindern die Wissensintegration. Eine Überwindung dieser dilemmatischen Konstellation wird erst dann ermöglicht, wenn beide Strategien parallel eingesetzt werden.

Im vorliegenden Fall wirkt beispielsweise die Freisetzung innovationsorientierter Initiativen nicht nur direkt positiv auf die Wissensgenerierung, sondern auch indirekt (Pfeil 1). Bei hoher Ausprägung schwächt sie nämlich die positive Beziehung (Pfeil 2) zwischen dem erwünschten Effekt der ordnenden Regelwerke und dem negativen Sekundäreffekt der Erstarrung/Hemmung.

Die Parallelität von Ordnung und Regelwerken in Verbindung mit innovationsorientierten Initiativen flexibilisiert folglich die Regelwerke und reduziert damit die Gefahr einer repressiven Rigidisierung der Regeln. Dieser Effekt ist entscheidend, da durch ihn über die Abkopplung der unerwünschten von den erwünschten Effekten die behindernde Wirkung von Erstarrung auf die Wissensgenerierung reduziert wird. Dadurch werden im Ergebnis die positiven Effekte innovationsorientierter Initiativen die negativen Sekundäreffekte dominieren, so dass systematisch ein Ungleichgewicht dieser Kräfte zu Gunsten der Wissensgenerierung erzeugt und somit die dilemmatische Ausgangssituation durch ein Balancemanagement der dargestellten Form überwunden wird. Ist dies der Fall, so werden vermehrt Ideen generiert und entsprechend kann das über die ordnenden Regelwerke vermittelte Integrationspotential der Koordiniertheit greifen. Insofern ist die Wirksamkeit geschlossener Strategien innovationsbezogen an die parallele Wirksamkeit offener Handlungsstrategien gebunden.

Soweit die Theorie für den offenen Fall; später gibt es dazu noch das bereits angekündigte fußballbezogene Anwendungsbeispiel für Unternehmenskultur.

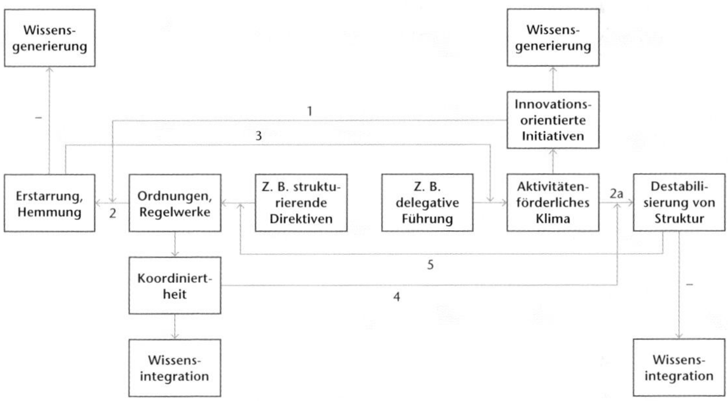

Dynamik des Zusammenspiels entgegengerichteter Aktionsstrategien

Parallel azu lassen sich natürlich die negativen Sekundäreffekte offener Handlungsstrategien (z.B. Destabilisierung von Struktur) im Prinzip ebenfalls auf eine ähnliche Art und Weise abpuffern. Aber Sie sehen schon: Das Thema ist theoretisch schwer zu packen und kann am besten praktisch angegangen werden.

Basis gemeinsamer Kultur: Die Prototypen

Neben diesen balancetheoretischen Überlegungen existiert jedoch ein weiterer, in diesem Zusammenhang relevanter Faktor der Unternehmenskultur, welcher erst seit Anfang dieses Jahrtausends identifiziert, diskutiert und beleuchtet wurde. Den Kern der zugehörigen Prototypen-Theorie (im Original „Social Identity Theory of Leadership" genannt) bildet die Aussage, dass Führungskräfte und insbesondere CEOs umso erfolgreicher sind, je prototypischer sie das Unternehmen repräsentieren und je stärker die Wahrnehmung besteht, dass sie im besten Interesse des Unternehmens handeln. Verblüffend simpel, oder? Ehrlich gesagt ist das derart naheliegend, dass auch wir es verblüffend finden, dass vorher niemand auf diesen Trichter gekommen ist.

Doch ganz so einfach ist der Zusammenhang nun auch wieder nicht. Lassen Sie uns von vorne beginnen. Die ursprüngliche Beobachtung vor allem des Holländers Daan van Knippenberg[1] bestand darin, dass bisherige Theorien organisationaler Effektivität die Auswirkungen des Umstands unterschätzen, dass CEOs ebenfalls Mitglieder der Organisationen sind, die sie selbst führen. Van Knippenberg beobachtete, dass sich Charakteristika des CEOs oder allgemeiner von Führungskräften alleinig durch diese Mitgliedschaft auf den Führungserfolg auswirken können, und er wollte wissen, warum das so ist.

Insbesondere wenn Führungskräfte mittels transformationaler Führung die Interessen der Geführten zu ihren eigenen machen und über die Vision und Inspiration Begeisterung für das gemeinsam Erreichbare entfachen, erzeugen sie eine starke gemeinsame Kultur, eine soziale Identität. Die aus der Sicht eines Mitarbeiters eigene Gruppe wird in diesem Zusammenhang Ingroup genannt, fremde Gruppen entsprechend Outgroup.

Der Ansatz van Knippenbergs beleuchtet nun Führungsprozesse aus dieser recht speziellen Perspektive und legt nahe, dass sich die Gruppen- bzw. Unternehmenszugehörigkeit stark auf die Einstellungen und das Verhalten der Mitarbeiter auswirkt und dass dieser Effekt mit steigendem Zugehörigkeitsgefühl zunimmt.

Je stärker nun ein CEO oder eine Führungskraft dem prototypischen Gruppenmitglied entspricht, desto erfolgreicher wird er imstande sein, die Gruppe bzw. das Unternehmen zu führen. Nach van Knippenberg gibt es vier Prozesse, welche den Führungserfolg prototypischer Gruppenmit-

[1] Wir haben bislang ebenso konsequent wie erfolgreich versucht, angesichts der traditionellen Rivalitäten aus dem Fußball alle Holländer aus diesem Buch fernzuhalten. Daan van Knippenberg ist aber eine derartige betriebswirtschaftliche Koryphäe, dass wir ihn schweren Herzens dennoch an dieser Stelle anführen. Wir entschuldigen uns für diesen schweren Fauxpas, hoffen aber auf Ihr Verständnis.

glieder beeinflussen. Dabei handelt es sich erstens um Einfluss auf die Gruppe, zweitens gegenseitige Sympathie, drittens die Eignung zum Sündenbock und schließlich viertens entgegengebrachtes Vertrauen.

- Prototypische Führungskräfte können die Gedankengänge der Geführten besser wahrnehmen. Da ihnen die spezifische Kultur der Gruppe und des Unternehmens bekannt ist, können sie leichter die Ängste und Befürchtungen der Belegschaft vorhersehen, besser etwaigen Unsicherheiten, Konflikten oder Zwiespalten begegnen und somit auch besser die Untiefen des Unternehmens umschiffen. Das bemerken die Mitarbeiter wiederum und lassen sich leichter von der Führungskraft lenken. Sie sind also mit zunehmender Prototypikalität beeinflussbarer, was Führungsverantwortung nicht nur mit zunehmender Hierarchiestufe und somit besonders für den CEO erleichtert, sondern auch positiv zum Führungserfolg beiträgt (ein solcher Prototyp ist sicher Uli Hoeneß für den FC Bayern, weshalb wir auf der folgenden Seite das Interview mit ihm eingefügt haben).
- Zweitens mögen Menschen ganz generell Personen, die ihnen ähnlich sind, mehr als Personen, die ihnen unähnlich sind. Auch mögen wir Mitglieder der Ingroup mehr als Mitglieder der Outgroup. Da prototypische Führungskräfte den Mitarbeitern sehr ähnlich sind, erfahren sie im Mittel auch eine stärkere Wertschätzung. Und da wir generell Menschen, die wir mögen, eher zustimmen als Menschen, die wir weniger mögen, haben prototypische Führungskräfte leichteres Spiel. Sie können Entscheidungen leichter und schneller durchsetzen.
- Drittens funktioniert die Zuschreibung von Kompetenz nach bestimmten Mustern. Im Falle besonders prototypischer Führungskräfte entsteht wie beschrieben sehr organisch und automatisch Einfluss, dadurch entwickelt sich Status, weil die Leute sich nach den Maßgaben der Führungskraft richten, und außerdem sind prototypische Führungskräfte auch noch beliebter. Diese positiven Attribute werden von Mitarbeitern aber nicht etwa der eigentlichen Quelle zugeschrieben, nämlich der hohen Prototypikalität, sondern der persönlichen Kompetenz der Führungskraft (im Fachjargon heißt solch ein Prozess „internale Attribution"). Ist diese Prototypikalität hingegen nicht gegeben, fehlt automatisch die Kompetenzzuweisung und, voilà, schon hat man einen Sündenbock!
- Und als ob das noch nicht alles wäre, vertrauen Mitarbeiter einer prototypischen Führungskraft auch noch umso stärker, je mehr die Prototypikalität steigt. Dieser Effekt hängt ganz stark mit den trans formationalen Führungskompetenzen des „Prototypen" zusammen.

Interview

Uli Hoeneß ist Manager des FC Bayern München und stellvertretender Vorstandsvorsitzender der FC Bayern AG (Stand: September 2009). Als Lizenzspieler des FC Bayern war er Weltmeister, Europameister, Weltpokalsieger, Europacupsieger, Deutscher Meister und DFB-Pokalsieger. Nach 239 Bundesligaspielen übernahm er 1979 im Alter von 27 Jahren den Manager-Posten. Als stellvertretender Vorstandsvorsitzender ist er verantwortlich für alle Lizenzspielerangelegenheiten, das junior team, Sponsoring, Lizenzen und die Vertretung der AG in der Stadion GmbH. Hoeneß ist Mitglied der „Hall of Fame" des deutschen Sports und erhielt 1999 die Auszeichnung „Unternehmer des Jahres".

Lieber Herr Hoeneß, vielen Dank, dass Sie Zeit gefunden haben, ein paar Fragen zu beantworten. Im Zentrum dieses Buchs steht das Thema „Balance", das ja auch im Fußball eine ganz entscheidende Rolle spielt, insbesondere auch unter dem Aspekt der Nachhaltigkeit. Daher lauten die ersten Fragen: Wie balancieren Sie als Manager kurzfristige und langfristige Ziele? Und: Widmen Sie dieser Frage spezielles Augenmerk?

Uli Hoeneß: Es wird immer schwieriger, auf langfristige Ziele hinzuarbeiten. Früher funktionierte die Balance noch besser, weil die Öffentlichkeit mehr Geduld mit den Vereinen und ihren Protagonisten hatte. Heute zählt nur der Erfolg. Die Fans wollen zwar, dass junge Talente ins Team eingebaut werden, aber gleichzeitig auch die bewährten Kräfte behalten. Da beißt sich die Katze dann in den Schwanz. Denn die Jungen würden nicht spielen, wenn die Alten da sind.

Das Grundproblem ist die fehlende Geduld. Darum muss das Management eines Clubs auch Mut haben; den Mut, ein Konzept durchzusetzen, das auf einen längeren Zeitraum ausgerichtet ist. Am Ende aber zählt im Fußball nur der kurzfristige Erfolg. Und diesem Erfolg muss man alles unterordnen.

Welche Rolle spielt bei Ihnen die Vereinskultur? Was ist bei den Bayern anders, und warum ist das so?

Uli Hoeneß: Der FC Bayern hat in München seine Wurzeln, und diese Wurzeln werden wir nie verstecken. Ein Club, der aus Bayern kommt, hat die Verpflichtung, seine Tradition zu pflegen. Wir wollen also den Fans eine Identität geben, wir wollen Bodenständigkeit vermitteln, aber auch Global Player sein. Das ist ein Spagat, den wir immer wieder zu bewältigen haben. Wir versuchen es im sportlichen Bereich durch eine gesunde Mischung von deutschen und ausländischen Spielern. Und Deutsche heißt in diesem Fall: Bayern. Mit Schweinsteiger, Lell, Ottl, Müller oder Lahm erfüllen wir diesen Auftrag zurzeit ziemlich perfekt.

Daneben nutzt der FC Bayern aber auch die große Chance, das Thema Migration voranzutreiben. Der Sport ist ein wunderbares Mittel dazu.

Welche gesellschaftliche Verantwortung sehen Sie bei einem Club wie dem FC Bayern? Vor allem unter dem Aspekt Corporate Social Responsibility?

Uli Hoeneß: Fußballclubs, die eine große Öffentlichkeit bedienen, haben grundsätzlich eine extreme gesellschaftliche Verantwortung. Man muss ihr aber auch gerecht werden. Man darf sich nicht ducken, man muss den Finger in die Wunde legen. Mit so einer Haltung haben wir die Möglichkeit, Einfluss zu nehmen, weil wir ein populärer Meinungsträger sind und gehört werden. Darum haben wir auch auf Vorgänge wie den S-Bahn-Mord von München reagiert und eine öffentliche Gedenkminute eingelegt.

Ich meine, dass gerade bei solchen Verbrechen eine klare Positionierung notwendig ist. Der Verein repräsentiert schließlich alle gesellschaftlichen Gruppen, und darum müssen wir Flagge zeigen.

Welche Rolle spielen dabei die Führungskräfte?

Uli Hoeneß: Ich glaube, die handelnden Personen im Club müssen gesellschaftliche und auch soziale Verantwortung vorleben. Vorleben und auch das soziale Gewissen weitergeben an die Mitarbeiter. Ich halte nichts davon, Vorträge zu halten, sondern ich muss im Alltag vorweg marschieren.

Angestellte beobachten Führungskräfte. Und sie lassen sich mitnehmen, wenn man sie mit gelebter Praxis überzeugt. Ein Beispiel: Wir hatten einen 3-Tage-Trip nach Tokio abgeschlossen. Purer Stress für die Mannschaft, für den Verein aber eine gute Einnahmequelle. So eine Reise muss man dann als Verantwortlicher auch mitmachen. Wenn die Mitarbeiter sehen, dass du aktiv bei so einem Projekt dabei bist, kannst du alles von ihnen haben. Man kann nur Dinge von Angestellten verlangen, die man selbst macht. Dabei darf man auch gern Diskussionen über mögliche Konfliktpunkte zulassen. Aber die Entscheidung, die muss man dann selbst treffen.

Zusammengefasst: Welche Lektionen können Unternehmen vom Profifußball lernen?

Uli Hoeneß: Im Fußball ist der Teamgeist sehr ausgeprägt. Das ist übertragbar auf jedes Unternehmen. Mitarbeiter bekommen das Gefühl, dass sie wichtig sind und ernst genommen werden. Und dass man nur in einem Team imstande ist, den Erfolg zu garantieren.

Und noch eine wichtige Komponente: Man sollte Personal schützen. Denn nur zufriedene Mitarbeiter befeuern das Unternehmen. Dabei gilt es aber gleichzeitig auch, die Reibungsverluste so gering wie möglich zu halten. Der größte Fehler – das habe ich im Fußball gelernt – ist, sich selbst zu zerreißen.

Das Thema Motivation wird allerdings bisweilen überbewertet. Ich glaube eher daran, dass die Auswahl des Personals die wichtigere Rolle spielt. Schon dabei achten wir verstärkt darauf, dass wir mental starke Spieler verpflichten. Weil solche Profis auch in kritischen Situationen der öffentlichen Wirkung standhalten.

> Je mehr sich nämlich die Mitarbeiter die von der Führungskraft vorgegebenen Ziele selbst zu eigen machen, desto stärker vertrauen Sie auch den Anweisungen der Führungskraft, da ja schließlich eine weitgehende Zielhomogenität vorliegt. Vertrauen erzeugt seinerseits übrigens wiederum Wertschätzung, was diese Beziehung zusätzlich verstärkt.

In Summe wird über diese vier Prozesse schnell klar, weshalb als prototypisch wahrgenommene Führungskräfte, also solche, welche am besten zur jeweiligen Kultur bzw. sozialen Identität passen, erfolgreicher agieren als weniger prototypische.

Übertragen auf den Fußball: Was war Ihr erster Gedanke, als Sie hörten, dass Jürgen Klopp neuer Trainer von Borussia Dortmund werden würde? Wir dachten und denken, dass Klopp ausgezeichnet nach Dortmund passt, denn er scheint nach unserem Dafürhalten geradezu prototypisch die Kultur dieses Vereins zu reflektieren.

Und was dachten Sie, als verkündet wurde, dass Jürgen Klinsmann als Trainer zum FC Bayern geht? Genau. Das passt nicht, das ist krumm und irgendwie nicht in Ordung. Klinsmann repräsentiert nicht die Kultur von Bayern München. Er ist kein Prototyp für die Mitarbeiter des FC Bayern und es ist schwer vorstellbar, dass er dort in einer Führungsfunktion tätig ist. Uli Hoeneß ist ein Prototyp des FC Bayern. Franz Beckenbauer auch. Und Karl-Heinz Rummenigge ebenfalls. Klinsmann nicht. Und so wurde er in der Folge abgestoßen.

Es fiel ihm erstens schwerer, die Dinge im Verein in seinem Sinne zu beeinflussen. Die Leute mochten Klinsmann zweitens nicht so richtig, denn er war ihnen immer ein bisschen fremd. Darüber hinaus war Klinsmann nach Misserfolgen selbstverständlich immer persönlich schuld. Und sonderlich großes Vertrauen hatte man in seine Fähigkeiten viertens eigentlich auch nicht wirklich. Das ist in Summe das Rezept des Scheiterns, denn durch seine geringe Prototypikalität konnte Klinsmann all jene Faktoren, welche Klopp in Dortmund geradezu zuflogen, nicht für sich nutzen. Einfluss, Sympathie, Kompetenzzuschreibung und Vertrauen? Fehlanzeige!

Wie anders war das doch bei der deutschen Nationalmannschaft. Dort fand Klinsmann ein noch unbeackertes, weites Feld vor. Er konnte quasi am Reißbrett die von ihm gewünschte Kultur entwerfen und stellte gezielt Mitarbeiter ein, die ganz ähnliche Vorstellungen hatten. Klinsmann schuf eine Kultur, die er selbst perfekt repräsentierte, und konnte so in einer bemerkenswerten Umkehrung der oben diskutierten Prinzipien den Weg zum Führungserfolg ebnen. Einfluss, Sympathie, Kompetenzzuschreibung und Vertrauen? Im Überfluss!

Klinsmann hatte bei den Bayern nicht die gleichen Kompetenzen wie bei der Nationalmannschaft und er traf auf eine ausgesprochen starke Kultur, die er selbst nur unzureichend repräsentierte. Und exakt daran ist Jürgen Klinsmann neben den in früheren Kapiteln diskutierten Defiziten im Management, in der strukturellen Ausrichtung sowie im Veränderungsmanagement letztendlich gescheitert.

Eingangs dieses Kapitels hatten wir erwähnt, dass Bundesligaclubs noch viel zu wenig aus ihrer reichen Vereinskultur machen und auf diesem Gebiet aus unserer Sicht erhebliche Verbesserungspotentiale brach liegen. Es hat uns übrigens ernsthaft überrascht, dass wir auf der Suche nach gelungenen Beispielen für die bewusste und professionelle Umsetzung einer gut balancierten Unternehmenskultur im Profifußball nicht fündig geworden sind. Doch wir stießen bei unseren Recherchen auf den umgekehrten Fall: ein Unternehmen, welches Ideen aus dem Fußball zentral in seine Unternehmenskultur einbettet – viel direkter als wir das für möglich gehalten hätten. Doch lesen Sie selbst.

Entschieden wird aufm Platz

Der F.C. Real als Beispiel innovativer Unternehmenskultur und erfolgsorientierter Mitarbeiterführung

Der Fußboden aus grünem Kunstrasen, an Wänden Wappen und Wimpel, vom Tischkicker in der Ecke tönt fröhliches Gejubel – wer zum ersten Mal das lichte Gebäude an der Rheiner Landstraße 195 in Osnabrück betritt, sieht sich erst einmal verdutzt um und glaubt, sich in der Tür geirrt zu haben.

Genau diesen Effekt hat Jens Bormann gewollt, als er vor paar Jahren einen verwegenen Einfall in die Tat umsetzte: Wer das Unternehmen buw sucht, soll unter anderem den Fußballclub F.C. Real finden.

1. Warmlaufen

Eigentlich ist buw Dienstleister für Kundenmanagement-Lösungen und betreibt mehrere Callcenter. Aber Mitarbeiter und Kunden fühlen sich als

Die Lobby von buw – mit Kicker, Plasmabildschirm, Trainerbank und Zuschauerkulisse.

Akteure eines Fußballclubs. Was merkwürdig klingt, ist ein preisgekröntes Beispiel für moderne Unternehmenskultur und erfolgsorientierte Mitarbeiterführung in einem Gewerbe, das nicht den besten Ruf genießt. buw ist der größte inhabergeführte Dienstleister und Qualitätsführer seiner Branche und wuchs in 16 Jahren von Null auf 3.500 Mitarbeiter.

Die Entstehungsgeschichte klingt so überraschend wie das Phänomen buw bis heute geblieben ist. Zusammen mit seinem Studienkollegen Karsten Wulf gründete Jens Bormann im März 1993 die Firma, ohne Startkapital, ohne Kontakte, dafür mit Herz und Witz. Die beiden BWLer verwandelten eine 14-Quadratmeter-Küche in ein Mini-Callcenter. Der eine löste seinen Bausparvertrag auf, der andere seine Lebensversicherung, um das Geld für ein paar Telefone und Computer zu beschaffen.

Der Mut zahlte sich aus. Inzwischen ist buw der größte inhabergeführte Dienstleister für Kommunikationslösungen im Kundenmanagement. 2008 setzte das Unternehmen 76 Millionen Euro um. Mehr als 3.500 Mitarbeiter betreuen heute Kunden wie RWE, Kraft Foods, Cortal Consors, debitel, BMW, Vodafone oder Miele. Telefoniert wird in Osnabrück, Münster, Halle, Schwerin, Leipzig und Pécs in Ungarn. Eine Erfolgsgeschichte.

buw bewegt sich in einem schwierigen Umfeld. Callcenter – das klingt nach Drückerkolonne, nach monotoner Telefoniererei für schlechten Lohn, nach McJob. Der Arbeitsorganisation hängt ein tayloristischer Ruf an: Unsozial flexible Arbeitszeiten würden verlangt, Raum für eigene Ideen und Entfaltung gäbe es kaum, schreiben Kritiker. Callcenter-Mitarbeiter gelten als weitgehend rechtelose Arbeitsnomaden, die von Unternehmen zu Unternehmen ziehen und sich alle paar Monate gegenseitig den Hörer in die Hand drücken. Als „Plage der Nation" bezeichnete die Zeitschrift „Stern" die Callcenter einmal. Diesen Ruch wird die Branche nur schwer wieder los. „In der öffentlichen Wahrnehmung kommen nach Müllfahrern häufig gleich die Callcenter-Agenten", sagt Jens Bormann. „Das wird dieser Aufgabe aber nicht gerecht. Was die Leute machen, ist anspruchsvoll und wichtig."

Was von der Öffentlichkeit gerne übersehen wird: *Die* Callcenter-Branche gibt es eigentlich gar nicht. buw sieht sich von Anfang an anders als die Konkurrenz. „Ein fairer Umgang mit Mitarbeitern, Kunden und Partnern gehört zum buw-Selbstverständnis als Basis für ein erfolgreiches Miteinander", sagt Jens Bormann. „Das unterscheidet unser Team von anderen im Markt." Der F.C. Real ist sichtbares Zeichen dieses Selbstbildes.

Wie viele gute und ein bisschen verrückte Ideen entsteht auch diese nicht beim Wälzen von Fachbüchern, sondern beim Bier. Das Jahr 2005 geht zu Ende, Jens Bormann, geschäftsführender Gesellschafter der buw Unternehmensgruppe, sitzt mit seinem Bruder Tim, auch ein buwler, am Kneipentisch. Große Fragen beschäftigen die Bormanns an diesem Abend: Wie bekommt man Wachstum, Mitarbeitermotivation, Image und Unternehmenskultur unter einen Hut? Und was sind die Tugenden, für die buw steht? Jens nimmt ein leeres Blatt Papier, ein paar Minuten später stehen darauf vier Wörter: *Leidenschaft, Teamgeist, Fairplay, Siegeswille*. „Diese Tugenden haben uns erfolgreich gemacht", sagt er. Fehlt nur noch ein treffendes Bild, das diese Tugenden veranschaulicht und als Unternehmenskultur nach innen und außen kommuniziert: klar, ein Fußballclub. Der F.C. Real ist geboren. Das Unternehmen wird zum Fußballclub – der F.C. Real ist die buw Unternehmensgruppe. Und so ist es bis heute.

Der FCR-Wimpel ist Symbol einer Idee.

2. Anpfiff

We are here to win the fight
Today's our day today's our night
We are on the road to win
And if we lose it is a sin
(Aus „Black and White" – der Vereinshymne des F.C. Real)

„Ich bin der Überzeugung, dass man mit Fußball die halbe Welt erklären kann", sagt Jens Bormann. Fußball hat klare Regeln und Rituale, es gibt Gewinner und Verlierer, jeder auf der Welt kapiert, wie das Spiel funktioniert. Erst recht in Deutschland, der Nation der 80 Millionen Bundestrainer. „Mit dem Bild der Fußballmannschaft erreichen wir jeden Mitarbeiter im Team, egal, ob aktiver Fußballer oder nicht", sagt Jens Bormann. Der F.C. Real macht den Mitarbeitern auch komplizierte Sachverhalte verständlich. Dabei vereinfacht der Fußball die Dinge aber nicht unzulässig. Vielmehr entsteht ein verständlicher Rahmen, an dem sich fachliche Themen und Ziele besser erklären lassen als an Jobprofilen und Organigrammen.

Bormann beschreibt das taktische Prinzip – die Philosophie des F.C. Real – so: „Während der Vertrieb nach vorne stürmt, um neue Projekte zu gewinnen, fungieren die Fachabteilungen als Flankengeber innovativer Technik und neuer Produkte. Das Projektgeschäft bildet das Rückgrat – ohne unser Kerngeschäft könnten wir keine Meisterschaft spielen. Wir Geschäftsführer agieren mal als Spielmacher, mal als Trainer, mal als Präsident." Manche Positionen sind offensiv, manche defensiv, einige stehen eher im Vordergrund, andere weniger. Was aber alle gemeinsam haben: Jede Position ist wichtig für den Erfolg.

buw-Mitarbeiter jubeln nach einem Turniersieg.

Im Fußball werden elf Ichs zu einem Wir. So eine „Wir-Werdung" konnten die Deutschen im Märchensommer 2006 miterleben. Ein paar traumhafte Wochen lang ließ sich das Land von seiner Nationalelf das Herz wärmen. Ballack, Schweini und Poldi verkörperten in ihrem Spiel das, was Deutschland angeblich verloren gegangen war: Leistungsfreude, Entschlossenheit und grenzenloses Selbstvertrauen. Es war, als hätten alle Deutschen die Weltmeisterschaft mitgespielt. „Dieses Wir-Gefühl will buw mit dem F.C. Real seinen Mitarbeitern dauerhaft vermitteln. Die WM in Deutschland ist das beste Beispiel dafür, wie man mit Fußball Massen bewegen und begeistern kann", sagt Tim Bormann.

Betriebssportmannschaften findet man landauf, landab. Aber nirgendwo gibt es ein Modell, das den Vereinsgedanken so konsequent umsetzt wie buw mit dem F.C. Real. Vielleicht liegt es daran, dass ein Unternehmen mit studentischen Wurzeln risikobereiter ist als die etablierte Konkurrenz – schließlich musste buw vom ersten Tag an pfiffiger sein, um am Markt zu bestehen. Die Kultur des beherzten Ausprobierens wirkt sich auch heute noch aus. Das ist ganz typisch: Der Stil der Gründer prägt ein Unternehmen ebenso lange wie nachhaltig. Selbst ein Gigant wie Google profitiert noch heute vom von vielen Mitarbeitern als sehr angenehm empfundenen Stil der Gründer Sergei Brin und Larry Page. Beim F.C. Real zeigt sich die Kultur auf dem Platz.

3. Die Spielkultur

Our colors are black and white
Our fans are always on our side

Jemand, der vor allem auf Wettbewerb ausgerichtet ist, darauf, besser zu sein als alle anderen, unterscheidet sich in seinem Antrieb von jemandem, dem Sicherheit und Nächstenliebe bedeutsame Werte sind. Das Modell F.C. Real muss diesen Bedürfnissen gerecht werden. „Dass sich ein Mitarbeiter mit buw und seiner Tätigkeit identifiziert, ist Voraussetzung dafür, dass das Modell F.C. Real funktioniert", sagt Frank Thießen, Leiter Customer Care. Nur dann bleiben die buw-Tugenden *Leidenschaft, Teamgeist, Fairplay, Siegeswille* keine Lippenbekenntnisse, sondern werden zu gelebter Unternehmenskultur.

Studien zeigen, dass der professionelle, telefonische Kundenkontakt einen hohen emotionalen Einsatz erfordert. Mit dem F.C. Real will buw seinen Mitarbeitern die nötige emotionale Energie spenden. *Leidenschaft* soll Mitarbeiter dazu antreiben, etwas leisten, bewegen, gestalten zu wollen. „Mitarbeiter brauchen das Gefühl, mit ihrem Handeln sowohl ihre eigene Zukunft als auch die des Unternehmens und ihres Teams positiv beeinflussen zu können", sagt Thießen.

Was hat es nun mit den buw-Tugenden auf sich? *Teamgeist* ist eine Einstellung zum Miteinander: Die Ziele des Teams stehen über den eigenen; der gemeinsame Erfolg ist dem individuellen übergeordnet; Visionen werden geteilt. Auch *Fairplay* steht für das Miteinander, vor allem für Respekt. Oberste Spielregel beim F.C. Real: Die Würde des anderen wird nicht verletzt, abfällige Bemerkungen über Kollegen sind ein klares Foul. *Siegeswille* ist zwar ausdrücklich gewünscht, aber nur soweit, dass er nicht in Verbissenheit umschlägt und sich negativ auf Teamgeist und Fairplay auswirkt. „Mitarbeiter sollten mit Überzeugung sagen können: Ich bin hier wichtig. Die Sache, für die ich arbeite, ist wichtig. Ich bejahe die Werte, für die buw steht. Ich kann mich hier einbringen. Aus diesen Gründen arbeite ich gerne bei buw", sagt Thießen.

Die vier Tugenden des F.C. Real und von buw.

Die Tugenden des Unternehmens sind gleichzeitig die Spielphilosophie des F.C. Real. Club-Logo und Spielkleidung bilden sie nach außen hin sichtbar ab. Fußball-Clubs kommunizieren über Symbole; Wappen und Vereinsfarben sind Markenzeichen, die Identität nach innen und außen stiften. Erst die Kluft macht einen Verein unverwechselbar: Wer an Schalke denkt, sieht Königsblau, Dortmund ist gelb und der HSV der Rauten-Club. Klar, dass auch der F.C. Real ein Trikot und ein Logo brauchte, um endgültig zum Leben zu erwachen. „Wir haben uns dabei nur an den besten Vereinen orientiert", sagt Tim Bormann, Sportdirektor des Clubs. „Real Madrid und Juventus Turin waren wesentliche Ideengeber." Das „Weiße Ballett" und „die alte Dame", wo Legenden wie di Stefano, Platini oder Zidane spielten. Die Trikots des F.C. Real haben schwarz-weiße Längsstreifen, wie bei Juventus, die Krone im Logo ist der aus dem Wappen von Real Madrid nachempfunden. Der rote Kreis symbolisiert den Zusammenhalt des Teams, die Eins den Anspruch, immer gewinnen zu wollen, das Rot steht für Emotionalität.

Alle buwler sind als Mitarbeiter automatisch Clubmitglieder des F.C. Real. Doch wie sehr sie sich mit seinen Farben identifizieren, zeigt sich an der Eigendynamik, die das Konzept rasch nach seiner Einführung entwickelte: Die Mitarbeiter bildeten Mannschaften, koordinierten Trainingseinheiten, organisierten Turniere. Musikbegeisterte Mitarbeiter komponierten sogar eine Vereinshymne, später eine zweite und dritte. „Das bestätigte, dass wir mit der Gründung des Fußballclubs einen Nerv getroffen hatten“, sagt Tim Bormann.

4. Mannschaftsaufstellung

We wanna win the cup
Our fans are here to back us up

Es ist Anfang 2006, ein eisiger Februarmorgen. Vor der buw-Zentrale in Osnabrück stehen rote VW-Busse, „F.C. Real“ steht in Goldschrift auf den Fenstern, ein riesiges Wappen prangt auf den Schiebetüren. Ein gutes Dutzend buw-Mitarbeiter des Consultings steigen in die nagelneuen Mannschaftsbusse des F.C. Real. Wohin die Fahrt geht, wissen sie nicht.

Eine Stunde später stecken sie in Trikots und Fußballschuhen und hören einem Mann zu, den sie bisher nur aus der Sportschau kannten: Thomas von Heesen, damaliger Bundesliga-Trainer bei Arminia Bielefeld. Auch Jens Bormann hält eine Ansprache, dann geht es raus aus der Kabine, ab zum Training. Die buwler traben über den Rasen, auf dem sonst die Arminia-Profis bolzen. Ziel des ungewöhnlichen Workshops auf der Wiese: Führungskräften das Einzelkämpferdasein abgewöhnen und sie zu Teamplayern machen. „Wir hatten erkannt, dass die Mannschaft zwar aus guten Einzelspielern bestand, aber auf dem Feld trotzdem kein echtes Team entstand, das gemeinsam im Sinne des Gesamterfolgs agierte“, stellte Bormann fest.

„Der Star ist die Mannschaft“ – vom früheren Bundestrainer Berti Vogts ist kaum etwas mehr in Erinnerung geblieben als dieser Ausspruch. Und er stimmt gestern wie heute. Der FC Barcelona verzauberte 2009 ganz Europa mit spektakulärem Fußball und räumte einen Titel nach dem anderen ab. Keine Frage, für den Club spielen Ausnahmefußballer wie Lionel Messi oder Thierry Henry. Andere Mannschaften haben ähnlich große Stars, spielen aber nicht annähernd so erfolgreich. Viel wichtiger ist die Spielphilosophie, der sich jeder noch so begnadete Einzelspieler in Barcelona bedingungslos unterzuordnen hat. „Barca“ zelebriert in atemberaubendem Tempo ein filigranes Kurzpass-Spiel, das höchste taktische Disziplin und mithin ein perfektes Miteinander erfordert. Erst auf dieser Basis können die Stars glänzen.

Auf ähnliche Weise hat Spaniens Nationalmannschaft im Sommer 2008 bei der Europameisterschaft triumphiert – obwohl andere Mannschaften vielleicht prominenter besetzt waren. Auch das tolle Abschneiden der deutschen Mannschaft bei der WM 2006 beweist, wie weit Team-Tugenden führen können. Jens Bormann erinnert sich noch sehr genau an die Wirkung, die das Training mit Thomas von Heesen zeigte: „Auf dem Platz wurde deutlich, wie vergleichbar eine Fußballmannschaft mit einem Unternehmen ist: Langfristiger Erfolg bedarf echten Miteinanders." Erst der Fußball machte sichtbar, was die buw-Tugenden – Leidenschaft, Teamgeist, Fairplay und Siegeswille – für das Unternehmen wirklich bedeuten: Wer nicht für seinen Nebenmann mitläuft, gefährdet den Erfolg des gesamten Teams. Es geht um das Bewusstsein für die eigene Rolle. „Mit rhythmischer Sportgymnastik lässt sich das nicht so gut vermitteln", sagt Jens Bormann augenzwinkernd.

Wie sollten die buwler diese Erkenntnisse nun aber im Arbeitsalltag anwenden? Zunächst galt es, Mitarbeiter aller Hierarchieebenen einzubeziehen und für den F.C. Real zu begeistern. Dirk Ordegel, Leiter Customer Care bei buw in Münster, war die erste Führungskraft, die das Modell F.C. Real in seinem Team einführte. Ziel ist es, durch den F.C. Real das Rollenverständnis der Teamleiter neu zu definieren, weg von administrativen Aufgaben, hin zur Mitarbeiterführung. „Alle Teamleiter sollten sich mehr als Spielmacher und Trainer verstehen und weniger als reine Projekt-Administratoren", sagt Ordegel. Das Team steuert sich nun selbst, bei wichtigen Entscheidungen werden alle Mitarbeiter miteinbezogen. „Der Fußball-Jargon hilft dabei, schwierige Sachverhalte in ein verständliches Bild zu bringen und somit einfacher Lösungen zu erarbeiten", sagt Ordegel. Durch den Vertrauensvorschuss und die Chance, die Spielstrategie aktiv mitzugestalten, steigt das Verantwortungsgefühl der Mitarbeiter am Telefon. Sie spüren, dass ihre Meinung wichtig ist, dass man sie ernst nimmt, dass „Teamgeist" keine leere Phrase ist.

Klar ist aber jederzeit, dass die Hierarchien gewahrt sind. Ein Einwechselspieler bringt zu Beginn naturgemäß eine deutlich geringere Leistung als ein routinierter Stammspieler. Aus diesem Grund gibt es beim F.C. Real die so genannten Vertrauenspatenschaften. Ein neuer Kundenberater wird in den ersten zwölf Wochen – der heikelsten Phase für jeden Neuling – von einem erfahrenen Kollegen begleitet. Der Pate steht dem Neuzugang mit Rat und Tat zur Seite und schult ihn „on the Job". „Manche Patenschaft hat sich übrigens als so angenehm herausgestellt, dass ein paar Monate später geheiratet wurde", erzählt Dirk Ordegel. Stimmt im umgekehrten Fall die Chemie zwischen Mentor und Schützling partout nicht, teilt der Teamleiter einen neuen Paten ein. „Es geht schließlich um das bestmögliche Ergebnis für das gesamte Team und um den Spaß an der Arbeit."

5. Die Spieler

Als die Bormann-Brüder den F.C. Real ins Leben rufen, bewerben sich Mitarbeiter aller buw-Niederlassungen für den Job des Standortkapitäns. Eine wichtige Rolle. Sie geben dem Club vor Ort ein Gesicht. Sie sind Ansprechpartner für alles, was den Verein angeht, sie koordinieren die Trainingseinheiten, organisieren buw-Turniere und Spiele in der „Bunten Liga", wo die Gegner „Poison Münster" oder „Studentenmission Deutschland" heißen. Für ihre Vereinsarbeit sind die Standortkapitäne stundenweise von ihren üblichen Aufgaben freigestellt. „Die Standortkapitäne sorgen durch ihren Einsatz vor Ort für die notwendige Motivation der Mitarbeiter, sie haben sich als Antreiber herauskristallisiert", sagt Tim Bormann. „Nach der Winterpause kann man erkennen, dass bei unseren Spielern noch deutliche Schwächen vorhanden sind", schreibt ein Standortkapitän auf der Internetseite des F.C. Real und kündigt Konditionsbolzerei an. Medizinball-Magath lässt grüßen.

Der F.C. Real hat Kapitäne, einen Präsident, einen Sportdirektor und einen Technischen Direktor.

Erfolg und Beliebtheit des F.C. Real machen buw auch für neue Mitarbeiter interessant. Auf der wichtigsten Branchenmesse, der Call Center World in Berlin, spielte das Unternehmen geschickt seinen Fußball-Trumpf aus: An einem Extra-Stand des F.C. Real lagen Fanartikel aus, die Schilder „Transferbörse" und „Mitspieler gesucht" zogen die Aufmerksamkeit der Messebesucher auf sich. Ein besonderer Hingucker war Bruno Labbadia: Den heutigen Bundesliga-Trainer stellte der F.C. Real auf der Messe als neuen

Spitzenspieler für sein Allstar-Team vor. „Spätestens auf der abendlichen Messeparty, auf der alle buwler mit einem F.C. Real-Trikot auftauchten, waren wir Gesprächsthema Nummer eins", erinnert sich Tim Bormann. „Der F.C. Real wurde zum begehrten Team. Jeder wollte dazugehören."

Auch die prestigeträchtigen Preise, die buw dank seiner Mitarbeiterführung einheimsen konnte, tragen zur Attraktivität des Unternehmens bei: Der „European Call Center Award" würdigt die besondere Unternehmenskultur, im Wettbewerb „Top Job 2009" gewann buw den ersten Platz in der Kategorie Kultur und Mitarbeitermotivation und ist dekoriert mit der Auszeichnung „Bester Arbeitgeber Niedersachsen 2009".

6. Die Taktik

In einem Fußballclub muss jeder wissen, welche Rolle er spielt. Das gilt auch für diejenigen, die an der Spitze stehen. Uli Hoeneß weiß ganz genau, wann er welche Rolle auszufüllen hat. Mal war er als Producer der Feuerkopf, der Tacheles redet, mal der besonnene Mentor, der sich schützend vor seine Mannschaft stellt. Bewusst setzt er im Sinne der transformationalen Führung auf Emotionen. Auch bei buw drücken Führungskräfte Freude und Ärger durchaus emotional aus. „Unsere Aufgabe ist es, das Unternehmen mit der richtigen Strategie ins Spiel zu führen. Und das nicht nur kurzfristig, sondern, wie es sich für einen Mittelständler gehört, mit einem langfristigen Ansatz", sagt Jens Bormann. „Wir inspirieren und motivieren und rennen, wenn es eng wird, auch gemeinsam nach hinten, um ein Gegentor zu verhindern."

Durch den F.C. Real bauen Führungskräfte eine emotionale Bindung zu ihren Mitarbeitern auf, sie delegieren wichtige Aufgaben, eine Kultur des Vertrauens entsteht. Kapitän Michael Ballack lässt in der Nationalmannschaft ja auch mal einen Jungspund den Freistoß schießen oder grätscht den Ball vorm Tor weg. Die Führungskraft delegiert so, dass der Mitarbeiter gefordert, aber nicht überfordert ist und dadurch an seinen Aufgaben wächst – auf das Timing des Steilpasses kommt es an.

Weiterer positiver Effekt: Durch das Modell F.C. Real entsteht „Führung" von unten, indem Mitarbeiter von sich aus Ideen entwickeln statt abzuwarten. Droht ein Projekt aus dem Ruder zu laufen, fordern die Kundenberater rechtzeitig die Team- und Projektleiter zum Handeln auf und machen konkrete Verbesserungsvorschläge.

Der F.C. Real hilft den Mitarbeitern, an die eigene Stärke zu glauben, den Sinn ihrer Arbeit zu erfassen und sich selbst kreativ einzubringen. Diese Merkmale transformationaler Führung kombinieren buw-Führungskräfte mit Elementen transaktionaler Führung, die auf Belohnungsanreize setzt.

Ganz intuitiv geschieht bei buw, was Führungsforscher empfehlen. Wissenschaftler raten nämlich, die Effekte beider Führungsstile zur in diesem Buch diskutierten Full-Range-Leadership zu addieren. Mitarbeiter werden durch Visionen einerseits emotional und intellektuell stimuliert, andererseits durch leistungsorientierte Belohnung konkret angespornt. Anhand von Kennzahlen zeigen die Teamleiter jedem Einzelnen seinen Beitrag zum Ganzen. „Bei buw betrachten Führungskräfte Geführte als Individuen, nicht als Produktionsmittel", sagt Frank Thießen.

7. Reserven mobilisieren

Get up stand up for your team
It is as easy as it seems

Aus Gesprächen mit den Mitarbeitern haben die buw-Chefs erfahren, dass deren Motivation an neuen Standorten am höchsten ist, weil dort Aufbruchstimmung herrscht: Die Kollegen, das Büro, die Arbeit, alles ist neu. Die Kunst besteht nun darin, an allen Standorten permanent ein Gefühl von Aufbruch zu erzeugen. Das gelingt den Führungskräften, indem sie neue Projekte vergeben oder die Teams neu zusammenstellen. Manchmal reicht es schon, wenn ein Projekt einen neuen Namen bekommt. Ein Trick, den auch einer der erfolgreichsten Trainer der Welt anwendet: Ottmar Hitzfeld mischt von Spiel zu Spiel seine Aufstellung durcheinander, um im Team Spannung zu entfachen.

Damit alle Spieler langfristig an einem Strang ziehen, hat der F.C. Real außerdem ein Provisionsmodell geschaffen. Jeder Mitarbeiter sammelt während seiner Projektarbeit Bälle, mal mehr, mal weniger, je nach Leistung. Diese Bälle zahlt er auf eine Art Sparbuch ein und tauscht sie im F.C. Real-Shop zum Beispiel gegen Flachbildfernseher, Staubsauger oder viele weitere Prämien ein. „Voraussetzung ist jedoch immer, dass die Leistung des gesamten Teams stimmt", sagt Dirk Ordegel. „Bleibt die Mannschaftsleistung unter der definierten Schwelle, erhält auch der Topverkäufer nichts." Auch das ist wie im Fußball: Der brillante Stürmer kann noch so viele Tore schießen, denn wenn nicht alle Spieler mitziehen, geht das Spiel dennoch verloren. Das Prämienmodell greift auch die buw-Tugend *Teamgeist* auf: Wenn ein gesamtes Team eine besonders gute Leistung zeigt, zahlt das Unternehmen Zusatzbälle in die Mannschaftkasse.

Auch bei buw gibt es wirtschaftlich schwierige Phasen. Als 2004 unerwartet ein Großkunde absprang, war die Motivation am Boden. Mit einer Umfrage unter den verbliebenen Kunden wollte buw daraufhin ausloten, ob weitere Absprünge drohten. Die Geburtsstunde der so genannten Einser-Kampagne. Die Antworten waren nämlich so positiv, dass das buw-Marketing die Kundenzitate nach innen und außen kommunizierte. „Mit buw zur Nr. 1“, lautete der Slogan – die Eins findet sich heute im Logo des F.C. Real wieder. Somit gelang es dem buw-Management, eine Krisenstimmung in Euphorie umzuwandeln. Sogar der verlorene Großkunde kehrte zurück. „Uns ist schon oft passiert, dass wir trotz 0:2 zur Pause das Spiel noch 3:2 gewonnen haben. Das ist genau die Mentalität, die buw auszeichnet. Wenn eine Krise auf uns zukommt, versuchen wir das Beste daraus zu machen“, sagt Jens Bormann.

8. Die Fans: Der F.C. Real als Kundenerlebnis und Fan-Event

We wanna see standing-ovations
And we are here to rock the nation

„Ich bin überwältigt, das Spiel, die Fans – der Hammer!“ Jens Bormann schwärmt. Es ist Juni 2006, ein verrücktes Fußballspiel ist gerade abgepfiffen worden, der bisherige Höhepunkt in der Vereinsgeschichte des F.C. Real ist erreicht. Auf dem Rasen der Osnabrücker osnatel-Arena klatschen sich berühmte Kicker wie Uwe Bein, Maurizio Gaudino oder Fritz Walter mit buw-Spielern ab, alle tragen Schwarz und Weiß, die Farben des F.C. Real. Ein dramatisches Elfmeterschießen hat das erste Osnabrücker Stadtderby entschieden, 7:4 gewinnt am Ende die Traditionself des VfL Osnabrück gegen die „Golden Boys“, die mit Ex-Nationalspielern verstärkte Truppe des F.C. Real.

Auch auf der Trainerbank des F.C. Real sitzt ein Kult-Kicker: Uli Stein, Europapokalsieger und früherer Nationaltorhüter. Die Stimmung auf den Rängen hinter ihm ist fiebrig heiß. Mehr als 6.000 Zuschauer sorgen für ein Spektakel, bei dem selbst mancher Zweitligaverein neidisch würde. Viele im Publikum tragen die Farben des F.C. Real, sie haben Fahnen und

Kalle Riedle im Zweikampf mit Joe Enochs, im Hintergrund: von Heesen & Co.

Die Players' Night –
Abschlussevent eines Benefizspiels.

Transparente gebastelt. Die buw-Mannschaft hat ihren eigenen Fanblock. Und nicht nur Mitarbeiter feiern dort: Das Stadtderby wird zur Begegnungsstätte zwischen buw und seinen Kunden.

Der Fußball vermittelt, was teure Imagekampagnen niemals transportieren könnten – die positive Energie der buw-Mitarbeiter und die hohe Identifikation mit ihrem Arbeitgeber: Ein Stadtderby als authentisch gelebte Unternehmenskultur. Da passt es, dass nach dem Spiel Fans, Förderer und Fußball-Promis auf der „Players' Night" zusammenkommen, um richtig zu feiern. Kommunikation und Dialog sind schließlich Angebot und Leistung eines Callcenters.

Bei den vielen Sympathien, die der F.C. Real durch das Benefizspiel gewann, war es nur logisch, den VfL Osnabrück ein Jahr später erneut zum Derby zu bitten. „Als ehrgeiziges Team forderten wir natürlich die Revanche", sagt Tim Bormann. Doch obwohl mit Karl-Heinz „Air" Riedle sogar ein Weltmeister für die „Golden Boys" antrat, ging auch das zweite Prestigeduell verloren – zumindest auf dem Platz, nicht aber auf den Rängen. Denn diesmal waren sogar 8.500 Zuschauer im Stadion und das Medieninteresse war noch größer. Es konnte eine Spende von etwa 30.000 Euro generiert werden. Außerdem konnte buw durch das Event sein Netzwerk stärken und neue strategische Partner gewinnen. Ein großer Logistikkonzern etwa nutzte das Stadtderby als Bühne für eine eigene Kundenveranstaltung. Das Event konnte über die Einnahmen durch den Verkauf der Eintrittskarten für das Spiel sowie die anschließende Party und gesponserte Werbemaßnahmen der Förderer – insgesamt 27 – weitestgehend fremdfinanziert werden.

9. Die Fanartikel: Marketingmedia und und Gemeinsamkeit

Doch nicht jeden Monat kann ein so prickelndes Event stattfinden. Um das Thema F.C. Real weiter mit Leben zu füllen, taucht der Club deshalb in jeder Marketing-Maßnahme von buw auf, sowohl bei Imageanzeigen und PR-Kampagnen als auch im Haus. An jedem Standort ist der Eingangsbereich im F.C. Real-Look gestaltet, in den Konferenzräumen stehen Wimpel auf dem Tisch oder hängt ein Wandbild vom letzten Fußballturnier. Jeder neue buw-Mitarbeiter bekommt ein Begrüßungspaket mit Fanartikeln, Kunden erhalten bei ihrem Besuch in der Fan-Zentrale eine kleine Erinnerungs-Tüte mit F.C. Real-Fanartikeln.

Dass den F.C. Real praktisch nichts mehr von einem richtigen Fußballclub unterscheidet, merkt jeder, der sich die Internetseite ansieht. Dort können sich Fans und buwler die Vereinshymne aufs Handy spielen, Bildschirmschoner laden oder Videos anschauen. Außerdem gibt es einen Fanshop, in dem sich vom Trikot bis zum F.C. Real-Business-Hemd all das findet, was Fußballfreunde zu ihrem Glück brauchen.

10. Nach dem Abpfiff

Der F.C. Real steht jedoch für mehr als Fußball. Auch nach dem größten Event kehrt der Alltag wieder ein. Die Kunst besteht also darin, den Mitarbeitern langfristig das „Gefühl F.C. Real" zu schenken. Zumal zwar alle buwler Mitglieder des F.C. Real sind, doch nicht alle buwler auch Fußballer. Deshalb spielen auch noch andere Sportarten eine wichtige Rolle – der FC Bayern München besteht schließlich auch nicht nur aus der Fußballabteilung.

Das Team des F.C. Real Running zum Beispiel bilden buwler, die sich regelmäßig zum Laufen treffen. Die Motivation ist, gemeinsam individuelle Ziele zu erreichen, egal, ob es um den 15-Minuten-Lauf ohne Pause, Bauch-Beine-Po-Kurse, Volleyballturniere oder die Marathonteilnahme geht. Auch Liebhaber von Gesellschaftsspielen sind im Club gut aufgehoben. Sie treffen sich regelmäßig zum Brettspiel, zu Skat oder Doppelkopf oder zum Tischkicker-Turnier. Manchmal sieht man auch buwler in den Vereinsfarben eine Go-Kart-Bahn entlang brettern. Und damit die Familien der Clubmitglieder mit einbezogen sind, tobt sich der Nachwuchs auf der F.C. Real-Kinderolympiade oder im Kids-Trainingscamp aus.

An jedem buw-Standort ist außerdem ein Tischkicker aufgestellt, mit F.C. Real-Logo versehen und so gut wie immer im Einsatz. Ein Spiel kostet 50 Cent, die dem Verein „Lernen fürs Leben" gespendet werden. Es ist der Anspruch des F.C. Real, nicht nur Spaß zu machen und das Unternehmen voran zu bringen, sondern gemeinsam auch Gutes zu tun. Die Benefizpartien gegen den VfL Osnabrück spielten insgesamt 42.000 Euro ein. Ein Teil kam dem Kinderhospital Osnabrück zu Gute, 25.000 Euro überwies buw an die Initiative „go for children – momentum for children". Das Besondere daran: „go for children" ist ein Projekt, das der F.C. Real sowie Mitglieder des Vereins Lernen fürs Leben e.V. – eine Initiative von Mitarbeitern der buw Unternehmensgruppe – selbst ins Leben gerufen haben. Ziel ist es, die Ärmsten der Armen zu unterstützen. Nach dem Motto „Fußball macht Schule" entstehen in Afrika jetzt Bolzplätze, verbunden mit Bildungsangeboten und HIV-Aufklärung für Kinder. Einer der Förderer des Vereins Lernen fürs Leben und gleichzeitig Partner der buw Unternehmensgruppe programmierte für den Verein kostenlos eine Internetseite. „Unsere Kultur ist einzigartig", sagt Jens Bormann.

11. Spielanalyse

Was der F.C. Real zeigt: Es hilft nicht, ein paar schmissige wissenschaftlich unterfütterte Charts an die Wand zu werfen oder das Unternehmen einmal mit einer spektakulären Aktion durchzurütteln. Langfristige Motivation hängt von täglichen Erlebnissen ab, vom Spaß und von der Sichtbarkeit des eigenen Beitrags zum großen Ganzen. Das ist das, wofür 3.500 buwler jeden Tag aufstehen.

Mit der Motivation der Mitarbeiter steigt gleichzeitig die Zufriedenheit der Kunden. „Durch das Motivationsmodell haben wir eine Performance-Steigerung von 20 Prozent erreicht", sagt Dirk Ordegel. „Das ist enorm und wäre ohne das Vehikel Fußball nicht geglückt." Seitdem die Bormanns den F.C. Real gründeten, haben sich die Produktionsergebnisse von buw verbessert und Bearbeitungszeiten verringert. Außerdem gibt es weniger Krankmeldungen und die Mitarbeiter-Fluktuation, Schwachstelle jedes Callcenters, sind zurückgegangen. „Wir sind sehr stolz auf das, was wir gemeinsam mit der Mannschaft erreicht haben", sagt Jens Bormann. „Der F.C. Real ist die einzige Chance, die wir haben, unserem Anspruch von Höchstleistung im Tagesgeschäft gerecht zu werden."

Das Beispiel F.C. Real beweist auch, dass nicht immer große Budgets notwendig sind, um gute Ideen umzusetzen. Was vielmehr zählt, ist Mut. „Wir sind im positiven Sinne verrückt", sagt Jens Bormann, „und der Erfolg gibt uns recht. Entschieden wird immer noch aufm Platz."

Selbsttest 5

Die Offenheit und Geschlossenheit Ihres Unternehmens

Für das vierte und letzte Kapitel bieten wir Ihnen einen Test für die Organisationskultur Ihres Unternehmens an. Wenn Sie die Fragen zu den Ausprägungen A1 bis A26 beantworten, können Sie für Ihr Unternehmen eine recht exakte Einschätzung erhalten. Im Unterschied zu den bisherigen Selbsttests handelt es sich hier um ein fundiertes Verfahren, das bereits in vielen Unternehmen zum Einsatz gekommen ist.[1] Leider ist die Auswertung ein wenig komplizierter als bei den bisherigen Tests, aber die Anleitung ist hoffentlich hinreichend nachvollziehbar. Viel Spaß beim Ausfüllen!

		nein	eher nein	neutral	eher ja	ja
A1	In diesem Unternehmen hat auch jemand mit einer anderen Nationalität, Konfession, politischen Überzeugung usw. echte Karrierechancen.	1	2	3	4	5
A2	Statt Anpassung zählt es in diesem Unternehmen mehr, Rückgrat zu zeigen.	1	2	3	4	5
A3	Trotz allen partnerschaftlichen Geredes sind die Menschen hier nicht gleichwertig; Statusunterschiede werden deutlich markiert.	1	2	3	4	5
A4	Eine ausgeprägte Verschiedenartigkeit von Meinungen wird in diesem Unternehmen in erster Linie als Chance und nicht als Gefahr angesehen.	1	2	3	4	5
A5	In diesem Unternehmen besteht eine vergleichsweise mutige Streitkultur: Hier wird wenig unter den Teppich gekehrt.	1	2	3	4	5
A6	In diesem Unternehmen gilt das Prinzip: Vertrauen ist gut, Kontrolle ist besser.	1	2	3	4	5
A7	In diesem Unternehmen gilt: Die Belegschaft sollte möglichst homogen sein, sonst kommt es nur zu unnötigen Konflikten.	1	2	3	4	5
A8	Wer sich in diesem Unternehmen anstrengt und etwas leistet, kann es aus eigener Kraft wirklich zu etwas bringen.	1	2	3	4	5

[1] D. Gebert, S. Boerner, W. Matiaske (1998): Offenheit und Geschlossenheit in Organisationen – Zur Validierung eines Messinstruments (FOGO – Fragebogen zur Offenheit/Geschlossenheit in Organisationen). Zeitschrift für Arbeits- und Organisationspsychologie 42 (1), 15-26.

		nein	eher nein	neutral	eher ja	ja
A9	Es ist in diesem Unternehmen ein ausdrückliches Weiterbildungsziel, bei allen Führungskräften den Blick über den Tellerrand zu fördern.	1	2	3	4	5
A10	Wenn überhaupt, werden Veränderungen hier nur halbherzig durchgeführt.	1	2	3	4	5
A11	Das Erproben neuer Ideen wird in diesem Unternehmen oft abgewürgt.	1	2	3	4	5
A12	In diesem Unternehmen beruft man sich gerne auf die Erfolge in der Vergangenheit und auf entsprechend bewährte Traditionen.	1	2	3	4	5
A13	Probleme bei der Zusammenarbeit werden in diesem Unternehmen nicht als behebbar, sondern als Widerspiegelung der unveränderlichen menschlichen Schwächen angesehen.	1	2	3	4	5
A14	Mitdenken wird in diesem Unternehmen für wichtiger gehalten als das Einhalten bürokratischer Regeln.	1	2	3	4	5
A15	In Krisenzeiten neigen hier die Führungskräfte dazu, sich nicht als Täter, sondern als Opfer zu fühlen (z.B. von marktlichen oder gesamtwirtschaflichen Gegebenheiten).	1	2	3	4	5
A16	Von aktiver, gestaltender Aufbruchstimmung hört man in diesem Unternehmen selten etwas.	1	2	3	4	5
A17	Mitarbeiter halten hier vieles nicht nur für veränderungsbedürftig, sondern auch für veränderungsfähig und sagen dies auch.	1	2	3	4	5
A18	In diesem Unternehmen wird zur Erfolgssteuerung mehr auf bewährte Traditionen denn auf Innovationen gesetzt.	1	2	3	4	5
A19	Resignation und innere Kündigung sind in diesem Unternehmen sehr verbreitet.	1	2	3	4	5
A20	Der Erfolg dieses Unternehmens wird vor allem auf die Fähigkeit zurückgeführt, etwas zu bewegen und Veränderungen aktiv herbeizuführen.	1	2	3	4	5
A21	In diesem Unternehmen meint man, dass manche Mitarbeiter nicht entwicklungsfähig sind. Es herrscht die Auffassung, dass man bei manchen von ihnen einfach nichts machen kann.	1	2	3	4	5

		nein	eher nein	neutral	eher ja	ja
A22	In diesem Unternehmen gibt es viel Besserwisserei und Dogmatik.	**1**	**2**	**3**	**4**	**5**
A23	In diesem Unternehmen werden Mängel des Arguments häufig durch betonte Selbstsicherheit ersetzt.	**1**	**2**	**3**	**4**	**5**
A24	Erfolg und Misserfolg werden in diesem Unternehmen im Nachhinein immer so erklärt, dass die alten Überzeugungen nicht geändert werden müssen. Lernen findet insofern kaum statt.	**1**	**2**	**3**	**4**	**5**
A25	Andersdenkende werden in diesem Unternehmen als Störenfriede angesehen und entsprechend behandelt.	**1**	**2**	**3**	**4**	**5**
A26	Selbst wenn nach dem Prinzip Versuch und Irrtum vorgegangen wird, gibt man das in diesem Unternehmen nicht zu, sondern stellt es im Nachhinein als Strategie dar.	**1**	**2**	**3**	**4**	**5**

Auswertung des Selbsttests zur Offenheit und Geschlossenheit Ihres Unternehmens

Mit den folgenden Formeln können Sie die Ausprägungen auf den drei Dimensionen der Offenheit/Geschlossenheit für Ihr Unternehmen berechnen:

Sozial:	(A3+A6+A7-A1-A2-A4-A5+24)/7 =
Anthropologisch:	(A10+A11+A12+A13+A15+A16+A18+ A19+A22-A8-A9-A14-A17-A20+30)/14 =
Erkenntnistheoretisch:	(A22+A23+A24+A25+A26)/5 =

Vergleichswerte zur Offenheit und Geschlossenheit von Unternehmen

In der folgenden Tabelle finden Sie Vergleichsdaten von Profit- und Non-Profit-Organisationen sowie von Organisationen, deren Privatisierung zwar weitgehend, aber noch nicht komplett abgeschlossen ist. Hohe Werte stehen für eine stärkere Geschlossenheit.

Dimension	Insgesamt	Profit-Organisationen	Privatisierte Organisationen	Non-Profit-Organisationen
Sozial	2,94	2,81	2,91	3,05
Anthropologisch	2,65	2,44	2,47	2,84
Erkenntnistheoretisch	2,71	2,58	2,75	2,82

Zum Vergleich können Sie die Daten Ihres Unternehmens bzw. Ihrer Organisation in die untenstehenden Skalen eintragen. Dann können Sie sich fragen, ob die Ausrichtung in Ordnung ist oder ob mehr Offenheit oder Geschlossenheit gefragt wäre.

Individualismus				Kollektivismus
1	**2**	**3**	**4**	**5**

Soziale Dimension

Voluntarismus				Determinismus
1	**2**	**3**	**4**	**5**

Anthropologische Dimension

Vorläufigkeit				Endgültigkeit
1	**2**	**3**	**4**	**5**

Erkenntnistheoretische Dimension

Index

Suchbegriffe, Trainer, Manager, Spieler, Vereine

Im Index sind insbesondere solche Schlagwörter, Personen und Vereine aufgeführt, die im Zusammenhang mit dem fachlichen Inhalt des Buchs relevant sind. Vereine sind entsprechend des geläufigen Sprachgebrauchs einsortiert, z.B. der FC Bayern München unter B, die TSG 1899 Hoffenheim unter T.

P

Q

R

S

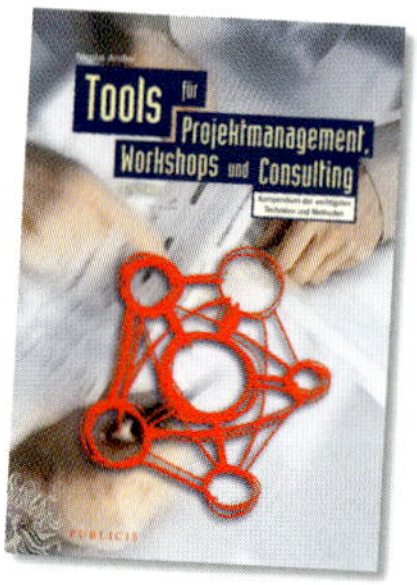

Nicolai Andler

Tools für Projektmanagement, Workshops und Consulting

Ein Kompendium der wichtigsten Techniken und Methoden

2., überarbeitete und erweiterte Auflage, 2009, 309 Seiten, 109 Abbildungen, gebunden, € 39,90
ISBN 978-3-89578-334-0

Das Buch richtet sich an Projektmanager und -mitarbeiter, an Berater, an Trainer und Coachs und an Führungskräfte aus allen Bereichen sowie an Studenten, die gerne mehr Instrumente beherrschen möchten als die BCG-Matrix, Mindmap oder Brainstorming. Es bietet ihnen eine umfassende Sammlung der wichtigsten Tools und zeigt ihnen, wann man welches Tool einsetzt und wie man es anwendet.

Das Buch ist eine Fundgrube zum Thema „systematisches Arbeiten"; große Beratungsunternehmen nutzen das Buch für Schulungszwecke.

Stefanie Widmann, Andreas Wenzlau (Hrsg.)

Moderne Parabeln

Eine Fundgrube für Trainer, Coachs und Manager

2008, 189 Seiten, gebunden, € 19,90
ISBN 978-3-89578-306-7

Sie brauchen einen Einstieg oder Sie wollen Inhalte verdeutlichen – für einen Vortrag, ein Seminar, ein Training, ein Moderationsgespräch oder einen Workshop? Gegliedert nach Schlagworten und jeweils ergänzt um ein Fazit, helfen Ihnen hier die „Modernen Parabeln": wahre, erfundene oder ein bisschen wahre Geschichten, verpackt in einem attraktiven, handlichen Buch.

Geschichten, die darauf warten, von Ihnen aufgegriffen, nacherzählt oder wieder verändert zu werden.

Stimmen zu diesem Buch

„Durch sein solides fachliches Fundament, seine ausgesprochen hohe Aktualität sowie seine breite empirische Basis hebt sich das Buch wohltuend von vergleichbaren Werken ab."

Roland Berger, Gründer und Vorsitzender des Aufsichtsrats von Roland Berger Strategy Consultants, im Geleitwort zu diesem Buch

„Das Buch vereint in spannender Weise Wissenschaft und Praxis, Fußball und Management. Wir alle können eine Menge daraus lernen."

Heike Bruch, Professorin und Direktorin am Institut für Führung und Personalmanagement, Universität St. Gallen

„Dass Profifussball und Unternehmensführung wenig gemeinsam haben, ist ein Vorurteil, mit welchem die Autoren gründlich aufräumen."

Jens Foerster, Professor für Sozialpsychologie, Universität Amsterdam

„Das Management von Organisationen und Fußballvereinen haben mehr gemeinsam, als man auf den ersten Blick vermutet. Folgen Sie den Autoren durch dieses unterhaltsame Buch – ein Steilpass für neue Denk-‚Anstöße'."

Michael Frese, Professor für Management und Organisation an der National University of Singapore und Leuphana University of Lueneburg

„Dieses Buch zu lesen macht Spaß; es vermittelt nicht nur den Fußballfans praxisnah die zentralen Führungsgrundsätze."

Oliver Gassmann, Professor für Technologiemanagement mit besonderer Berücksichtigung des Innovationsmanagements und Vorsitzender der Direktion am Institut für Technologiemanagement, Universität St. Gallen

„Es gibt einige Bücher über sportliche Höchstleistung und Management, aber kein so wissenschaftlich fundiertes."

Arnold Picot, Professor am Institut für Information, Organisation und Management der LMU München

„Dieses Buch ist Unterhaltung und Gewinn für alle, die Führung praktizieren, egal ob im Beruf oder in der Freizeit."

Ralf Reichwald, Akademischer Direktor des Center for Leading Innovation & Cooperation (CLIC) der Handelshochschule Leipzig (HHL) und Emeritus Professor of Excellence, TU München

„Vom Managen einer Fußballmannschaft kann man viel lernen, das zeigt dieses Buch anschaulich durch die gelungene Mischung aus Praxisbeispielen und schlüssigen Erklärungen. Besonders gefällt mir als psychologische Altersforscherin, dass am Beispiel der Trainer deutlich wird, wie auch erfahrene, bereits seit längerem erfolgreiche Führungskräfte permanent dazu lernen können und müssen. Überhaupt fließen sehr viele aktuelle, psychologische Erkenntnisse ebenso fundiert wie unterhaltsam in dieses wirklich empfehlenswerte Buch ein. Viel Spaß beim Lesen!"

Ursula Staudinger, Professorin für Psychologie und Gründungsdekanin des Jacobs Centers on Lifelong Learning and Institutional Development und Vizepräsidentin der Jacobs University Bremen